JN437707

실무를 위한 임상영양학

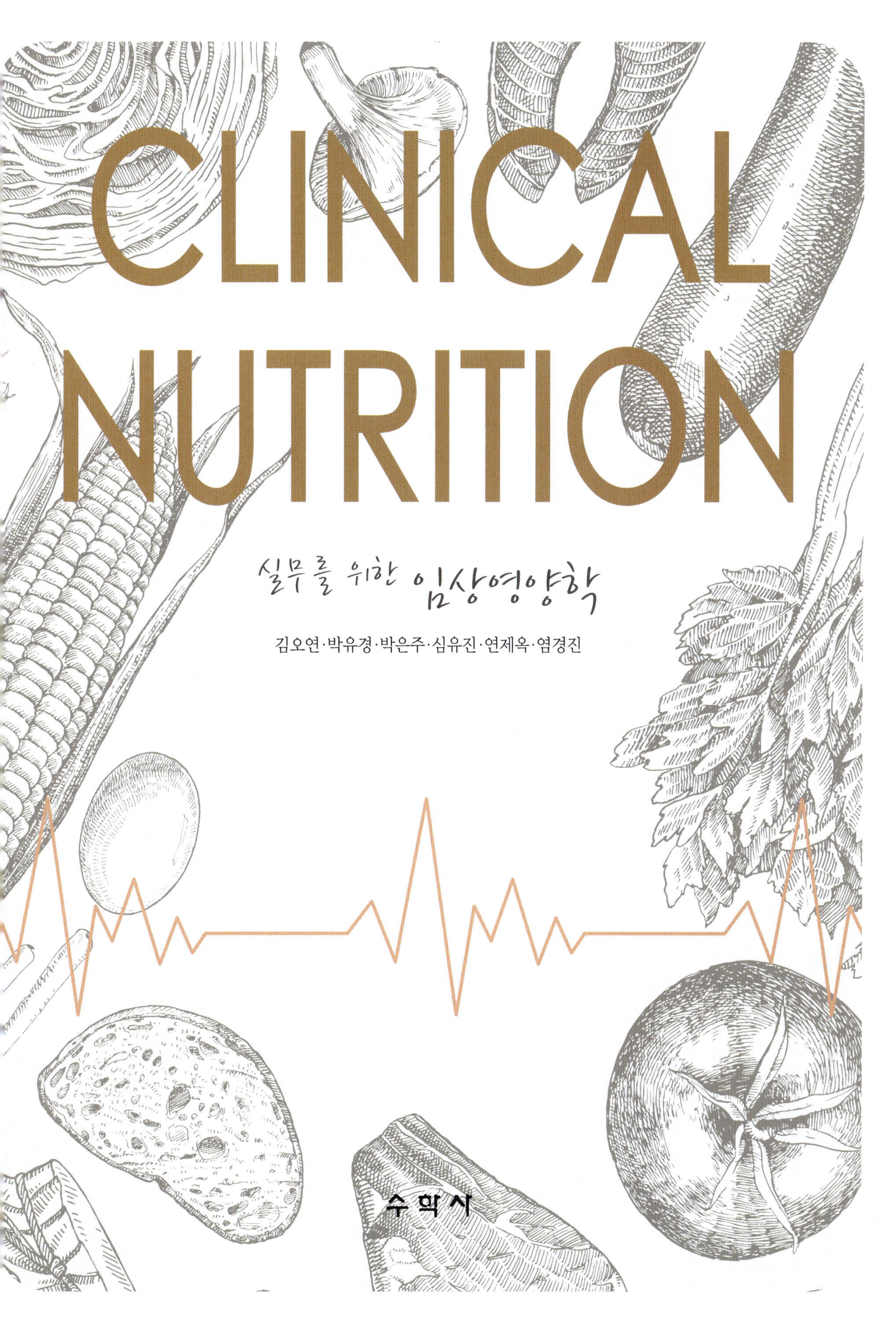

CLINICAL NUTRITION

실무를 위한 임상영양학

김오연·박유경·박은주·심유진·연제옥·염경진

수학사

머리말

생활패턴이 꾸준히 변화하고 고령 인구가 급격히 증가하는 현대사회는 맞춤형 식생활 및 영양관리가 그 어느 때보다 중요하다고 할 수 있다. 우리나라의 대표적인 성인병은 식습관 및 생활습관 개선이 요구되는 당뇨병, 고혈압, 고지혈증 등으로 우리나라 의료 수가 부담을 가중시키고 있으며, 이와 같은 만성 질환이 관리되지 않으면 뇌졸중, 심장병, 신장병과 같은 생명에 치명적인 질환으로 발전할 수 있다. 또한 중·장년층뿐만 아니라 젊은 층에서도 건강관리가 자기 계발의 일환으로 받아들여지면서 건강한 식생활 및 영양에 대한 관심이 매우 높아지고 있다.

임상영양학은 질환별 생리적 변화와 영양소 대사의 변화에 대한 전문적 지식을 바탕으로, 영양과 질병의 관계를 파악하고 질환에 따른 적절한 영양지원을 통하여 질병의 회복을 도울 뿐만 아니라, 최적의 건강을 유지할 수 있도록 지원하는 것을 목적으로 하는 학문이라 할 수 있다. 따라서 급격히 변화하는 4차 산업혁명 시대에 영양관리 및 영양교육, 식품 개발, 식품 제조 그리고 푸드테크 등 다양한 분야에 근간이 되는 지식을 제공하는 학문이며, 시대의 변화에 대응하여 진화하는 학문이라고 할 수 있다.

『실무를 위한 임상영양학』은 식습관 및 생활습관에 따라 변화하는 다양한 질환의 이론적 기본 지식 습득과 함께 현장 실무 지식을 강화함으로써, 만성 질환의 예방 및 최적의 건강 유지를 위한 기본 역량을 갖추고 급변하는 사회에 선제적으로 대응할 수 있는 전문 지식을 습득할 수 있도록 집필되었다. 본서는 영양관리 분야의 직무를 담당하고자 하는 식품영양학 전공자를 위한 필수 교과목일 뿐만 아니라, 건강과 관련하여 다양한 학문과의 연계 및 협업을 효과적으로 진행하기 위한 주요 교과목이라 할 수 있고, 건강에 관심이 높은 현대인에게 영양과 건강의 관련성을 설명해 줌으로써 올바른 식생활을 선택할 수 있는 주요 안내서가 될 것으로 기대한다.

집필진 모두가 최선의 노력을 기울여 환경 및 생활패턴의 변화에 능동적으로 대처할 수 있는 건강 및 영양관리의 기본 지식을 전달하고자 하였으나, 부족한 부분이 많이 있으리라 생각한다. 앞으로도 꾸준히 부족한 부분을 보완해 나갈 것을 약속드리며, 독자 여러분의 아낌없는 조언과 충고를 부탁드린다.

끝으로 이 책이 완성되기까지 정성을 다해 주신 수학사 이영호 사장님과 편집진의 노고에 깊이 감사드린다.

2024년 8월

저자 일동

차례

CHAPTER 1 임상영양학의 개요

CHAPTER 2 병원식과 영양지원

CHAPTER 3 소화기계 질환과 영양

CHAPTER 4 간, 담낭, 췌장질환과 영양

CHAPTER 5 당뇨병과 영양

CHAPTER 6 비만과 섭식장애

CHAPTER 7 심혈관계 질환과 영양

CHAPTER 10 골격계 질환 및 신경계 질환과 영양

CHAPTER 11 암과 영양

CHAPTER 12 면역질환과 감염 및 호흡기질환

CHAPTER 13 선천대사이상

CHAPTER 14 수술과 화상

부록

CHAPTER 1

임상영양학의 개요

학습목표

1. 임상영양학의 개념을 설명할 수 있다.
2. 영양과 질병 발생과의 관계를 설명할 수 있다.
3. 임상영양사의 역할과 업무를 설명할 수 있다.
4. 영양관리과정을 설명할 수 있다.

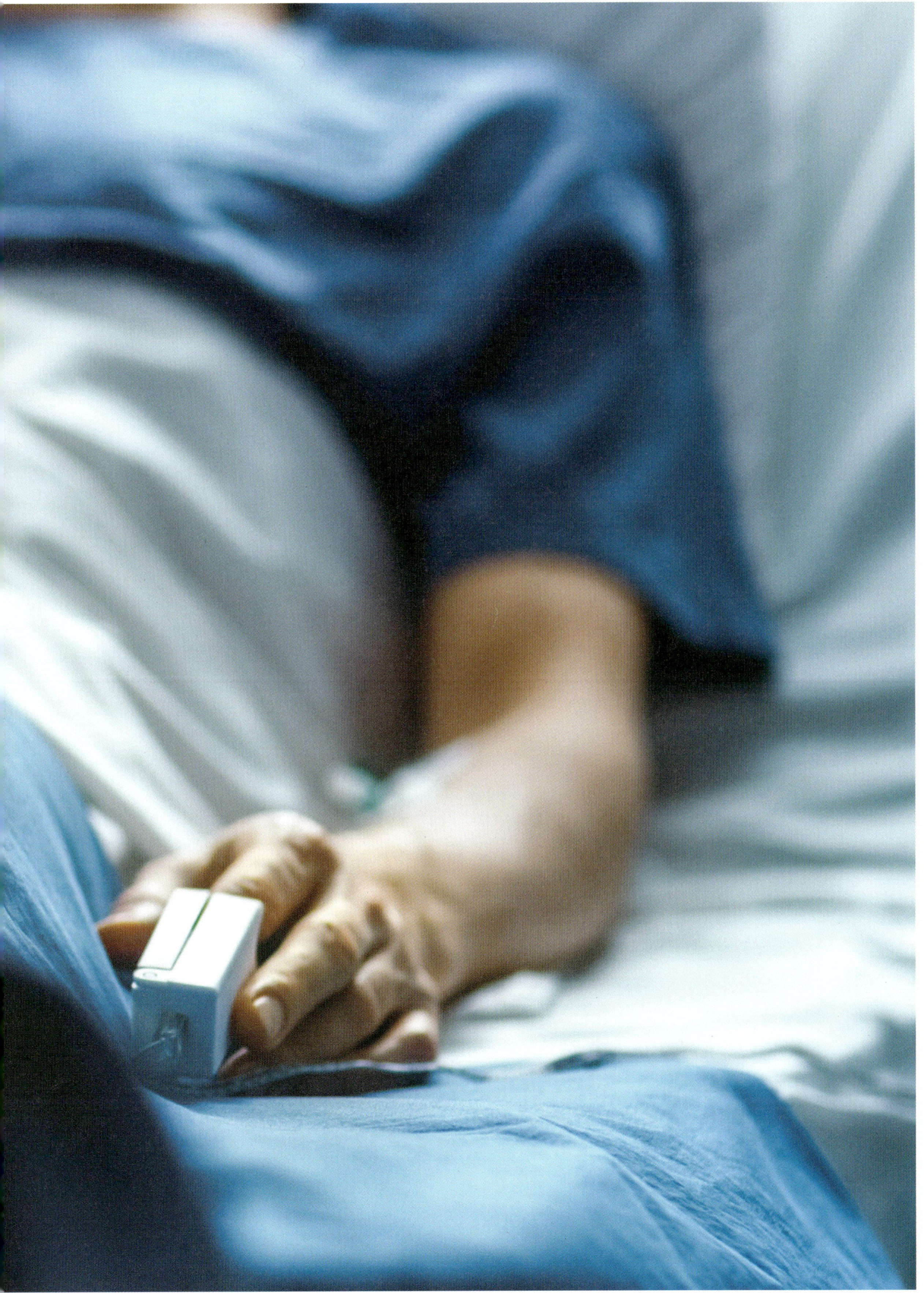

1. 임상영양관리의 정의와 목적

임상영양학은 영양소와 식사를 통한 대사장애와 관련된 각종 질병의 원인과 치료를 돕고 이들 질환에 대한 예방을 공부하는 학문이다.

사회의 발달과 식생활의 서구화로 인해 만성 퇴행성 질환(암, 심혈관계 질환, 당뇨병 등)이 증가하고 있으며, 질환의 예방과 치료에 영양관리의 중요성이 부각되고 있다.

임상영양관리의 목적은 환자의 질병 치료와 예방을 통해 삶의 질을 향상시키는 것이다. 이에 환자에 대한 영양진단과 영양판정 및 영양중재에 대한 계획을 세우고 그에 따른 식사처방을 하여 질병으로 손상된 신체의 기관과 조직의 회복 및 그 합병증을 예방하는 중요한 분야를 학습한다.

우리나라에서는 임상영양제도(「국민영양관리법」)를 법제화하여 임상영양사를 통한 영양관리를 하고 있다.

임상영양사

「국민영양관리법」 제23조(임상영양사)

① 보건복지부장관은 건강관리를 위하여 영양판정, 영양상담, 영양소 모니터링 및 평가 등의 업무를 수행하는 영양사에게 영양사 면허 외에 임상영양사 자격을 인정할 수 있다.

② 제1항에 따른 임상영양사의 업무, 자격기준, 자격증 교부 등에 관하여 필요한 사항은 보건복지부령으로 정한다.

영양사

「국민영양관리법」 제17조(영양사)

개인 및 단체에 균형 잡힌 급식 서비스를 제공하기 위해 식단을 계획하고 조리 및 공급을 감독하는 등 급식을 담당하며, 산업체에서 급식 관리 업무 외 영양교육 및 상담, 영양지원 등 영양서비스를 관리하는 업무를 수행한다.

※ 「보건의료인력지원법」 제2조(2019년 4월 5일 통과)에 따라 보건의료인력 정의에 영양사를 포함함.

표 1-1 영양사와 임상영양사의 업무

영양사	임상영양사
「국민영양관리법」 제17조 ① 건강증진 및 환자를 위한 영양·식생활 교육 및 상담 ② 식품영양정보의 제공 ③ 식단 작성, 검식 및 배식관리 ④ 구매 식품의 검수 및 관리 ⑤ 급식시설의 위생적 관리 ⑥ 집단급식소의 운영일지 작성 ⑦ 종업원에 대한 영양지도 및 위생교육	「국민영양관리법 시행규칙」 제22조 ① 영양문제 수집·분석 및 영양 요구량 산정 등의 영양판정 ② 영양상담 및 교육 ③ 영양관리 상태 점검을 위한 영양 모니터링 및 평가 ④ 영양불량 상태 개선을 위한 영양관리 ⑤ 임상영양 자문 및 연구 ⑥ 그 밖에 임상영양과 관련된 업무

2. 환자의 영양관리과정

영양관리과정(nutrition care process, NCP)이란 환자의 영양문제를 해결하기 위해 적극적으로 관여하는 과정을 말한다.

NCP는 미국영양사협회(american dietetic association, ADA)의 질병관리위원회에서 개발된 영양 관련 문제 해결을 위한 표준화된 과정으로, 2012년 대한영양사협회가 국제임상영양 표준용어 지침서를 번역하면서 우리나라에 도입하여 사용하고 있다.

NCP는 영양판정(nutrition assessment), 영양진단(nutrition diagnosis), 영양중재(nutrition intervention)와 영양 모니터링 및 평가(nutrition monitoring and evaluation)의 4단계로 구분되어 있다(그림 1-1, 1-2).

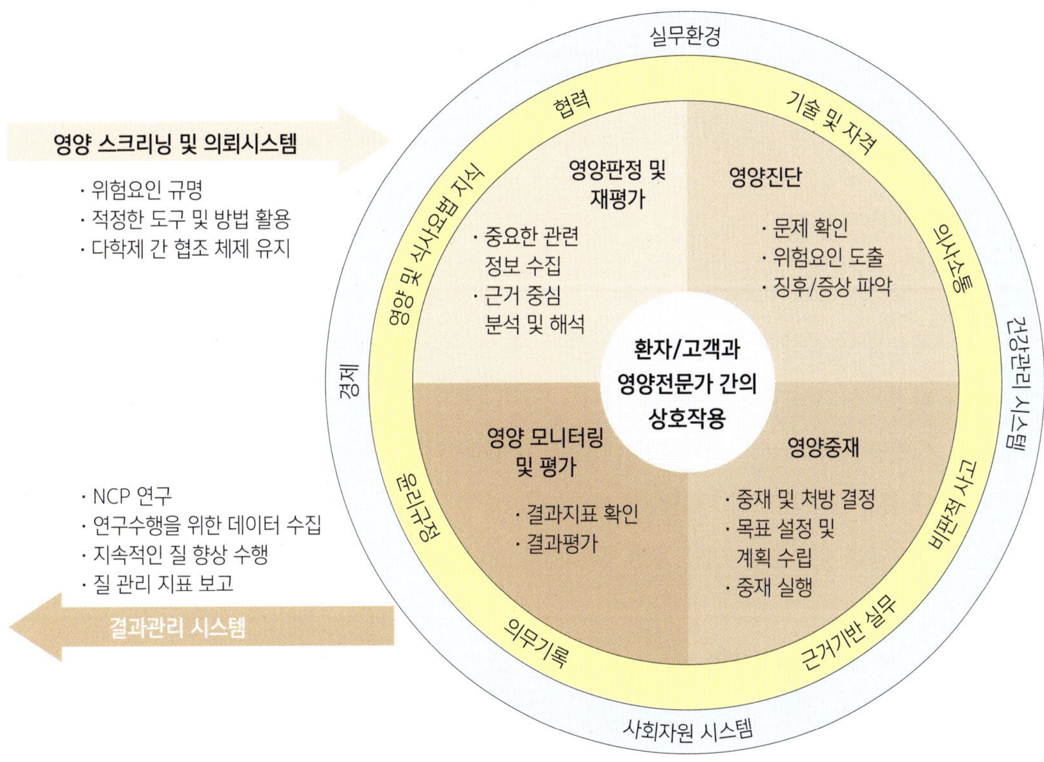

그림 1-1 영양관리과정 모델

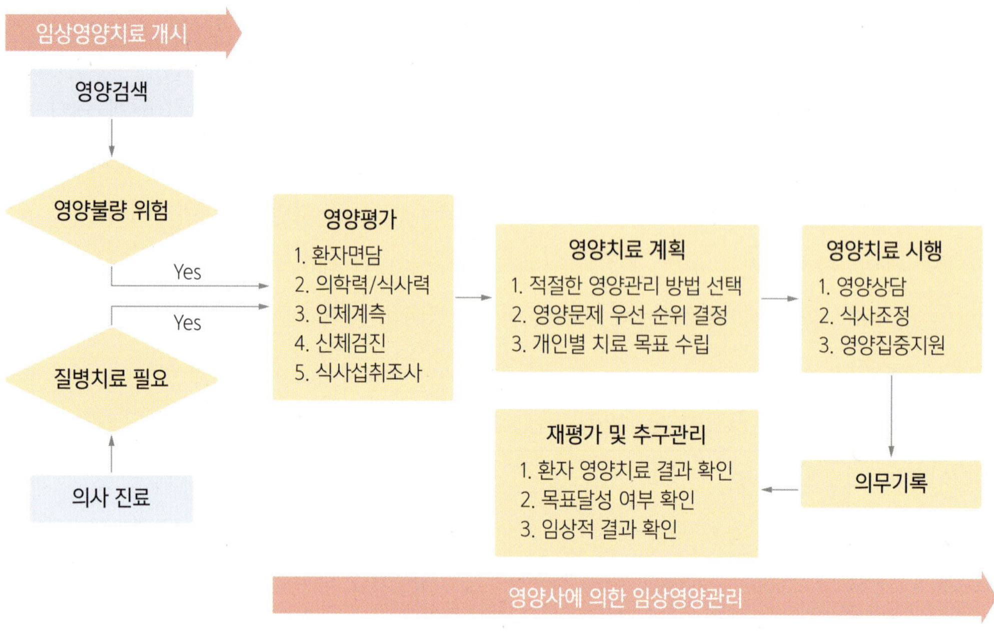

그림 **1-2** 입원환자 임상영양관리과정

1) 영양판정

영양판정(nutrition assessment)은 영양 관련 문제와 원인의 중요도 규명을 위해 필요한 자료를 수집하여 분석하고 해석하는 과정으로, 자료 수집부터 영양관리과정(NCP)의 전 과정에서 지속적으로 이루어진다.

영양판정 자료는 업무 환경에 따라 종류는 다르더라도 객관적이고 신뢰성 있는 정상치나 표준치와 비교해 평가해야 한다(표 1-2).

영양판정 자료는 영양 재판정과 영양 모니터링 및 평가 시에도 기초 자료로 사용된다.

표 **1-2** 영양판정의 영역

영역	분류
환자 과거력 및 가족력	• 개인의 과거력, 의료/건강/가족력, 사회력 • 처치와 대체의학 활용
신체계측	• 키, 체중, 체질량지수, 성장률/백분위수, 체중력 등
영양 관련 신체검사 자료	• 신체 관찰 시의 소견, 근육과 지방 소모, 저작 및 삼킴 기능, 식욕 및 감정, 활력 징후, 위장관 증상 등

영역	분류
생화학적 자료, 의학적 검사와 처치	• 각종 검사(전해질, 포도당, 혈중지질, 혈당 등) • 기능검사(위 배출 속도, 안정 시 대사율, 비디오투시검사 등)
식품/영양소와 관련된 식사력	• 식품과 영양소 섭취 • 약물과 약용식물 보충제 섭취 • 지식, 신념, 영양 관련 자원 이용도, 신체 활동 • 영양적 측면에서의 삶의 질

(1) 영양검색

영양검색(nutrition screening)은 영양문제가 있을 수 있거나 영양판정 및 영양중재가 필요할 수 있는 환자를 선별하는 과정이다. 간단하면서도 빠르게 검색할 수 있는 영양평가 도구를 이용한다.

입원 후 24~48시간 내에 영양검색을 시행하며, 신뢰도가 확보된 지표(신체계측, 식이 섭취 및 영양소 관련 식사력, 생화학적 검사 자료, 환자의 과거력 및 의학적 경과 등)를 검색하여 영양불량 상태를 확인한다(표 1-3).

영양 선별에 사용되는 지표들은 재원 기간과 합병증 유무, 이완율, 사망률을 예상하는 데 이용될 수 있다.

진단된 영양불량 상태에 맞게 영양 요구량을 산출하고 영양치료 계획을 수립하여 시행하고, 재평가를 실시하며 전자의무기록을 사용하여 영양평가를 수행한다.

표 1-3 영양검색 지표 예시

항목	영양 위험 요인
연령(세)	• ≥70(세)의 고령
신체계측	• 심한 체중 감소 : 3~6개월 내 > 10% • 심한 저체중 : IBW < 70 % • BMI < 18.5kg/㎡
식품 및 영양소와 관련된 식사력	• 요구량의 70% 미만 섭취 • 경구 섭취 불량 > 5일 등
병력	• 대사 요구량 높은 질환(예: 주요 복부수술, 뇌졸중, 혈액종양, 두경부손상, 골수이식 및 중환자 등)
생화학적 검사	• 알부민(Albumin) < 3.3 g/dL • 프리알부민(Prealbumin) < 20 mg/dL • 헤모글로빈(Hemoglobin) 남 < 13.6 g/dL, 여 < 11.2 g/dL

*IBW : ideal body weight(이상체중), BMI : body mass index(체질량지수)

(2) 영양판정

영양검색에서 위험군으로 분류된 환자를 대상으로 실시하며, 항목별 세부지표는 다음과 같다.

① 신체계측조사

신체 크기와 구성 및 영양 섭취 결과를 측정하는 방법으로 환자의 체격 변화는 영양불량이 심하거나 장기간 지속된 경우에 나타나는 지표이다.

신장과 체중은 가장 기본적이며 중요한 신체계측 지표로 체지방비율, 머리둘레, 팔둘레 등이 사용된다. 근육과 지방 소모 측정을 위해 피부두겹두께, 상완위/상완근육면적, 표준에 대한 상완근육면적비율 등을 이용한다.

체중은 영양불량을 진단할 때 가장 흔히 이용되는 지표로서 체내에 저장된 지방 및 근육량을 대략적으로 나타낸다. 체중은 체내의 지방량(fat mass, FM)과 제지방량(fat free mass, FFM)을 합한 총량이다. FFM은 일명 실질체중(lean body mass, LBM)이라고도 하며, 총체액(total body water, TBW)과 뼈 무기질(osseous mineral) 및 단백질(protein)을 포함한다.

② 식이섭취조사

환자가 섭취한 식이를 조사하여 현재까지의 식습관 및 영양 관련 이력 중에서 영양 상태에 미칠 수 있는 요인을 알아보는 지표로 식이섭취량으로 환산 후 필요량과 비교하여 적정 식이 섭취 상태를 알아보는 방법이다.

평소 식사섭취량을 알아보는 방법으로 24시간 회상법, 평상시 음식섭취량 조사, 식품섭취 빈도조사법, 식사일기(식사기록법), 직접조사법 등이 있다(표 1-4).

식사 시 문제점으로 저작 및 연하곤란, 식욕부진, 구토, 메스꺼움, self-feeding 여부 등이 있고 대부분 질병 발생 기간이 오래 걸리므로 장기간의 식이섭취조사 방법이 유용하다.

③ 생화학적 조사

단기간 영양불량을 판별할 수 있는 방법으로 혈액, 소변, 적혈구 성분에서 영양소나 영양소 대사산물의 농도, 효소의 기능, 농도 등을 측정하여 영양 상태를 평가하는 방법이다.

단백질 영양 상태의 측정 지표로 혈장 알부민, 트랜스페린, 프리알부민 등을 측정하며 면역 기능 측정을 위해 총 림프구 수를 측정한다.

빈혈 판정을 위해 헤모글로빈, 헤마토크릿, 총 철분 결합 능력을 측정한다.

표 1-4 섭취량 조사 방법

조사 방법	특징	장점	단점
24시간 회상법	• 전일 24시간 동안 음식물 섭취 상태에 대한 정보 조사	• 빠르고 간편함 • 환자의 평소 식사 패턴에 영향을 주지 않음	• 환자가 사실대로 말하지 않을 수 있음 • 환자의 기억에 의존하므로 부정확할 수 있음 • 섭취량에 대한 지식 필요 • 평소 섭취량을 반영하지 못할 수 있음 • 면담 기술을 가진 영양전문가 필요
평상시 음식섭취량 조사	• 평상시 음식물 섭취 상태에 대한 정보 조사	• 빠르고 간편함 • 24시간 회상법에 비해 평상시 식사 상태를 잘 반영	• 환자의 기억에 의존하므로 부정확할 수 있음 • 면담 기술을 가진 영양전문가 필요
식품 섭취 빈도조사법	• 각 식품 또는 식품군별 섭취 빈도에 대한 조사	• 표준화 용이 • 24시간 회상법과 함께 사용할 때 유용함 • 일정기간 동안의 주요 영양소의 전반적인 섭취 상태를 알려줌	• 읽고 쓰는 능력 필요 • 식습관에 대한 정확하고 세부적인 정보를 알 수 없음
식사일기	• 3~7일간의 실제 음식물 섭취 상태에 대한 정보 조사 • 보다 정확한 분석을 위해 주중과 주말 조사 포함 • 기록한 날이 많을수록 정확도 증가	• 매일의 섭취량 기록 • 식품의 양, 조리과정, 식사·간식 시간에 대한 정보 제공 가능	• 읽고 쓰는 능력 필요 • 섭취량을 측정하거나 판단하는 능력 필요 • 기록 과정에서 평상시 식사패턴에 영향을 미쳐 평소의 섭취 상태를 대변하지 못할 수 있음 • 최소 3일 이상의 기록 필요
입원 환자 식사 직접 조사	• 환자의 음식 섭취 상태를 직접 보고 기록	• 실제로 섭취량을 관찰하여 기록 • 식사 전후 식품의 중량을 측정하므로 정확한 분석 결과 제공	• 일반인의 섭취량 조사에 적용할 수 없음

자료 : 대한영양사협회, 임상영양관리지침서 3판, p.12, 2008
Mahan LK, Raymond JL, Krause's Food & the Nutrition Care Process, 14th ed, 2017

④ 임상적 조사

장기간의 영양불량 상태를 반영할 수 있는 피부, 머리카락, 손톱 등의 기관의 결핍으로 환자 영양 상태의 결핍이나 과잉증상 등 임상적 증상으로 판단하여 반영한다.

2) 영양진단

영양진단(nutrition diagnosis)은 임상영양사가 독립적으로 치료 또는 중재할 수 있는 영양문제를 규명하고 기술하는 것을 말한다. 영양판정과 영양중재 사이의 단계에서 이루어지며, 임상영양사가 의학적 진단을 하는 것이 아니고 영양 영역에서의 현상을 진단하는 것이다.

영양진단의 영역은 섭취, 임상 및 행동-환경 영역으로 구분된다(표 1-5).

표 1-5 영양진단 영역

영역	설명	내용
섭취	경구 또는 영양집중지원을 통한 에너지, 영양소, 수분 및 생리활성물질의 섭취와 관련된 문제 영역	• 에너지 평형 • 경구 섭취 또는 영양집중지원 • 수분 섭취 • 생리활성물질 • 영양소
임상	의학적, 신체적 상태와 관련된 영양적인 문제 영역	• 기능적인 부분 • 생화학적 부분 • 체중
행동-환경	지식, 신념 및 태도, 물리적 환경, 식품의 이용 또는 안전과 관련된 영양적 문제 영역	• 지식과 신념 • 신체활동과 기능 • 식품안전과 이용

영양진단문은 구조화하여 문장으로 작성해야 한다. 표준화된 영양진단 언어를 사용하여 영양문제를 일관성 있게 기술하여 전문 영역 내외에서 명확하게 하기 위함이다. 문제(problem, P), 원인(etiology, E), 징후/증상(sign/symptom, S) 3가지로 구성되어 PES 형식으로 작성한다(표 1-6).

표 1-6 영양진단문의 구성

구분	문제(problem, P)	원인(etiology, E)	징후/증상(sign/symptom, S)
설명	• 영양사가 독립적으로 치료할 책임이 있는 환자의 영양적인 문제	• 영양문제의 원인 • 병태생리학적, 심리 상황에 따른 요인, 혹은 문화적, 환경적 문제가 기여하는 요인 등 • 중재 방법 결정의 근거	• 환자의 영양문제의 근거로 객관적(징후)/주관적(증상) 자료로 구성 • 모니터링의 근거
형식	• 변화된, 부적절한, 증가된, 감소된, 바람직하지 못한 등으로 표현	• '__________와 연관되어 있고'로 영양진단명과 연결	• '근거는 __________이다'로 원인과 연결
예시	부적절한 경구 섭취	항암치료와 관련된 메스꺼움	필요량의 25% 정도 섭취
	영양문제는 부적절한 경구 섭취(P)로 항암치료와 관련된 메스꺼움과 연관되어 있고(E), 그 근거는 필요량의 25% 정도 섭취하는 것(S)으로 확인할 수 있다.		

영양진단문 작성은 다음과 같이 관련 사항을 제대로 답할 수 있어야 잘 작성된 것으로 본다.

표 1-7 영양진단문 구성 시 고려할 사항

영양문제 (problem, P)	• 영양사가 해결하거나 개선할 수 있는 문제인가? • 영양진단 표준 용어를 사용하였는가?
원인 (etiology, E)	• 근본적 원인인가? • 영양사의 영양중재를 통해 해결이 가능한 원인인가? • 원인을 제거할 수 없다면 징후나 증상을 개선할 수 있는가?
징후/증상 (sign/symptom, S)	• 문제가 해결되거나 향상된다면 징후/증상을 측정할 수 있는가? • 징후/증상이 측정(평가) 가능하고 영양진단의 해결이나 개선 정도를 모니터하고 기록할 수 있는가?

영양진단문에 사용되는 영양진단 표준 용어 및 정의는 부록 1에, 영양진단 영역별 영양진단문의 예는 부록 2에 수록되어 있다.

3) 영양중재

영양문제를 해결하기 위해 목표와 구체적인 실행 계획을 세우고 실행하는 과정으로 영양처방, 목표설정, 중재실시로 구성된다. 영양처방은 대상자의 선호도와 가치를 반영하고 영양처방 후에는 목표와 전략을 정한다.

영양중재는 영양진단에서 규명된 병인에 초점을 맞추어 시행하며, 그 목표는 일정 기간 내 달성하고 측정 가능해야 한다. 영양중재는 크게 4가지 영역으로 구성된다(표 1-8).

표 1-8 영양중재의 영역 및 영양진단에 근거한 영양중재의 예

영역	설명	내용
식품 및 영양소 제공	식품, 영양소 제공을 통한 개별적 접근 방법	• 식사와 간식의 제공 및 조정 • 장관영양/정맥영양 제공 및 조정 • 보충제 제공 및 조정 • 식사 지원/식사 환경 조정 • 영양 관련 약물 관리
영양교육	스스로 식품 선택 및 식습관 관리의 기술과 지식을 교육, 훈련시키는 방법	• 초기/기본 영양교육 • 포괄적 영양교육

영역	설명		내용
영양상담	대상자-상담자 간의 관계를 통해 영양중재 전반에 대상자가 책임감을 갖고 스스로 관리할 수 있도록 지지하는 과정		• 이론적 근거/접근 • 전략
다른 분야와 협의	영양 관련 문제의 개선을 도울 수 있는 다른 분야의 전문가/기관 등과 협조/의뢰		• 타 분야와 협조 • 퇴원 및 타 기관 의뢰
영양진단	**문제**	**원인**	**징후/증상**
	• 당질 섭취 과다	• 식품 영양 지식 부족	• 탄수화물 섭취 330 g(총에너지의 73%)
영양중재	**영양진단**	**중재 내용**	**목표/예상 결과**
	• 당질 섭취 과다	• 식사요법 교육 • 탄수화물 급원식품 교육	• 탄수화물 섭취 비율 감소(총에너지의 73%에서 65% 미만으로 조정) • 고당질 간식 섭취 1회/일 이하

4) 영양 모니터링 및 평가

영양 모니터링 및 평가는 영양진단과 중재에 따른 환자의 영양관리 성과를 측정하고 평가하는 과정으로, 계획한 영양중재를 통해 환자의 영양문제가 해결(목표 달성)되었는지를 확인하고 추후 중재목표 및 계획을 재수립하여 시행한다.

영양 모니터링 평가는 신체계측 영역, 생화학적 자료, 의학적 검사와 처치 영역, 영양 관련 신체검사 자료 영역, 식품과 영양소 관련 식사력 영역으로 구분된다.

5) 의무기록

영양관리(영양치료)의 전 과정은 의무기록으로 남긴다. 영양관리과정에 대한 의무기록은 의료진들 사이에서 의사소통의 도구로 사용되며, 의료서비스 질 평가를 포함한 환자 중심의 의료 행위의 과정을 문서화한다.

의무기록은 전자의무기록(electronic medical record, EMR) 또는 전자건강기록(electronic health record, EHR)이라고 한다. 환자에 대한 모든 형태의 건강 정보(기초 정보, 병력, 약물 반응, 건강 상태, 진찰, 입퇴원기록, 방사선 및 화상진찰 결과 등)를 담고 있다.

영양관리기록은 영양관리과정의 각 단계에 따라 임상영양관리 시행 및 기록이 용이하도록 구성한다(부록 3).

3. 병리학의 일반 원리

병리학은 질병의 원인, 기전, 임상 발현 양상, 질병의 진행, 증상, 진단 등을 규명한다.

1) 조직 손상

정상 세포는 자극을 받은 경우 항상성을 유지하려고 하나 심한 자극에는 세포 손상을 일으킨다. 조직 손상은 세포의 크기와 숫자의 변화를 동반한다. 세포는 다양한 호르몬, 신경 자극에 의해 크기, 숫자, 기능의 변화 및 위축 등 여러 가지 적응 반응을 일으킨다. 적응 반응은 위축, 비대, 증식, 화생, 변성, 괴사 등이 있다(표 1-9).

표 1-9 조직 손상의 적응 반응

반응	단계
위축	세포의 숫자가 감소하여 조직, 장기 등이 크기가 축소되는 것으로 골절에 의한 침대에서의 장기 요양에 따른 근육 손실 등이 그 예이다.
비대	세포의 크기가 커지는 것으로 세포 수에는 변화가 없다. 조직 단백질 증가나 장기의 크기 증가 등에 해당된다.
증식	전반적인 세포 수가 증가하는 것으로 총 적혈구 수 증가에 의한 빈혈, 간 절제 수술에 대한 적응으로 간세포 수가 재생되는 경우 등에 해당된다.
화생	질병 또는 상해에 의해 한 가지 종류의 세포가 다른 형태의 세포로 바뀌는 것으로 가역적인 반응이다. 부족 상태의 경우, 좀 더 성숙한 세포가 덜 성숙한 세포를 대체하는 것이 예이다.
변성	정상세포가 변화하여 기능이 점차 쇠퇴하는 것이며 가역적인 반응이다. 괴사에 앞서 발생하는 현상이다.
괴사	세포가 치명적인 손상을 받아 사멸한 상태이다. 이러한 세포의 괴사는 세포 구조의 변화를 일으킨다.

2) 생화학검사

생화학검사는 식이섭취조사나 신체계측을 통한 영양 상태 평가보다 객관적이고 정확한 자료를 제공할 수 있다. 단백질과 에너지원, 비타민, 무기질 상태, 체액, 전해질 균형과 신체기관 기능에 대한 영양평가를 제공한다(표 1-10).

(1) 단백질 대사

① 총단백질(total protein)

혈장 단백질 수치는 단백질 상태를 평가하는 데 도움이 된다. 간질환 환자는 혈장 단백질이 감소할 수 있고 스트레스, 임신, 신장 이상, 아연 수치, 약물 복용 등도 혈장 수치를 변화시키는 요인이 될 수 있다. 혈액 내 수분이 낮으면 혈액이 농축되어 단백질 수치가 올라갈 수 있고 감마글로불린혈증에서 증가할 수 있다.

② 알부민(albumin)

혈청 알부민은 영양 상태 평가 시 널리 이용되는 지표이다. 단백질과 칼로리의 결핍 정도를 나타낸다. 알부민은 신체 내 많은 양이 존재하나 감소 속도가 느려 영양 상태의 변화를 반영하는 것이 느리다.

탈수나 혈액 내의 수분량이 적으면 농축되어 수치가 올라갈 수 있고 단백질과 아미노산의 섭취 부족과 장의 흡수장애, 간질환 등으로 합성이 저하되면 알부민 수치가 낮아진다. 신장질환에 의한 배설 증가와 출혈 등으로도 감소한다.

③ 글로불린(globulin)

염증이나 감염으로 인해 높아지고 골수종 등의 종양이 있을 경우 증가한다.

(2) 지방 대사

① 중성지방(triglyceride)

중성지방이 높아지면 지방간, 동맥경화, 심장병 발생의 위험이 증가한다.

② 콜레스테롤(cholesterol)

포화지방이 많은 식품의 과도한 섭취나 콜레스테롤이나 지방이 많은 식품의 섭취 과잉이 원인이다. 심한 간질환에서 지단백의 합성 저하, 갑상샘항진증에서 담즙산의 분비 증가로 콜레스테롤이 낮아지는 경우가 있다.

LDL-콜레스테롤이 높으면 혈관 내 피하에서 산화 변성을 받아 혈관 내 축적되어 동맥경화를 진행시키고 심장병이나 뇌졸중의 위험을 높인다.

HDL-콜레스테롤은 간질환, 흡연, 혈압강하제나 혈당강하제를 복용하는 경우 또는 고중성지방혈증(hypertriglyceridemia)에서 감소하고 비만이나 당뇨 등 인슐린 저항이 있는 경우에도 낮아진다.

(3) 핵산 대사

요산(uric acid)은 신장에서 요산 배설의 저하나 유전적 대사질환에 의한 요산 합성 증가 혹은 과도한 운동이나 알코올 섭취 시 높아질 수 있다.

(4) 무기질 대사

① 칼슘(calcium, Ca)

혈장의 칼슘 농도는 단백질결합성 칼슘, 칼슘염, 이온화 칼슘을 모두 포함한 농도이며, 혈액 내 단백질 농도에 영향을 받는다. 단백질, 알부민 농도가 높을 때나 부갑상샘항진증, 비타민 D 과잉으로 높아질 수 있다.

② 인(phosphorus, P)

인은 사구체 여과율이 15 mL/min 이하로 낮아지는 시점에 신장기능에 따라 혈청 인의 농도가 증가한다. 혈청 인, 부갑상샘호르몬(parathyroid hormone, PTH), 비타민 D의 영향을 받아서 또는 부갑상샘기능 저하로 인한 재흡수 증가로 높아진다.

③ 나트륨(sodium, natrium, Na)

혈중 나트륨 농도는 수분과 비교한 나트륨의 농도를 의미한다. 고나트륨혈증(hypernatremia)은 수분 섭취 부족, 탈수, 나트륨 과잉 섭취로 나트륨 농도가 높은 것을 의미한다. 탈수(구토나 설사로 인한 수분과 전해질 감소), 부종(복수, 심부전에 의한 나트륨 희석) 이뇨제, 만성 신부전(콩팥병)으로 인한 나트륨 소실도 고려해야 한다.

④ 클로라이드(chloride, Cl)

탈수나 산증, 신장기능 이상 시 높아지며 수분 부족이나 대사성 산증(acidosis), 호흡성 알칼리증(alkalosis) 등에서 증가할 수 있다.

⑤ 칼륨(potassium, kalium, K)

고칼륨혈증(hyperkalemia)은 요혈과 저온에서 전혈이 방치될 경우 높게 나타난다. 신장 배설장애, 감염, 산증(acidosis), 이뇨제(spironolactone) 사용 시 높아지고 이뇨제 사용 시나 칼륨의 세포 내 이동으로 낮아질 수 있다.

(5) 비타민 대사

호모시스테인(homocystein)으로부터 메티오닌(methionine)을 합성하는 반응에 메티오닌 합성효소(methionine synthase)가 관여하며, 이때 엽산(folate)과 비타민 B_{12}가 보조인자로 사용된다. 엽산과 비타민 B_{12}의 소모가 많아지는 심혈관계 질환과 호모시스테인 대사 반응은 높아지는 경우, 심혈관계 질환과 신경관 손상, 인지 능력 감퇴 등의 위험이 있다.

(6) 간기능 대사 관련 생화학검사

① 아스파르테이트 아미노전이효소(aspartate aminotransferase, AST)

지방간, 간염, 간경화, 과다 약물 섭취 등으로 간이나 심장 손상의 경우 혈액 유출이 쉬워 증가된다.

② 알라닌 아미노전이효소(alanine aminotransferase, ALT)

높아지는 경우는 간 손상에서 더 특이적이다.

③ 감마-글루타밀 전이효소(γ-glutamyl transpeptidase, γ-GTP, GGT)

알코올이나 약물 복용에 의해 간세포질의 마이크로솜(microsome) 효소가 유도되기 때문에 음주자나 약물 복용자에서 고활성을 보이고 간·담도계 질환에만 특이적으로 증가한다.

④ 빌리루빈(bilirubin)

간염 등에 의한 간의 손상이나 담관배출장애(담석)로 빌리루빈 처리의 저하 혹은 과잉 생산되는 용혈성 빈혈이 있을 경우 증가될 수 있다.

(7) 신장기능

혈중요소질소(blood urea nitrogen, BUN)는 탈수, 고단백 섭취, 발열, 운동 등 단백 대사 이화 상태에서 증가하고 신장기능장애 시 증가한다. 노약자나 어린이 임산부의 근육량 감소 시 낮아지고 심한 단백질 부족과 간부전 등에 의해 낮아진다. 크레아티닌(creatinine)은 신장기능장애 시 증가한다.

(8) 빈혈

① 빈혈 관련 검사

적혈구, 헤모글로빈, 헤마토크릿, 평균적 혈구혈색소량(MCH), 평균적 혈구용적(MCV), 트랜스페린 등으로 검사를 진행하고, 빈혈인 경우 MCV가 높아진다. 트랜스페린은 철 결핍이 악화될수록 상승하고, 철 수치가 향상되면 떨어진다.

② 백혈구(white blood cell, WBC)

염증성 질환이나 감염, 종양 등으로 골수에서의 생산 증가로 수치가 올라가고 항암치료나 골수의 조혈장애로 생산이 저하되거나 감염, 자가면역질환, 약물에 의해 감소된다.

이 중 호중구는 골수질환이나 감염 외에 알코올중독에 의해서도 낮아질 수 있으며, 호염구는 갑상샘기능 저하나 장의 염증, 결핵 등에서 증가할 수 있다. 단핵구는 결핵, 악성종양 등에서, 호산구의 증가는 아토피피부염이나 알레르기성 질환에서 증가 형태를 보이며, 림프구는 골수나 흉선에서 생성장애와 소모(파괴) 증가 혹은 영양불량 시 감소한다.

표 1-10 생화학 대사이상검사

구분		참고치	진단
전혈 (whole blood)	적혈구 수	4.2~6.3 $10^6/\mu L$	• 빈혈 • 초과 시 탈수, 폐질환, 선천성 심장병, 진성 적혈구증가증, 신질환, 과다한 전혈수혈, 조직저산소증 • 미만 시 외상, 화상, 임신, 용혈빈혈, 출혈감염, 철 결핍성 빈혈, 비타민 B_{12} 또는 엽산 결핍, 골수 손상, 대사장애, 만성 염증
	헤모글로빈	13~17 g/dL	• 빈혈 • 초과 시 탈수증, 골수에서 적혈구 과다 생산, 심각한 폐질환, 기타 여러 가지 질환 • 미만 시 철분, 비타민 B_{12}, 엽산 결핍, 유전성 혈색소 결핍, 효소 결핍과 같은 유전성 질환, 간경변증, 과다출혈, 과도한 적혈구 파괴, 신장질환, 기타 만성 질환, 골수부전 또는 재생불량빈혈, 골수에 영향을 미치는 암
	헤마토크릿	42~52%	• 총혈액량의 적혈구 백분율, 빈혈 • 초과 시 탈수증, 진성 적혈구증가증 • 미만 시 비타민, 무기질 결핍, 출혈, 간경화증, 암
	평균혈구용적	80~94 fL	• 적혈구 크기 : 소구성 저색소 빈혈과 대구성 고색소 빈혈을 구분
	평균적혈구혈색소량 (MCH)	27~31 pg	• 적혈구 안의 혈색소량(Hb) : 철 결핍성 빈혈 판별에 도움
	백혈구 수	4.0~10.0 $10^3/\mu L$	• 백혈구 수 : 일반적인 면역력 평가 • 초과 시 세균 감염, 염증, 백혈병, 외상, 심한 스트레스, 심한 운동 • 미만 시 화학요법, 방사선치료, 면역체계에 영향을 끼치는 질환

구분		참고치	진단
혈청 단백질 (serum protein)	총단백질	6.6~8.3 g/dL	• 질병에 특이하지 않거나 매우 예민 • 체단백질, 질병, 감염, 수화, 신진대사, 임신, 약물 투여에서의 변화 반영 • 알부민을 포함한 항체 등 모든 혈중단백 측정
	알부민	3.5~5.2 g/dL	• 질병 또는 PEM[1] 반영 • 질병의 개선 또는 악화에 느리게 반응
	트랜스페린	200~360 mg/dL	• 질병, PEM[1] 또는 철 결핍을 반영 • 알부민보다 변화에 좀 더 예민
	프리알부민	19~43 mg/dL	• 질병 또는 PEM[1] 반영 • 알부민, 트랜스페린보다 건강 상태의 변화에 더 민감하게 반응
	C-반응성 단백질 (CRP)	~0.5 mg/dL	• 염증, 또는 질병의 지표
	크레아틴키네이스 (CK)	~171 U/L	• 근육, 두뇌, 심장에서 다른 형태 CK 발견 • 혈액에서 높은 수치는 심장발작, 뇌조직 손상, 골격근 손상의 지표
	락테이트디하이드로제네이스(LDH)	208~378 U/L	• 많은 조직에서 발견 • 심장발작, 폐 손상, 간질환 후에 증가
	알칼리포스파테이스 (ALP)	30~120 U/L	• 많은 조직에서 발견 : 간기능 평가 측정 • 간에서 발견되는 효소, 간염 발견 지표
	아스파테이트아미노트랜스페레이스 (AST)	~50 U/L	• 보통 간 손상 평가를 위해 측정 • 간질환에서 상승, 근 손상 후에 증가 • 간, 심장, 근육에서 발견되는 효소 • 초과 시 급성 간염, 만성 간염, 알코올성 간 손상, 담관폐쇄, 간경화, 간암, 심장마비, 근육 손상
	알라닌 아미노트랜스퍼레이스(ALT)	~50 U/L	• 보통 간 손상 평가를 위해 측정 • 간질환에서 상승, 근 손상 후 증가 • 담관 연관 효소 • 초과 시 급성 간염, 만성 간염, 담관폐쇄, 간경화, 간암
전해질 검사 (electrolytes) 및 기타	나트륨	136~146 mmol/L	• 수화 상태, 신경근, 신장, 부신기능검사 시 • 초과 시 고나트륨혈증, 소금 섭취 증가, 쿠싱증후군, 낮은 ADH, 요붕증, 수분 소실 증가(대사율 증가, 과다 환기, 감염) • 미만 시 저나트륨혈증, 나트륨 소실(에디슨병, 설사, 과다 발한, 이뇨제 투여, 신질환), 과다 수분 섭취, 체내 수분 축적, 높은 ADH(암, 약물), 울혈성 심부전

구분		참고치	진단
전해질 검사 (electrolytes) 및 기타	칼륨	3.5~5.1 mmol/L	• 산-알칼리 균형, 신장기능검사, 칼륨 불균형 감지 • 고혈압, 신질환 진단평가, 투석환자, 정맥 내 요법 시/이뇨제, 혈압약, 심장질환약 복용 시 모니터링 지표
	염소	101~109 mmol/L	• 수화, 산-알칼리 전해질 불균형 평가 시
	포도당	71~106 mg/dL	• 당불내인성, 당뇨, 저혈당의 위험 진단
	당화 혈색소	5.0~7.5% of Hb	• 1~3개월의 혈당 조절 능력 모니터에 사용
	요소질소	8~20 mg/dL	• 초기 신장기능을 검사, 수치는 간부전, 탈수, 충격에 의해 변화
	요산	3.5~7.2 mg/dL	• 통풍, 신장기능 변화 감지에 사용 • 나이, 식사, 인종에 의해 영향
	크레아티닌	0.72~1.18 mg/dL	• 신장기능을 검사

[1] PEM : Protein-Energy Malnutrition(단백질-에너지 불량)

자료 : 대한영양사협회, 임상영양관리지침서 제4판, 2022. 참고치는 병원마다 다소 차이가 있음

4. 환자의 영양필요량 산정

환자의 에너지원은 탄수화물, 단백질, 지방으로 구성되고 포도당이 대사산물인 탄수화물은 식후 에너지원인 포도당으로 되고 단백질은 신체 구성과 기능적 역할을 수행하고 지방은 대사적 산화를 위해 저장되어 사용된다.

1) 에너지 소비량

인체에 필요한 에너지에는 기초대사량(휴식대사량), 신체활동대사량 및 식사성 발열 효과(체내 식품 이용 시 필요한 에너지 소모량) 등이 해당된다.

(1) 기초대사량

기초대사량(basal energy expenditure, BEE)은 인체가 호흡, 체온 유지, 근육 긴장, 심장 박동 등 생명 유지를 위한 기초 대사에 필요한 최소의 에너지를 말한다. 하루에 필요한 에너지의 60~70%를 차지하며, 공복 12~14시간 후 측정하고 영향을 주는 요인은 체격, 체지방량과 근육량의 상대적 비율, 연령, 성별, 기후, 호르몬 분비량, 영양 상태, 체온, 임신 여부, 수면, 정신 상태 등이 있다.

(2) 휴식대사량

휴식대사량(resting energy expenditure, REE)은 정상적인 기능과 항상성 유지 및 자율신경계 활동을 위한 최소 에너지 필요량으로 주로 근육량에 비례하고 나이, 성별, 영양 상태, 호르몬이나 자율신경계의 상태 및 체격 등과 같은 신체의 여러 조건에 영향을 받기 때문에 개인차가 있다. 휴식대사량은 식사 후 4~6시간의 공복 유지 후 측정이 가능하다.

(3) 신체활동대사량

신체활동대사량(physical activity energy expenditure, PAEE)은 일상생활의 근육 활동에 필요한 에너지로 1일 총에너지 소비량의 20~30%를 차지한다. 성별과 연령 신체 크기가 유사한 경우 에너지 소비량의 차이는 주로 활동대사량에 기인한다. 운동에 대한 활동대사량과 운동 이외의 활동대사량으로 나눈다. 주로 활동 강도와 활동 시간에 따라 달라지고 고체중일수록 활동대사량도 증가하고 개인차가 크다.

(4) 식사성 발열 효과

식사성 발열 효과(thermic effect of foods, TEF)는 식품 이용을 위한 에너지 소모량으로 특이동적 대사량(specific dynamic action, SDA)이라 하고 총에너지 소비량의 5~10% 가량을 차지한다. 식사 섭취 후 구성 영양소의 체내 대사를 위해 필요한 에너지로 식이 성분과 종류, 비율, 에너지 함량, 식습관이나 식이 섭취자의 영양 상태에 따라 달라진다.

(5) 적응대사량

적응대사량(adaptive thermogenesis, AT)은 체온 유지에 중요한 적응열을 말한다. 환경에 노출(추위, 음식 섭취 등)될 때 적응을 위해 발생되는 열로 1일 필요에너지의 약 7%를 소모하지만, 에너지 필요량 계산에는 포함되지 않는다.

(6) 비교에너지대사율

비교에너지대사율(relative metabolic rate, RMR)은 신체활동대사량과 기초대사량의 상대적 비율로 활동에 따라 달라진다(예 : 취침 시 0.9%, 가벼운 활동 시 1~1.5%, 보통 활동 시 1.5~2%, 심한 활동 시 2% 이상).

2) 환자의 에너지 필요량 산출법

환자의 에너지 필요량을 정확하게 결정하는 것은 효과적인 영양관리를 위해 필수적이다. 에너지 및 영양 필요량은 한국인 영양소 섭취기준을 토대로 하되 과식(overfeeding)이나 섭취 부족(underfeeding)은 환자의 영양 상태에 영향을 미치기 때문이다.

에너지 필요량은 환자의 에너지 요구량과 일치하는 것은 아니지만 환자의 에너지 요구량을 결정하기 위해서는 소비량을 정확하게 추정하여야 한다.

(1) 계산 공식 이용

성인의 기초대사량을 구하는 방법

- 성인 남자 기초대사량 = 1.0 kcal/시간(h)/체중(kg) × 체중(kg) × 24시간
- 성인 여자 기초대사량 = 0.9 kcal/시간(h)/체중(kg) × 체중(kg) × 24시간

해리스 베네딕트 공식(Harris Benedict Equation, 1916)

- 남자 : 기초소비에너지(BEE) = 66.5 + 13.8 × 체중(kg) + 5.0 × 신장(cm) - 6.8 × 연령(세)
- 여자 : 기초소비에너지(BEE) = 655.1 + 9.6 × 체중(kg) + 1.9 × 신장(cm) - 4.7 × 연령(세)

(2) 한국인 영양소 섭취기준

우리나라 국민의 체위 참고치를 반영하여 생애주기별 에너지 필요추정량(estimated energy requirement, EER)에 대한 필요추정량 및 부가량을 산출한 요약표는 다음과 같다(표 1-11).

표 1-11 연령에 따른 에너지 필요추정량 산출 공식

구분		에너지 필요추정량(EER) 총에너지 소비량(TEE)	생애주기별 부가량
영아(개월)	0~5(개월)	89 kcal/kg/일×체중(kg)-100 kcal/일	+115.5
	6~11(개월)		+22
유아(세)	1~2(세)		+20
	3~5	• 남자 = 88.5-61.9×연령(세)+PA[26.7×체중(kg)+903×신장(m)] [PA=1.0(비활동적), 1.13(저활동적), 1.26(활동적), 1.42(매우 활동적)] • 여자 = 135.3-30.8×연령(세)+PA[10.0×체중(kg)+934×신장(m)] [PA=1.0(비활동적), 1.16(저활동적), 1.31(활동적), 1.56(매우 활동적)]	+20
아동(세)	6~8		+20
	9~11		+25
청소년(세)	12~14		+25
	15~19		+25

구분		에너지 필요추정량(EER) 총에너지 소비량(TEE)	생애주기별 부가량	
성인 및 노인 (세)	20세 이상	• 남자 = 662-9.53×연령(세)+PA[15.91×체중(kg)]+539.6×신장(m) [PA=1.0(비활동적), 1.11(저활동적), 1.25(활동적), 1.48(매우 활동적)] • 여자 = 354-6.91×연령(세)+PA[9.36×체중(kg)]+726×신장(m) [PA=1.0(비활동적), 1.12(저활동적), 1.27(활동적), 1.45(매우 활동적)]	임신부	초기 : +0 중기 : +340 말기 : +450
			수유부	+340

자료 : 2020 한국인 영양소 섭취기준(Dietary Reference Intake for Koreans, KDRIs), 보건복지부, 2020

(3) 비만도와 활동도를 고려한 계산 방법

현재체중에 활동별 에너지를 곱하여 1일 에너지 필요량을 계산하는 방법이다.

1일 에너지 필요량(kcal) = 현재체중(kg)×활동별 에너지(kcal/kg)

- 비만도가 125% 이상 시 : 실제체중 대신 조정 또는 표준체중 적용
- 현재체중 적용 시 : 단위 체중당 16~19 kcal
- 표준체중 적용 시 : 단위 체중당 30~35 kcal

표 1-12 체격 및 활동 정도에 따른 에너지 요구량

체격	가벼운 활동(kcal/kg/day)	보통 활동(kcal/kg/day)	심한 활동(kcal/kg/day)
비만	20~25	30	35
정상	30	35	40
저체중	35	40	45

표 1-13 에너지 소비량 계산을 위한 활동 및 손상계수

신체활동 상태		상해 수준			
신체활동 상태	신체활동계수	손상 상태	손상계수	손상 상태	손상계수
누워있는 환자	1.2	수술	1.1~1.2	패혈증	1.6~1.9
움직일 수 있는 환자	1.3	감염	1.2~1.6	암	1.1~1.45
보통 활동의 환자	1.5	외상	1.3~1.6	소수술	1.2
매우 활동적인 환자	1.75	화상	1.5~2.1	발열	1.3

(4) 에너지 요구량 산출법

에너지는 섭취와 소비 사이에 균형을 이루면 성장, 발달, 체내 생리활성 및 건강 유지, 질병 회복 등의 효과를 보이지만, 필요량을 초과하여 에너지를 섭취하면 에너지 대사의 균형이 깨져 비만을 초래할 수 있으며, 필요량보다 적게 섭취하면 신체의 성장, 건강을 유지하는 데 필요한 에너지가 부족하여 질병 치료와 회복에 부정적 영향을 미친다.

3) 에너지 소비량에 영향을 미치는 요인

(1) 기초대사량(BEE)

기초대사량(BEE)는 12~14시간 공복 후 잠에서 깨어난 직후 활동하기 전에 완전 휴식 상태에서 신체의 항상성을 유지하는 데 소비되는 에너지를 말한다. 성인에 있어서 BEE는 신체 크기(특히 제지방량), 연령, 성별, 체온(열)에 영향을 받는다(표 1-14).

표 1-14 신체조직이 BEE에 기여하는 비율

체조직	% 총체중	%BEE	에너지 소비량 (kcal/kg조직/day)
지방	21~33	5	4.5
근육	30~40	15~20	13
장기(organs)	5~6	60	200~400
기타(피부, 뼈, 장, 선 등)	33	15~20	12

자료 : Reprinted from: Matarese ML, Gottschilich MM(eds), Contemporary Nutrition Support Practice, p.86, 1998

중환자의 경우 과식을 방지하기 위하여 BEE에 단지 스트레스 계수만을 곱해서 에너지 요구량을 산출하기도 한다(표 1-15). 중환자들의 활동은 지극히 제한되어 있고, 대부분의 시간을 침상에 반듯이 누워서 움직이지 않을 뿐 아니라 통증 치료를 위한 약물들은 근육 활동을 감소시키기 때문에 이들의 활동량은 총에너지 소비량의 5% 미만에 불과한 것으로 보고되었기 때문이다.

표 1-15 중환자의 에너지 요구량 계산을 위한 스트레스 계수

절식(starvation)	BEE×1.0	호흡기질환	BEE×1.3~1.5
선택수술(elective surgery)	BEE×1.3	동화작용	BEE×1.4~1.6
다발성 외상(multiple trauma)	BEE×1.3~1.5	급성 췌장염	BEE×1.3~1.5
패혈증	BEE×1.3~1.5	만성 췌장염	BEE×1.0~1.3

비만환자의 경우에는 현 체중 대신에 조정체중을 사용하거나 현 체중과 표준체중의 중간값을 사용할 수 있다.

- 조정체중 = (현재체중-표준체중)×0.25+표준체중
- 현재체중과 표준체중의 중간값 = (현재체중+표준체중)÷2

계수를 이용한 계산법

- 스트레스가 없는 환자 : 20~25 kcal/kg
- 스트레스가 있는 환자 : 25~30 kcal/kg
- 체격/활동 정도에 따른 계수를 이용하여 에너지 요구량을 계산할 수 있음

(2) 단백질 필요량

단백질 필요량은 정상적인 신체활동을 하면서 에너지 균형을 유지하는 상태에서 식사로 섭취된 질소량과 질소 손실량 사이에 균형을 유지할 수 있는 최소 수준의 단백질량이다.

단백질 평균필요량은 0.73 g/kg/일로 정하였으며, 권장섭취량은 0.91 g/kg/일로 단백질 대사에 영향을 받는 질환은 신장질환, 암, 감염, 화상 및 수술 등이 있다.

환자의 단백질 필요량은 한국인 영양소 섭취기준에서 적용한 1일 필요 단백질 산출 기준을 적용하고 질환에 따른 스트레스 정도를 반영한다(표 1-16).

표 1-16 스트레스 정도에 따른 1일 단백질 필요량

스트레스 정도	건강 및 질병 상태	단백질 필요량(g/kg/일)
없음	건강 유지	0.8~1.0
경도~중증도	수술, 감염, 골절	1.0~1.5
심함	심한 감염, 다중골절, 화상	1.5~2.0

스트레스 정도	건강 및 질병 상태		단백질 필요량(g/kg/일)
심함	신기능부전	투석이 예상되지 않는 경우	0.6~0.8
		혈액/복막투석	초기 1.2~1.3/이후 1.5~1.8
	간기능부전	간경화증	1.0~1.5
		간성 뇌증	0.5~0.75

자료 : Kong et al. Surg Metab Nutr 2014;5:10-20

(3) 탄수화물 필요량

탄수화물의 과잉 섭취는 비만과 대사증후군 및 심뇌혈관질환, 당뇨병 및 고혈압과 같은 만성 질환의 위험과 연관성이 있음이 보고되기도 하였다. 이에 한국인 영양소 섭취기준에 1세 이상에서의 탄수화물의 에너지 적정비율을 55~65%로 설정하였으며 환자의 경우도 이것을 적용한다.

케톤(ketone)에 의한 산증을 막으면서 신경 및 조혈 조직에 필요한 최소 탄수화물 양은 100~150 g/일이다.

(4) 지질 필요량

한국인 영양소 섭취기준에서 3세 이후 에너지 적정비율을 15~30%로 설정하였다. 지질은 한국인 영양소 섭취기준에서 지방, 포화지방산, 트랜스지방산으로 에너지 적정비율이 설정되어 있고 이상지질혈증이나 심뇌혈관질환 같은 경우는 포화지방산과 콜레스테롤 섭취량의 조정이 필요하다.

표 1-17 한국인 영양소 섭취기준에 따른 지질의 에너지 적정비율

구분	에너지 적정비율(%)			목표섭취량(권고)
	지방	포화지방산	트랜스지방산	콜레스테롤
19세 이상	15~30	<7	<1	<300 mg/일

(5) 비타민과 무기질 및 미량원소 필요량

특정 질병 상태에서의 비타민, 무기질 및 미량원소에 대한 필요량은 명확하게 규명되어 있지 않지만 환자의 질환에 따른 중증도와 대사적 요구량이 증가할 경우를 고려하여 검사 결과나 임상 징후가 확실한 경우는 보충을 검토한다. 특히 환자의 경장영양이나, 정맥영양을 장기간 영양지원 시 공급 부족에 대한 주기적 평가와 모니터링을 통하여 보충할 수 있다.

사례 연구

임상 정보

75세 남성 김 씨는 갑작스런 복통과 설사, 발열 및 점액변 증상으로 내원하였고, 대장 내시경을 통해 궤양성 대장염을 진단받고 입원하였다.

영양판정 결과

입원 후 전자의무기록 자료를 토대로 24시간 내에 영양검색을 실시하였고 '70세 이상의 고령' 및 '경구 섭취 불량 > 5일' 등의 두 가지 영양 위험 요인이 확인되었다.

영양 위험 요인을 확인한 뒤 환자와 면담을 하였다. 인체계측 결과에서 신장 170 cm, 체중 62 kg, 표준체중 63.58 kg, PIBW 97.5%, BMI 21.45 kg/m^{2}로 정상체중 범위였고, 최근 3개월간 -5%의 체중 감소가 있었다. 식이섭취조사 결과 잦은 복통과 설사로 인해 식욕부진이 있었고, 약간의 메스꺼움을 호소하며 필요량의 1/4 정도만 먹고 있었다. 생화학적 검사 결과 혈중 알부민 농도 3.7 mg/dl, Hemoglobin 농도 13.5 g/dl 등으로 양호하였으며, 그 외에 임상적 조사에서는 특이점이 없었다.

영양판정 결과 영양불량으로 판정되었고 이는 궤양성 대장염으로 인해 발생한 계속된 복통, 설사 등이 장기적인 경구 섭취 불량으로 이어진 것으로 판단되었다.

영양진단

영양진단 영역별로 영양진단문을 작성하여 영양진단을 실시하였다.

- 문제(Problem) : 부적절한 경구 섭취
- 원인(Etiology) : 궤양성 대장염과 관련된 복통 및 설사
- 징후/증상(Sign/Symptom) : 필요량의 25% 정도 섭취

영양중재

영양진단에 근거하여 규명된 병인에 초점을 맞추어 영양중재를 실시하였다.

- 영양진단 : 부적절한 경구 섭취
- 중재내용 : 설사가 심하기 때문에 경장영양 혹은 정맥영양 실시
- 목표/예상되는 결과 : 에너지 필요량의 70% 이상 섭취

영양 모니터링 및 평가

영양진단과 중재에 따른 영양관리 성과를 평가하였고, 계획한 목표인 에너지 필요량의 70% 이상 섭취 목표를 달성하였다.

용어정리

기초대사량(basal energy expenditure, BEE)

인체가 호흡, 체온 유지, 근육 긴장, 심장박동 등 생명 유지를 위한 기초대사에 필요한 최소의 에너지. 1일 총에너지 소비량의 60~70% 정도 차지

식사성 발열 효과(thermic effect of foods, TEF)

식품 이용을 위한 에너지 소모량. 총에너지 소비량의 5~10% 가량 차지

신체활동대사량(physical activity energy expenditure, PAEE)

일상생활의 근육 활동에 필요한 에너지. 1일 총에너지 소비량의 20~30% 차지

에너지 필요추정량(estimated energy requirement, EER)

에너지 평형상의 에너지 소비량. 한국인 영양소 섭취기준 중 평균필요량에 해당

적응대사량(adaptive thermogenesis, AT)

체온 유지에 중요한 적응열

케톤(ketone)

지방 대사의 부산물. 체내 세포가 에너지원으로 포도당을 사용할 수 없을 때 사용

휴식대사량(resting energy expenditure, REE)

정상적인 기능과 항상성 유지 및 자율신경계 활동을 위한 최소 에너지 필요량

단원정리

임상영양학이란?

- 영양소와 식사를 통해 대사장애와 관련된 각종 질병의 원인과 치료를 돕고 질환에 대한 예방을 공부하는 학문이다.
- 환자에 대한 영양진단, 영양판정 및 영양중재에 대한 계획과 식사처방으로 질병으로 손상된 신체기관 및 조직 회복과 합병증을 예방하는 중요한 분야를 학습한다.

임상영양사의 역할과 업무

- 임상영양사는 영양문제가 있거나 위험 요인을 지닌 개인 및 집단을 대상으로 질병 치료와 예방을 위하여 임상영양치료를 수행하는 전문인이다.
- 임상영양사는 질병과 영양의 관계에 대한 연구와 임상영양과 관련된 의료기관, 영양상담 등의

업무를 수행한다.

- 대상자의 영양 관련 자료를 수집하고 검토, 분석하여 영양 상태를 평가하고 판정하며, 영양진단 후 적합한 영양상담, 교육 등의 영양중재를 통한 질병 치료, 예방을 위한 임상영양치료를 수행한다.

영양관리과정(NCP)이란?

- 영양관리과정이란 환자의 영양문제를 해결하기 위한 과정으로 영양판정, 영양진단, 영양중재, 영양 모니터링 및 평가 등의 4단계로 구분되어 있다.

영양판정

- 영양판정이란 영양 관련 문제와 원인 중요도 규명을 위해 필요한 자료를 수집, 분석, 해석하는 과정이다.
- 수집 자료는 신체계측조사, 식이섭취조사, 생화학적 조사, 임상적 조사 등이 이루어진다.
- 영양판정 자료는 객관적이고 신뢰성 있는 정상치, 표준치와 비교해서 평가해야 하며, 자료 수집부터 영양관리과정의 전 과정에서 지속적으로 이루어진다.

영양진단

- 영양진단은 임상영양사가 독립적으로 치료 또는 중재할 수 있는 영양문제를 규명하고 기술하는 것을 말하며, 영양판정과 영양중재 사이 단계에서 이루어진다.
- 영양진단의 영역은 섭취, 임상 및 행동-환경 영역으로 구분된다.
- 문제(Problem), 원인(Etiology), 징후/증상(Sign/Symptom) 3가지로 구성되어 PES 형식으로 작성한다.
- 영양진단문은 표준화된 영양진단 언어를 사용하여 영양문제를 일관성 있게 기술하고 전문 영역 내외에서 명확하게 하기 위해 구조화하여 문장으로 작성해야 한다.

영양중재

- 영양중재는 영양문제를 해결하기 위하여 목표와 구체적인 실행 계획을 세우고 실행하는 과정이며, 영양처방, 목표 설정, 중재 실시로 구성된다.
- 영양진단에서 규명된 병인에 초점을 맞추어 진행하고 목표는 일정 기간 내 달성하고 측정 가능해야 한다.
- '식품/영양소 제공 개별화 방법', '식습관 관리를 위한 영양교육', '환자의 문제해결과정 도움을 위한 영양상담', '영양문제 개선에 도움을 주는 다분야 협력체계 구축 영양관리'의 4영역으로 구성된다.

영양 모니터링 및 평가

- 영양 모니터링 및 평가는 영양진단과 중재에 따른 환자의 영양관리 성과 측정 및 평가를 하는 과정으로 계획한 영양중재를 통해 영양문제가 해결되었는지 확인하며, 추후 중재 목표와 계획을 재수립할 수 있다.
- 신체계측 영역, 생화학적 자료, 의학적 검사와 처치 영역, 영양 관련 신체검사 자료 영역, 식품과 영양소 관련 식사력 영역으로 구분된다.

의무기록

- 영양관리의 전 과정은 의무기록으로 남기며, 이는 의료진들 사이에서 의사소통의 도구로 사용된다.
- 의료서비스 질 평가를 포함하여 환자 중심의 의료행위 과정을 문서화한다.

CHAPTER 2

병원식과 영양지원

학습목표

1. 병원식의 종류와 특징을 설명할 수 있다.
2. 환자의 소화와 흡수 능력에 맞는 적절한 영양지원을 선택할 수 있다.
3. 약물과 영양소의 상호작용을 이해하고 활용할 수 있다.

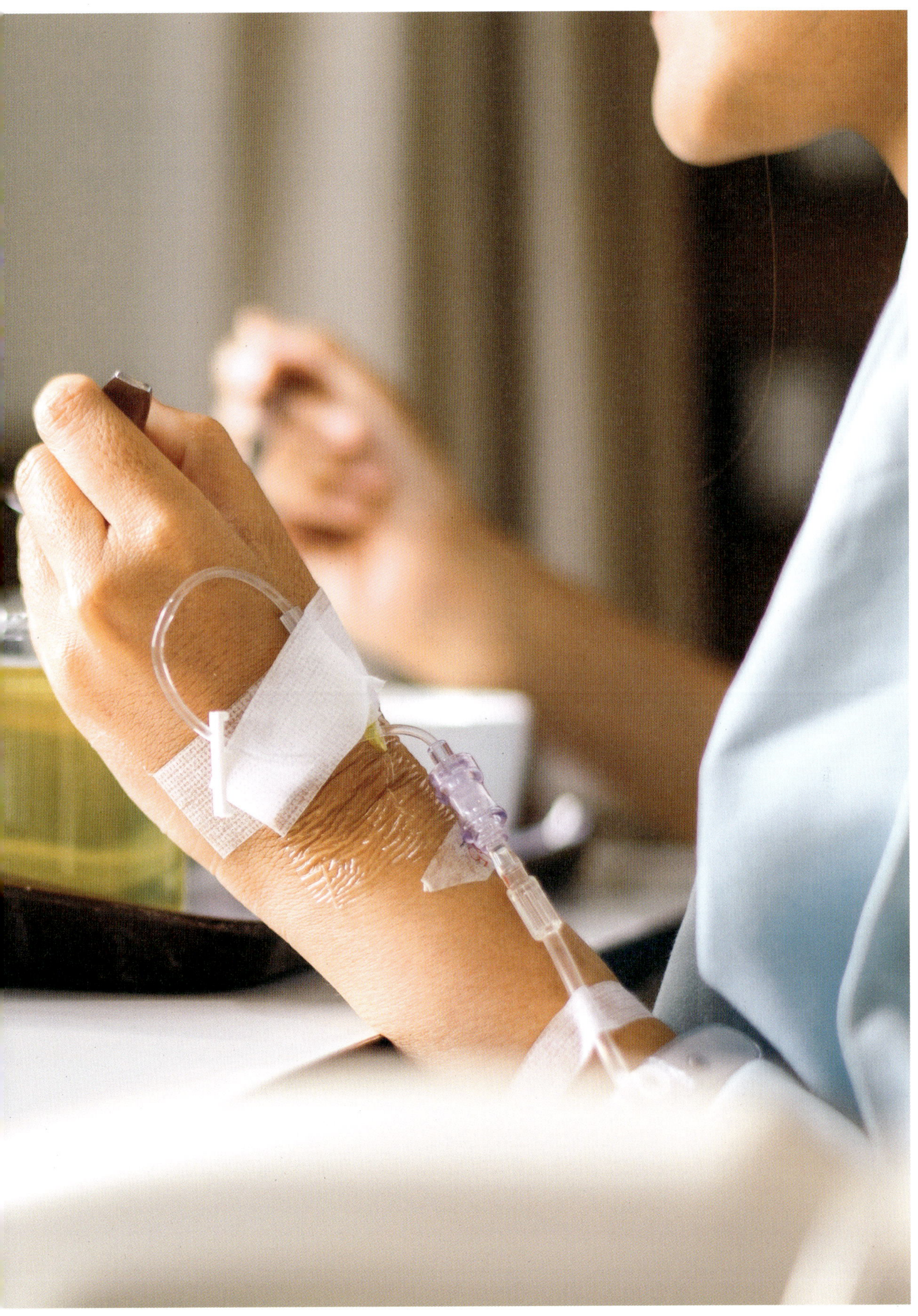

1. 병원식의 종류

병원식은 병원에 입원한 환자에게 주는 식사로 일반식(일반병원식)과 치료식(특별병원식)으로 나눈다.

일반식은 치료에 근거를 두지 않는 환자에게 주는 식사로 신체의 성장과 조직의 재생 및 각 기관의 정상적인 기능 유지를 위해 필요한 모든 영양소를 섭취기준에 맞추어 공급하는 식사이다.

치료식은 질병의 예방과 치료를 위하여 정상 식사를 변형시킨 식사로 환자의 질병 상태와 영양소 대사 능력을 고려하여 특정 영양소의 섭취량을 조절한 식사이다. 질병의 검사를 위한 검사식도 있다.

검사식(test diet)이란?

질병의 진단과 임상검사의 목적으로 환자에게 주는 특수식으로, 시험식이라고도 하며 검사 3일 전에 보통 제공된다.

① 내당능 검사식(oral glucose tolerance test diet, OGTT diet) : 혈당에 대한 인슐린의 반응도를 평가하기 위하여 사용되는 식사. 검사 시 당질 75~150 g을 제공하고 30분 간격으로 2시간 동안 혈당 변화를 측정하여 평가한다.

② 지방변 검사식(steatorrhea test diet) : 위장관의 소화불량 및 흡수불량 검사를 위한 식사. 검사 2~3일 전에 1일 100 g의 지방이 함유된 식사를 공급하고, 변의 지방함량을 확인하여 평가한다.

③ 5-HIAA 검사식(5-HIAA test diet) : 악성종양의 진단 검사를 위한 식사. 검사 1~2일 전에 세로토닌(serotonin)이 다량 함유된 식사를 제한하고, 소변 내의 5-HIAA(5-Hydroxy Indole Acetic Acid)의 배출량을 평가한다.

④ 레닌 검사식(renin test diet) : 고혈압 환자의 레닌 활성도 검사를 위한 식사. 검사 전 3일 동안 나트륨은 20 mg, 칼륨은 90 mg으로 함량을 제한하여 평가한다.

⑤ 칼슘 검사식(calcium test diet) : 신결석 환자를 대상으로 과칼슘뇨증을 검사하기 위한 식사. 검사 전 3일간 식사 중 칼슘을 400 mg 이하로 제한하고, 글루콘산칼슘 600 mg을 보충해서 하루 칼슘섭취량을 1,000 mg으로 증가시켜 평가한다.

⑥ 위배출능 검사식(gastric emptying time test diet, GET test diet) : 위 운동 기능 부전 및 폐색의 진단 검사를 위한 식사. 방사선 물질이 함유된 유동식 혹은 고형식을 섭취시킨 후 위장 내 방사능 변화를 측정하여 평가한다.

1) 일반식(일반병원식)

일반식이란 병원에 입원한 환자에게 제공하는 식사로 특정한 영양소의 가감이나 조절 없이 환자의 영양 상태를 양호하게 유지하면서 질병 개선에 도움을 주는 식사이다.

식품의 종류와 성분, 질감을 분류하여 밥, 죽, 미음의 형태로 구성한다(표 2-1).

표 2-1 일반식의 1일 영양소 기준량 예시

구분	상식	연식(전유동식)	미음(맑은 유동식)	맑은 미음
열량(kcal)	2,200	1,900	1,300	500~600
탄수화물(g)	350	280	200	120~130
단백질(g)	100	90	45	5~10
지방(g)	50	50	40	0~1

(1) 상식

상식(general diet)은 특별한 식사조정을 필요로 하지 않는 환자에게 적용되는 식사이다. 이는 환자가 최적의 영양 상태를 유지할 수 있도록 한국인의 영양권장량에 기초하여 환자에게 적절한 영양을 공급함으로써 질병치료에 도움을 주고자 하는 식사이다.

(2) 경식

경식(light diet)은 연식에서 일반식으로 바뀌는 중간 단계에서 제공되는 식사로 진밥식 혹은 회복식이라고도 한다. 소화하기 쉽고 위에 부담이 되지 않는 식품을 선택하고 기름기가 많거나 튀긴 음식, 양념을 많이 한 자극적인 음식, 식이섬유가 많은 채소 및 과일을 되도록 피하도록 하며, 육류를 사용할 때는 기름기가 적고 부드러운 닭고기나 생선 등을 이용한다.

(3) 연식

연식(soft diet)은 소화되기 쉽고 부드럽게 조리한 식사로 수술 후 회복기 환자, 위장장애자 등 소화 기능이 저하된 환자에게 제공되는 식사이다. 비소화성 섬유질이나 결체조직이 적은 식품을 선택하고, 강한 향신료의 사용을 제한하며 튀김 등의 조리법을 제한한다. 일반식 밥과 비교해 영양소나 에너지가 부족하므로 장기간 제공 시 개별 식사조정이 필요하다.

(4) 유동식

유동식(liquid diet)은 수술 후 회복기 환자, 씹고 삼키기 어려운 환자, 고형식품을 소화할 수 없는 환자에게 적용되는 식사이며 미음이라고도 한다. 이 식사는 위장에 거의 자극을 주지 않고 쉽게 흡수되며, 상온에서 액체 또는 반액체 상태의 식품으로 구성된다.

열량을 비롯한 모든 영양소가 부족하므로, 3일 이상 또는 장기간 계속될 경우에는 영양 상태의 개선을 위해 다른 영양지원 방법이 고려되어야 한다.

(5) 맑은 유동식

맑은 유동식(clear liquid diet)은 맑은 미음이라고도 하며, 수술 직후 첫 식사 또는 소화 기능의 급격한 감소로 일반식 미음에 포함되는 반 고형음식도 섭취가 어려울 경우 수분 공급 및 경구 섭취 시도를 위한 목적으로 제공된다. 1일 평균 500~600 kcal로 에너지와 영양소 대부분이 성인 기준 영양소 섭취기준과 비교해 부족하므로 장기간 공급해야 할 경우는 특수영양보충음료(oral nutritional supplement)를 병행하여 영양지원을 하도록 한다(표 2-2).

표 2-2 맑은 유동식의 허용 식품

식품군	허용 식품
곡류군	곡류로 만든 미음류, 으깬 감자
어육류군	달걀찜, 기름이 많지 않은 고기국물이나 생선국, 육즙
채소군	삶아 으깬 채소, 채소주스
지방군	버터, 마가린, 크림
우유군	우유, 두유, 덩어리 없는 요구르트, 바닐라 아이스크림, 밀크쉐이크
과일군	삶아서 으깬 과일즙, 과일주스
기타	코코아, 보리차, 곡류음료, 차, 과일향 음료, 영양보충음료, 젤라틴, 아이스캔디, 꿀, 설탕 시럽, 포도당, 소금, 샤베트, 푸딩, 커스터드

(6) 산모식

산모식(diet for lactation)은 산모의 체조성을 점진적으로 정상화하고 수유에 필요한 영양을 공급하기 위한 식사이다. 산모식은 미역국을 주식으로 하여 소화하기 쉽고 부드러운 음식으로 공급하며, 야식을 포함하여 1일 4회 식사가 제공된다.

(7) 소아식

소아식(pediatric diet)은 어린이를 대상으로 한 식사로서 정상적인 성장과 발달을 목적으로 하며, 한국인 영양소 섭취기준에 근거하여 소아의 영양적 특성과 기호를 고려하여 공급되는 식사이다. 소아는 위의 용량이 적기 때문에 영양 요구량을 충족을 위하여 3끼의 식사와 간식을 공급한다.

2) 치료식(특별병원식)

치료식은 질병의 치료와 회복을 목적으로 질병 상태와 약물 작용과의 상호작용을 고려하여 영양소 요구량이나 비율을 조절하여 환자에게 제공되는 식사를 말한다.

(1) 열량조절식

열량조절식(calorie controlled diet)은 과체중이나 비만환자의 체중을 바람직한 체중으로 조절하는 것을 목적으로 한다. 1일 1,200 kcal 미만의 저열량 또는 800 kcal 미만의 초저열량 치료식이 제공되는 경우 비타민 및 무기질의 공급 부족과 에너지 대사 불균형의 가능성이 높아지므로 영양 상태 변화에 세심한 관리가 필요하다. 또한 열량 제한에 따른 양적인 제한뿐만 아니라 식습관의 변화, 식품 선택의 질적인 변화에 대한 교육적인 효과와 함께 관리되어야 한다.

(2) 당질조절식

당질조절식(diet for diabetes 혹은 carbohydrate controlled diet)은 혈당 조절을 위해 적용되는 식사로 혈당 및 혈중 지질 농도의 정상화, 적절 체중의 유지를 통한 합병증 예방 및 적당한 영양 공급을 통한 건강 유지에 목적이 있다.

단순당을 제외하고 제공하는 당뇨식과 갈락토스 및 가공식품을 제한하는 갈락토스 제한식, 유전적으로 장기적 글리코겐 축적으로 인한 소아당원병 환아의 저혈당 예방과 혈당의 회복을 유도하도록 하는 소아당원병식이 있다.

(3) 단백질조절식

단백질조절식(protein controlled diet)은 수술이나 상처 회복의 치료 과정 중 단백질 요구량이 증가하거나 투석을 통해 손실된 단백질 보상이 필요한 경우 단백질을 상향 조정해 제공하며, 신기능의 감소나 장기의 기능 저하를 고려하고 증상 완화를 위해 단백질 공급량을 감소시킨 저단백식을 제공하기도 한다.

(4) 지방조절식

지방조절식(fat controlled diet)은 췌장이나 담도계의 질환으로 지방의 흡수불량이나 수술 후 유미흉의 누출로 회복기에서 치료적 장쇄지방산의 감량 섭취가 필요할 경우 제공되는 식사로 고지방 어육류, 유지류 및 지방 고함유 유제품 사용을 가능한 줄여 1일 약 10~20 g 이내로 장쇄지방산 공급량을 조절해 제공한다.

(5) 특정성분조절식

질병으로 인한 대사 상태의 조절 및 치료 방법에 따라 특정 성분을 조절하는 식사를 말한다.

예를 들면, 갑상샘 암환자에서 방사선 동위원소 치료를 받는 일정 기간 동안 요오드 제한, 배변 용적 및 횟수를 조절하기 위한 섬유소량 조절, 혈중 전해질 및 무기질 조절을 위한 나트륨, 칼륨, 칼슘 함량 조절, 혈중 요산 상승으로 통풍이 있거나 퓨린 대사장애로 혈중 요산 상승이 있는 경우, 식사 조절 필요시 식사 구성에서 퓨린의 함량 조절, 항경련 효과를 위한 케톤성 영양소와 항케톤성 영양소의 비율을 조절하여 적정 수준의 케톤증 유발식 제공, 항응고제 약물 복용 시 비타민 K 고함량 식품 주의 등이 해당된다.

(6) 연하보조식

연하보조식(dysphagia diet)은 뇌신경계, 두경부 및 식도 수술 및 연하 부속기관을 포함한 항암 방사선요법 이후 삼킴장애가 발생한 경우 삼킴 능력 평가에 따라 점도조절제를 사용하여 제공한다.

연하보조식은 음식이 기도로 흡인되는 것을 막아 폐렴을 예방하고자 하는 데 목적이 있으며, 환자의 개별 연하 능력에 따라 제공되는 식사의 농도와 질감 조절을 하여 제공된다. 국, 음료, 죽 형태에 점도조절제를 적용하여 연하 능력 개선 여부에 따라 다진 식사에서 일반식사로 이행해 간다.

(7) 멸균식

멸균식(sterile diet)은 골수이식이나 조혈모세포 이식수술 후 감염에 취약한 상태에서 백혈구와 혈소판의 적정 수준 회복까지 식품을 통한 감염을 최소화하기 위해 무균실의 보호적 환경에서 제공하는 식사이다. 면역 기능의 회복에 따라 비병원성 미생물을 최소화시켜 제공하는 저균식을 제공할 수 있다.

(8) 기타

소화기관의 수술로 1회 식사량을 2회 이상 나눠 1회 용량을 줄여 제공하는 식사나 혈중 지질 수준 조절을 위한 콜레스테롤 함량을 조절하거나 인종, 종교적 특성을 고려한 서양식 등이 있다. 이 외에 연령별 요구량에 준한 소아식 및 각종 분유를 조제하여 제공한다.

3) 식사 계획을 위한 식품교환표

(1) 식품교환표

식품교환표는 영양소 조성이 비슷한 식품들을 6가지로 비슷한 것끼리 묶어 곡류군, 어육류군, 채소군, 지방군, 우유군, 과일군으로 나누어 같은 군내에서 자유롭게 교환, 선택할 수 있도록 한 것이다.

각 식품군 내의 모든 식품은 1교환당 중량은 다를지라도 비슷한 양의 에너지, 당질, 지방, 단백질 함량을 가지고 있으므로 서로 대치되거나 교환할 수 있어서 영양소 함량에는 차이가 없이 다양하게 식품을 선택할 수 있다(표 2-3).

표 2-3 각 식품군의 1교환단위당 영양소 함량

식품군		당질(g)	단백질(g)	지방(g)	에너지(kcal)
곡류군		23	2	-	100
어육류군	저지방	-	8	2	50
	중지방	-	8	5	75
	고지방	-	8	8	100
채소군		3	2	-	20
지방군		-	-	5	45
우유군	일반우유	10	6	7	125
	저지방우유	10	6	2	80
과일군		12	-	-	50

자료 : 대한당뇨병학회(https://www.diabetes.or.kr/general/dietary/dietary_03.php)

2. 영양지원

영양지원(nutrition support)이란 영양 상태 유지 및 회복이 어려운 환자를 대상으로 임상 경과의 호전을 목적으로 경구, 장관 혹은 정맥으로 필요한 영양소의 전부 혹은 일부를 제공하는 의학적 치료 행위이다.

병원에서는 영양집중지원이란 용어를 사용하고 있으며, 영양집중지원을 전담하기 위하여 다학제 간 전문 의료인들로 구성된 영양집중지원팀(nutrition support team, NST)을 운영하기도 한다.

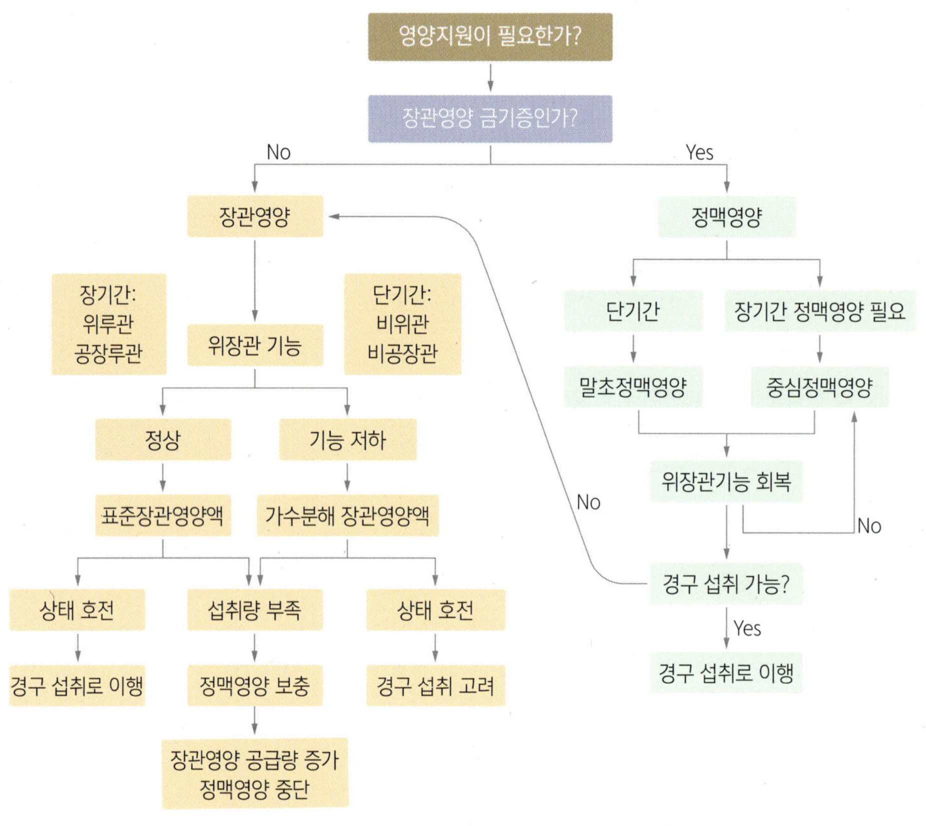

그림 2-1 영양지원 방법의 선택

자료 : Mueller CM, et al. The ASPEN Adult Nutrition Support Core Curriculum. 3rd ed. American Society for Parenteral and Enteral Nutrition. Silver Spring MD. p.172, 2017

1) 장관영양

장관영양(enteral nutrition, EN)은 구강으로 음식물을 섭취하지 못하는 환자에게 관을 통해 위장관에 영양혼합물을 공급하는 영양지원 방법으로 경관급식(tube feeding, TF)이라고도 한다.

장관영양은 위장관의 소화 흡수 기능이 유지되고 간문맥을 통해 영양소가 이동해 사용되는 등 정상적인 장관기능 유지가 가능한 경우 사용하며, 영양지원 동안 단백질 합성 촉진, 면역 기능 유지, 이화작용에 대한 반응 감소 등의 장점이 있다. 또한 정맥영양(parenteral nutrition, PN)에 비해 감염합병증이 적고, 의료비 부담이 적은 장점이 있다.

(1) 장관영양의 공급 경로

공급 경로	특징
비위관(nasogastric tube)	• 구역반사(gag reflex) 및 위장관기능이 정상이어서 식도 역류 위험이 적은 환자에게 적용 • 투입이 용이하고 1회에 상대적으로 많은 양 주입 가능 • 주로 단기간의 경관급식에 이용 • 흡인 위험 증가
비십이지장관(nasoduodenal tube)/비공장관(nasojejunal tube)	• 위무력증이 있거나 식도역류 등 흡인 위험이 높은 환자에게 적용 • 초기에 주입 속도에 따라 위장관 부적응이 생기기 쉬움 • 주로 단기간의 경관급식에 이용
위조루술(gastrostomy)/경피적내시경 조루술(percutaneous endoscopic gastrostomy, PEG)	• 위장관기능이 정상이면서 장기간 경관급식이 필요한 환자 혹은 비강으로의 관 삽입이 어려운 환자에게 적용 • 내시경적 혹은 수술적 방법으로 시술함 • 장기간의 경관급식에 이용 • 관 주위의 감염관리가 필요하며, 관 제거 후 누공 우려
공장조루술(jejunostomy)/경피적내시경 공장조루술(percutaneous endoscopic jejunostomy, PEJ)	• 흡인 위험이 높거나 장기적으로 장관영양이 필요한 환자 혹은 상부 위장관으로의 관 삽입이 어려운 환자에게 적용 • 수술 후 조기 영양 공급을 가능하게 해줌 • 초기에 주입 속도에 따라 위장관 부적응이 생기기 쉬움 • 관의 내경이 작아 막히기 쉬우며, 관 제거 후 누공 우려

(2) 생리적 문제에 따른 영양지원의 종류

<table>
<tr><th>생리적 문제</th><th>영양지원의 종류</th><th>임상 상태 또는 장애</th></tr>
<tr><td>식품 섭취 불능</td><td>경구나 경관(비위관, 위조루술, 공장조루술)에 의한 유동식 급식</td><td>• 식도암이나 위암
• 치아나 구강 수술
• 식도염, 혼수</td></tr>
<tr><td>식품 소화 불능</td><td>경구나 경관에 의한 성분영양 급식</td><td>• 췌장염
• 담낭 및 담관질환</td></tr>
<tr><td>영양소 흡수 능력 저하 또는 불능</td><td rowspan="2">경구나 경관에 의한 성분영양 급식과 말초정맥영양 또는 중심정맥영양 보충</td><td>• 방사선 치료
• 흡수불량증
• 장염, 장절제</td></tr>
<tr><td>장관 잔유물 조절 불능</td><td>• 장염, 수술 전 준비
• 회장조루술, 결장조루술
• 장 누공</td></tr>
<tr><td>일반식 섭취로 영양 요구량을 충족시킬 수 없을 때</td><td>경구나 경관에 의한 유동식 급식과 말초정맥영양 또는 중심정맥영양 보충</td><td>• 대수술, 화상, 외상, 발열
• 만성 질환에 의한 식욕부진
• 신경성 식욕부진</td></tr>
</table>

(3) 장관영양액의 분류

장관영양액의 종류	특성
표준영양액 (standard formula)	가수분해되지 않은 다량영양소(탄수화물, 단백질, 지방)로 구성된 영양액. 대부분 유당 불포함. 대부분 1 kcal/mL이지만 1.5~2 kcal/mL로 농축된 형태도 있음
가수분해영양액 (elemental/semi-elemental formula)	부분분해 또는 전가수분해된 단백질 및 지방으로 흡수 효율을 높이기 위한 영양액
혼합조제영양액 (blenderized formula)	일반식품을 갈아 혼합 조제한 영양액
질환특화영양액 (special formula)	특정 장기의 기능 저하 또는 특정한 대사적 상태를 고려한 영양액. 당뇨환자용, 신장질환 영양액 등 종류가 다양함
단일영양보충제 (modular products)	장관영양액에 특정 영양소의 함량을 증가시키기 위한 목적으로 사용하는 파우더 또는 액상제품

(4) 장관영양액의 종류

구분	제품의 종류 예시
표준영양액	
가수분해영양액	
질환특화영양액	
단일영양보충제	

자료 : 대상웰라이프 뉴케어(https://www.wellife.co.kr); 그린비아(https://www.vegemil.co.kr/greenbia/index); 한국메이칼푸드(https://medifoods.co.kr)

(5) 주입과 모니터링

중환자에서는 매우 낮은 속도로 시작해 적응도를 면밀히 관찰하여 공급 속도를 증량하며 피딩용 펌프를 이용해 24시간 동안 지속적 주입 방법(continuous feeding)을 1차적으로 고려한다. 이후 장관영양에 대한 적응도가 양호해질 경우, 보다 빠른 속도로 간헐적 주입(intermittent feeding)으로 이행해 갈 수 있다.

표 2-3 장관영양 공급 방법과 종류

구분	대상	공급 형태, 공급량 및 공급 간격	장점	단점
볼루스 주입 (bolus feeding)	위장관기능이 양호하고, 보행이 가능한 회복기 환자	주사기 또는 중력을 이용하여 1일 3~6회, 1회 1컵(240 mL)을 5~20분 이내에 주입	주입이 용이하고 펌프가 필요 없어 경제적이며 활동이 자유로움	흡인 및 위장관 부적응(오심, 구토) 위험 증가
간헐적 주입 (intermittent feeding)	빠른 주입 속도에 적응이 가능한 환자, 일정 시간 동안 영양액 주입이 금지되어야 하는 환자	중력 또는 주입펌프를 이용하여 하루 4~6회, 회당 100~150 mL를 20~60분간 주입하며, 지속적 주입과 볼루스 주입의 중간 단계	주입 시간 이외에는 활동이 자유로움	흡인 및 위장관 부적응(오심, 구토) 위험 가능성 있음
지속적 주입 (continuous feeding)	중환자, 소장으로 영양을 공급해야 하는 환자, 흡인 위험이 매우 큰 환자, 위 운동력이 저하된 환자	중력 또는 주입펌프를 이용하여 24시간 동안 지속적으로 주입	흡인의 위험과 위 잔여물을 최소화할 수 있으며, 대사적 합병증(고혈당 등)의 위험을 최소화함	주입 펌프가 필요하여 비용이 증가하며 활동에 제약이 있음
주기적 주입 (cyclic feeding)	낮 시간에 경관급식을 받을 수 없는 환자, 경관급식에서 구강 섭취로 이행하는 환자	중력 또는 주입펌프를 이용하여 하루 중 8~20시간 동안 주입	쉬는 시간에 활동이 자유롭고 정상식이로의 전환에 유리함	농축 영양액의 빠른 주입으로 인해 위장관 부적응 가능성 높음

(6) 장관영양 시의 합병증 관리

표 2-4에 장관영양 시 발생할 수 있는 부작용 또는 합병증의 원인과 예방 및 치료 방법을 제시하였다.

표 2-4 장관영양 공급 중의 대사적 합병증

부작용	원인	예방 및 치료
고혈당	• 당뇨병 • 영양불량 환자의 재급식증후군(refeeding syndrome) • 패혈증, 외상 등 대사성 스트레스 • 인슐린 저항성 • 글루코코르티코이드	• 환자가 안정될 때까지 혈당검사 • 인슐린, 경구혈당강하제 투여 • 주입 속도 감소 • 당뇨용 장관영양액 사용 • 가능한 장관영양 시작 전에 혈당 교정 • 기저질환 치료 • 적절한 혈액량과 수화 상태 유지 • 식이섬유를 포함한 장관영양액 적용 고려 • 에너지의 30~50%를 지방으로 공급 고려
저혈당	• 경구혈당강하제 또는 인슐린 요법 중 갑작스런 장관영양 중단	• 프로토콜에 따라 혈당 측정 • 혈당 > 100 mg/dL 유지하도록 포도당 추가 공급 • 급격한 중단 대신 점진적 장관영양 감량
고나트륨혈증	• 수분 손실 과다 : 요붕증, 설사 • 섭취량 부족 • 나트륨 공급 증가(수액) • 체내 나트륨, 세포외액(ECF)의 손실 • 항이뇨호르몬 부적절분비증후군(syndrome of inappropriate antidiuretic hormone, SIADH)	• 매일 수분 섭취량/배설량 확인, 전해질, 체중, 혈중 요소질소/크레아티닌 검사 • 필요시 수분 보충 • 장관이나 정맥을 통해 손실된 체액을 보충 • 체액 손실 측정 : 체중의 3% 감소는 경미한 손실, 6% 감소는 중등도 손실, 10% 감소는 심한 손실에 해당
저나트륨혈증	• 항이뇨호르몬(ADH)기능부전증 • 심장, 간, 신장 기능부전 • 수분 과다	• 수분과 염분 제한 • 필요할 경우 이뇨제 사용 • 장관영양 시 식염 추가 고려 • 매일 혈중 나트륨 농도 측정
고칼륨혈증	• 대사성 산증 • 울혈성 심부전, 신부전 • 영양액 내 칼륨함량 과다	• 저칼륨 함유 영양액으로 변경 • 약제 사용 • 관류 감소 원인 치료 • 칼륨 함유하지 않은 수액 사용 : 저칼륨식 또는 칼륨함량 낮은 장관영양액 사용
저칼륨혈증	• 영양불량 환자의 재급식증후군 • 설사, 배액 등 과다 손실 • 이뇨제 요법 • 심장, 간, 신장 기능부전 • 스트레스로 인한 이화작용 • 희석 • 인슐린 치료	• 영양불량 환자의 초기 영양 공급은 천천히 • 필요한 경우 칼륨과 염소 보충 • 혈중 칼륨 농도 정상화 후 장관영양 시작
고인산혈증	• 신장기능부전	• 저인산 함유 영양액 사용
저인산혈증	• 영양불량 환자의 재급식증후군 • 인슐린 요법 • 에너지 공급 과다 • 에피네프린과 결합	• 영양불량 환자의 초기 영양 공급은 천천히 • 필요한 경우 인 보충

부작용	원인	예방 및 치료
과탄산증 (고탄산혈증)	• 과량의 열량 섭취 • 폐기능 저하 시 고당질 식사	• 열량필요량 재평가 • 영양액 내 당질 감소
저아연혈증	• 손실 과다 & 필요량 증가 • 설사, 소화관 배액 • 이뇨제, 화상	• 아연 보충
필수지방산 결핍	• 장기간의 저지방식 • 리놀레산 공급 부족	• 식사에 지방 첨가 • 리놀레산을 에너지 요구량의 4% 이상 공급 • 필요하면 장관영양액에 지방보충제 추가 • 급식관으로 홍화유 5 mL/day 공급
비타민 K 결핍	• 비타민 K 섭취량 감소 및 저지방, 저비타민 K 영양액 사용 장기화 • 항생제, 간경변, 흡수장애, 췌장기능장애	• 비타민 K 보충 혹은 유산균 보충 고려 • 매일 혈액응고인자[PT, PTT, PT (INR)] 측정
티아민 결핍	• 만성 알코올 섭취 및 장기간의 영양불량 • 고령 • 흡수장애 • 제산제 사용 • 투석	• 3~7일 이상 티아민 보충 • 만성 알코올 섭취 혹은 만성 질환에서는 엽산, 종합비타민 추가 검토

2) 정맥영양

정맥영양(parenteral nutrition, PN)은 정맥으로 고수액영양(intravenous hyperalimentation)을 공급하는 것을 말한다. 위장관의 사용이 불가능하거나 장관영양의 경로를 확보하기 어려운 영양불량 또는 영양불량의 위험이 있는 대상자에게 적용한다.

(1) 중심정맥영양

중심정맥영양(central parenteral nutrition, CPN)은 고농도의 영양액을 상대적으로 혈류가 빠르고 혈관이 큰 중심정맥을 이용하여 삼투압 900 mOsm/L 이상(일반적으로 900~1,200 mOsm/L)의 정맥영양액을 공급하는 방법이다. 중심정맥영양에 주로 이용되는 혈관은 심장에서 가까운 상대정맥 또는 하대정맥이다. 일반적으로 2주 이상의 장기간의 정맥영양이 필요하거나 수분 제한이 필요한 경우에 실시한다.

(2) 말초정맥영양

말초정맥영양(peripheral parenteral nutrition, PPN)은 손이나 팔, 다리의 말초혈관을 통해 삼투압 600~900 mOsm/L 이내의 정맥영양액을 공급하는 방법이다. 일반적으로 수분 제한이 필요 없으면서 단기간(2주 이내)의 영양지원이 예상될 때 실시한다.

말초정맥영양은 고농도의 영양액 투여가 불가능하므로 영양 요구량만큼 충분한 열량을 공급하기 어려울 수 있다. 말초정맥염이 발생하기 쉬우므로 2~3일마다 주입 부위를 변경해야 한다.

(3) 정맥영양액의 구성

시판되는 정맥영양액은 제조 형태에 따라 2 in 1 제제와 3 in 1 제제로 나눌 수 있고, 투여 경로에 따라 각각 말초정맥영양액과 중심정맥영양액이 있다. 제품에 따라 전해질과 비타민의 함량이 다를 수 있으므로 사용 시 확인이 필요하다.

2 in 1 정맥영양제제

수용성 당질과 단백질을 포함하고 있는 정맥영양액으로, 0.22 ㎛ 미세필터 사용으로 미생물의 유입 위험이 적다. 지용성인 지방유화액은 별도로 공급이 필요하며 이를 위한 관이 추가로 필요하므로 카테터 관련 감염 발생 위험이 있다.

3 in 1 정맥영양제제

당질, 단백질, 지방유화액이 하나의 용기에 모두 함유된 형태의 정맥영양액으로, 정맥영양혼합제제(total nutrient admixture, TNA)라고도 한다. 지방이 포함되어 있어 상대적으로 삼투압이 낮고, 지방 통과가 가능한 1.2 ㎛의 필터를 사용하여 미생물 유입 우려가 있다.

① 당질

당질은 에너지 주요 급원이며 70 kg 성인의 경우 1일 100 g 내외의 당질이 필요하다. 당질 과다 공급 시 고혈당, 지방간, 담즙분비정체, 이산화탄소 과다 생성에 의한 호흡부전 등이 유발될 수 있다.

포도당 산화 속도를 고려하여 당질의 최대 공급 속도는 5 mg/kg/min을 넘지 않도록 하고, 당뇨병 환자의 경우 4 mg/kg/min을 넘지 않도록 한다. 당질 급원으로는 포도당 일수화물이 가장 흔히 사용되며 1 g당 3.4 kcal의 열량을 낸다. 시판되는 포도당 용액의 농도는 5~50%이지만, 주로 5~25% 용액을 가장 많이 사용하며, 당질 용액의 삼투압은 % 농도당 50 mOsm/L을 곱한다.

② 단백질

단백질은 인체 근육과 효소, 기관 등을 구성하는 요소로서 면역 물질의 생성, 상처 및 회복에 사용되며, 정맥영양의 단백질 급원은 주로 아미노산 형태로 제공된다. 시판되는 단백질 용액의 농도는 5.5~15% 정도이며, 단백질 요구량에 따라 선택하여 사용하고, 질병에 따라 아미노산 조성을 다르게 한 제제가 사용되기도 한다.

단백질은 1 g당 4 kcal의 열량을 내며, 아미노산 용액의 삼투압은 단백질 g당 100 mOsm/L을 곱한다.

③ 지방

지방의 주요 역할은 필수지방산과 열량을 공급하는 것이며, 총열량의 25~30% 정도를 지질에서 공급하도록 한다. 상업용 지방유화액은 10%(1.1 kcal/mL)와 20%(2.0 kcal/mL) 농도의 용액이 주로 이용되고 있다.

대부분 대두유나 해바라기씨유에 난황 인지질을 유화제로 사용한 제제가 사용되고 있다. 대두유나 해바라기씨유에 상대적으로 많이 들어 있는 오메가-6 지방산이 빠른 속도로 과량 주입되는 경우, 염증 반응이나 면역억제 작용을 일으킬 수 있으므로 24시간 동안 체중당 1 g 이상의 지질이 투여되지 않도록 투여량과 속도를 조절하도록 한다.

지방유화액은 구성하는 지방산의 종류에 따라 오메가-3 지방산을 함유한 지방유화액, 단일불포화지방산을 함유한 지방유화액, 중쇄지방산을 함유한 지방유화액 등으로 나뉘며 삼투압은 260~290 mOsm/L 내외이다.

혈청 중성지방 수치가 400 mg/dL를 넘어가는 경우에는 지방유화액을 투여하지 않도록 하며, 유화제로 달걀 인지질이 함유되어 있으므로 달걀 알레르기가 있는 환자는 주의해야 한다.

④ 전해질 및 미량무기질

전해질 및 미량무기질은 아미노산 용액 내에 포함되거나, 개별적인 염의 형태로 첨가된다. 주로 첨가되는 전해질은 인, 염소, 칼륨, 나트륨, 마그네슘, 칼슘 등이 있으며 전해질 필요량은 환자의 체중, 영양 상태, 과대사 정도 및 전해질 결핍 수준에 따라 다양하고, 개인별로 산-염기 균형이나 소화관 손실, 투약 내용 등에 따라서도 다르다.

미량무기질은 환자의 생리활성 유지를 위해 필수적인 미량원소로 아연, 구리, 망간, 셀레늄, 코발트, 몰리브덴, 요오드, 불소, 니켈, 규소, 주석, 크롬 등도 환자의 상태를 고려하여 첨가하여야 한다. 정맥으로 철을 주입 시 과민 반응이 나타날 수 있으므로, 일반적으로 정맥용액에는 첨가하지 않고 근육주사로 제공된다.

⑤ 비타민

비타민은 정맥영양액에 적정량 함유되어 있으며, 환자의 상태에 따라 가감하여 사용한다. 특히 비타민은 안정성이 낮으므로 정맥영양을 주입하기 직전 마지막에 섞어야 하며, 활성이 24시간 동안만 유지되므로 24시간 이내에 주입이 완료되어야 한다.

⑥ 수분

정맥영양을 통해 하루 공급되는 수분량은 1.5~3 L이며, 3 L를 초과하는 경우는 흔하지 않으며 총량의 100%가 수분이 아니므로 수분필요량에 맞춰서 추가 투여가 필요하다.

중환자의 경우, 처방된 중심정맥영양액 용량이 전반적 치료 계획과 조화를 이루어야 하고, 심폐질환, 신장질환 및 간질환자는 수분 섭취에 매우 예민하므로 유의하여야 한다.

⑦ 약물

정맥영양에 첨가되는 약물들은 용액 융화성, 안정성에 영향을 미칠 수 있으므로 첨가 시에는 전문가적 지식이 필수적이며, 일반적으로는 고혈당 치료 및 스트레스성 궤양의 예방을 위해 인슐린과 제산제가 첨가된다.

(4) 정맥영양의 합병증

정맥영양은 다양한 합병증이 발생할 수 있는데, 카테터 삽입으로 인한 삽입 부위 및 삽입 과정에서의 감염과 기흉, 혈흉, 피하기종 및 상완신경장애와 같은 기계적 합병증이 발생할 수 있다. 또한 삼투성 이뇨, 탈수, 저혈당, 고혈당, 전해질 불균형 및 무기질 결핍증과 같은 대사적 합병증과 담즙울체, 간기능 이상, 위장관 점액 위축 등의 위장관 합병증도 발생할 수 있다.

정맥영양은 지속적인 모니터링과 관리가 중요하며, 이를 통해 합병증 및 합병증으로 인한 비용을 최소화하는 것이 필요할 것이다.

(5) 관찰(모니터링)

정맥영양을 공급하는 환자는 반드시 혈중 포도당 수치를 관찰해야 하며, 수분-전해질 상태, 산-염기 평형 상태 등에 대해 모니터링이 이루어져야 한다.

정맥영양 시 일반적인 지표는 표 2-5와 같다.

표 2-5 정맥영양 시 모니터링 지표

모니터링 항목	횟수	
	중환자	안정기 환자
혈중 전해질 (Na, K, Cl, CO_2, Ca, P, Mg, BUN, Cr)	매일	주 1~2회
혈중 중성지방	주 1회	주 1회
혈액응고검사	주 1회	주 1회
혈당검사	1일 3회(until < 200 mg/dL)	매일(until < 200 mg/dL)
체중	매일	주 2~3회
주입 및 배출량	매일	매일
질소평형	필요시	필요시

3. 약물과 영양

약물은 주로 소화관의 점막을 통해 흡수되어 체내 대사를 거쳐 배설되므로 섭취하는 식품과 같은 경로를 이용하게 된다. 따라서 소화관의 상태, 식품과의 상호작용에 의해 예측 범위를 벗어나는 약물 효과가 나타나기도 한다.

약물과 영양소의 상호작용(drug nutrient interaction)이란 약물이 영양 상태를 비롯한 생체적 측면과 한 개 또는 그 이상의 영양소 또는 섭취한 식품의 물리적, 화학적, 생리학적 또는 병리 생리학적 특성 변화를 일으키는 약물 측면적 변화를 말한다.

1) 약동학과 약력학

약동학(pharmacokinetics) 또는 약물 동태학이란 약물을 구성하는 화합물의 흡수, 분포, 대사 및 배설을 포함하는 일련의 과정을 정량적으로 설명하는 학문이다. 예를 들면 정맥으로의 약물 투여는 100% 생체이용률을 나타내지만 경구 또는 소화기를 통한 투약은 불완전한 흡수 및 손실로 이용률이 낮다.

약력학(pharmacodynamics)이란 약물의 임상 또는 생리적 효과를 의미한다. 예를 들어 엽산과 항간질치료제인 페니토인(phenytoin)을 함께 복용할 경우 혈중 페니토인 농도가 낮아지는 약동학을 나타내고, 이로 인한 발작(seizure)의 빈도와 지속시간이 더욱 길어질 수 있다.

2) 약물과 영양소의 상호작용

약물과 영양소의 상호작용에 영향을 미치는 인자는 개체 요인, 약물 또는 영양소 요인 두 가지로 요약할 수 있다. 개체 요인에는 연령, 체중, 체성분, 유전적 요인, 생활습관, 기타 동반된 질환이 포함된다.

약물 또는 영양소 요인에는 약물의 용량, 주입 경로, 주입 시간이 포함되며 약물 영양소의 상호작용에 있어 보다 취약한 고위험 환자군은 면역능 감소, 암, 고령, 영양불량, 소화기 수술, 장관영양 공급, 임산부, 이식환자 등이다.

3) 식사에 따른 약물 영양소 흡수 변화

약물과 영양소의 동시 섭취는 약물의 흡수 속도와 흡수량의 변화에 영향을 주고 그 기전은 여러 가지이며, 위산 및 가스트린(gastrin) 분비 변화와 소화기 체류 시간 변화, 약물의 용해 변화, 식품 내 포함된 다량 또는 미량 영양소와의 결합 정도, 담즙액의 분비량 변화 등이 영향을 준다.

음식을 섭취하면 위산과 소화액의 분비량이 많아지게 되는데 예를 들어 고지방식을 섭취할 경우 담즙염의 분비량이 많아지고 지용성 약물의 소화기 흡수율을 상승시킨다. 또한 콜레시스토키닌(cholecystokinin)은 장 운동성을 상승시켜 약물 분자와 소화기 점막간 접촉 시간을 증가시켜 흡수를 촉진하기도 한다.

표 2-6 약물과 영양소 상호작용과 위험 요인

위험 인자	약물 부작용의 취약 원인 및 특징
유전적 요인	• 특정인의 경우 약물 독성 효과에 더 취약할 수 있음
영유아	• 약물 대사 및 배출 능력이 성인에 비해 낮음
임신 및 수유	• 약물에 따라 임신 초기 또는 말기 • 모유를 통한 약물 전달 위험
고령	• 체내 수분량 감소에 따른 약물 희석률 감소 • 체지방 증가에 따른 지방 용해 약물의 체내 축적 증가 • 간의 약물 대사 능력 감소 • 신기능 감소로 약물 배출 능력 감소 • 약물 복용 종류와 양이 많아 상호작용 위험 증가 • 약물의 혈액뇌장벽 투과율 증가
특정질환(암, 장기 이식, 소화기 장애, 소화기 수술, 만성 질환 등)	약물 흡수, 대사 및 약물 상호작용과 신체 반응 변화 유발

자료 : A. Catharine Ross et al. Modern nutrition in health and disease. 11th. Lippincott Williams & Wilkins, a Wolters Kluwer business Dieter Genser. 2014; Food and Drug Interaction: Consequences for the Nutrition/Health Status. Ann Nut Metab 52 suppl 1:29-32, 2008

4) 위산 분비 변화와 약물 영양소 흡수

코발라민(cobalamin, vitamin B_{12}) 회장 말단에서의 최대 흡수를 위해 위산과 펩신(pepsin)이 필요하나 제산제(acid-reducing agents)인 프로톤 펌프 저해제(proton pump inhibitors)와 type 2 histamine receptor(H2) antagonist의 장기간 투약은 코발라민 흡수 불량을 발생시키고 거대적혈모구빈혈(megaloblastic anemia)을 유발할 수 있다.

5) 특정 영양소의 소화기 효소 유도 또는 억제 및 약물 흡수의 변화

특정 식품 및 식이보충제는 소화기 시토크롬 P450 3A4(CYP3A4) 활성을 변화시키고 약동학의 변화를 유도할 수 있다. 자몽주스는 대표적인 시토크롬 P450 3A4(CYP3A4) 억제제로 자몽주스와 복용 시 흡수율이 증가되는 약물의 예이다. 자몽주스와 함께 복용 시 흡수율이 증가되는 약물의 종류는 부록 4에 제시되어 있다.

6) 티라민에 의한 약물 생리활성 변화 유발

특정 식품 성분이 약물의 부작용과 심각한 독성을 유발할 수 있다. 모노아민산화억제제로 티라민 함량이 높은 식품의 섭취 시 카테콜아민의 과잉 분비로 인한 두통, 환각, 구토, 급격한 혈압 상승과 사망에 이르는 심각한 부작용을 유발할 수 있다. 의약품과 식품 상호 간 작용에 대한 요약은 부록 5에 제시되어 있다.

티라민 고함량 식품

된장, 콩 등 발효식품, 멸치, 아보카도, 콩류(특히 잠두), 맥주효모, 치즈(크림치즈 혹은 커티지 치즈는 제외), 초콜릿, 액상이나 가루 형태의 단백 보충제, 가공육류, 파스퇴르유를 이용한 크림, 수화 단백 추출물, 육류 추출물, 라즈베리, 사우어 크림, 수제 요구르트

함께 복용 시 주의해야 할 의약품 및 부작용

- 고혈압약 + 소염진통제 : 혈압 상승, 어지럼증 부작용
- 당뇨약 + 감기약, 호르몬제 : 혈당 상승 부작용
- 고지혈증약 + 항부정맥제, 항바이러스제, 항진균제, 일부항생제 : 근육 관련 질환 유발 가능
- 항응고제(와파린) + 소염진통제, 위장약, 이뇨제, 일부 항생제 : 출혈 위험 증가
- 항응고제(와파린) + 일부 신경계약물, 결핵약, 비타민 K, 눈 영양제 : 약효 감소로 혈액응고 유발
- 우울증약 + 기침약(덱스트로메토르판) : 떨림, 발한, 고혈압, 고열, 근육 경련
- 감기약, 알레르기약 + 항진균제 : 감기약 부작용 증가 가능

• 감기약, 알레르기약 + 항부정맥제 : 심실성 부정맥 유발 가능
• 항생제 + 제산제 : 항생제 효과 감소 유발
• 강심제 + 제산제 : 강심제 효과 감소 유발

아스피린(aspirin)과 복용 시 상호작용하는 약물

• 진통제 : 진통제의 부작용이 증가할 수 있음.
  예) 아세트아미노펜(acetaminophen), 이부프로펜(ibuprofen)
• 항악성종양제 : 항악성종양제 중 메토트렉세이트의 배설이 감소하여 해소 독성이 증가할 수 있으므로 함께 복용하지 않도록 함.
• 제산제 : 아스피린의 배설이 증가되어 효과를 감소시킬 수 있으므로 함께 복용하지 않도록 함.
• 아세타졸아미드 : 이뇨제, 항경련제, 탄산효소 저해제
• 알코올
• 설포닐우레아(sulfonylurea)

자료 : 식품의약품안전평가원, 알고 싶은 약 이야기, 2017

사례 연구

임상 정보

80세 김 기사는 당뇨병 환자로, 계속된 고혈당으로 인해 입원하였다. 치아 상태가 좋지 않아 저작 기능이 원활하지 못하므로 경구로 식품을 섭취하기 힘든 상황이다.

영양지원

환자의 특성을 확인했을 때 위장관기능이 정상적이고, 혈액학적으로 안정적인 상태이기 때문에 우선 비위관을 통한 장관영양을 실시하여 부족한 영양소를 공급하기로 결정하였다.

장관영양액은 질환특화영양액 중 당뇨병 환자를 위한 장관영양액으로 선택하였고 환자의 적응도 및 특성에 맞게 볼루스 주입 방법을 사용하였다.

계속해서 환자를 모니터링하면서 오심이나 구토, 설사와 같은 소화기계 합병증 혹은 고혈당, 저혈당과 같은 대사적 합병증이 나타나지 않는지 면밀히 관찰하였고, 다행히 합병증이 나타나지 않아 안정적으로 경관영양을 공급하여 영양 요구량을 충족하였다.

용어정리

구역반사(gag reflex)

인후부 뒤쪽의 수축에 의하여 이물이 들어오는 것을 저지하는 반사작용

말초정맥영양(peripheral parenteral nutrition, PPN)

손이나 팔, 다리의 말초혈관을 통해 삼투압이 600~900 mOsm/L 이내의 정맥영양액을 공급하는 방법. 일반적으로 수분 제한이 필요 없으면서 단기간(2주 이내)의 영양지원이 예상될 때 실시

약동학(pharmacokinetics)

약물을 구성하는 화합물의 흡수, 분포, 대사 및 배설을 포함하는 일련의 과정을 정량적으로 설명하는 학문

유미흉(chylothorax)

흉관의 폐쇄 또는 손상에 의하여 흉강 내로 림프액이 고이는 질환. 흔치 않으며, 대부분 외상 또는 수술과 관련된 손상 및 종격동 내 종양이 원인

영양지원(nutrition support)

영양 상태 유지 및 회복이 어려운 환자를 대상으로 임상 경과의 호전을 목적으로 경구, 장관 혹은 정맥으로 필요한 영양소의 전부 혹은 일부를 제공하는 의학적 치료 행위

장관영양(enteral nutrition, EN)

정상적인 기능을 하는 위장관이 있으나 규칙적인 경구식이가 제한되거나 어려운 환자를 위한 비경구적 영양지원 방법

재급식증후군(refeeding syndrome)

영양재개증후군. 영양 부족이나 영양실조 환자에서 정맥영양이나 경장영양뿐만 아니라 환자 스스로 입으로 음식물을 섭취하는 경우에도 발생하며, 수분과 전해질 이상 소견과 함께 대사이상이 발생하며 심부전, 부정맥, 경련, 빈혈 등 중대한 심혈관계, 신경계와 혈액 이상 등을 유발하여 심한 경우 환자가 사망할 수도 있는 중대한 질환

정맥영양(parenteral nutrition, PN)

정맥으로 고수액영양(intravenous hyperalimentation)을 공급하는 방법. 위장관의 사용이 불가능하거나 장관영양의 경로를 확보하기 어려운 영양불량 또는 영양불량의 위험이 있는 대상자에게 적용

중심정맥영양(central parenteral nutrition, CPN)

고농도의 영양액을 상대적으로 혈류가 빠르고 혈관이 큰 중심정맥을 이용하여 삼투압이 900 mOsm/L 이상의 정맥영양액을 공급하는 방법

패혈증(sepsis)

미생물 감염에 대한 전신적인 반응으로 주요 장기에 장애를 유발하는 질환

항이뇨호르몬(ADH)

뇌의 기관인 뇌하수체에서 분비되는 호르몬. 소변을 농축시켜 소변의 양을 감소시킴

혈액뇌장벽(blood brain barrier, BBB)

뇌 모세혈관의 특수조직으로 물질을 선택적으로 통과시키는 뇌의 보호 장치

단원정리

병원식의 종류

- 병원식은 병원에 입원한 환자에게 주는 식사로, 일반식(일반병원식)과 치료식(특별병원식)으로 나뉜다.
- 일반식은 치료에 근거를 두지 않는 환자에게 특정 영양소의 조절 없이 영양 상태 유지를 위해 필요한 모든 영양소를 섭취기준에 맞추어 공급하고, 질병 개선에 도움을 주기 위한 목적으로 제공하는 식사이다. 일반식의 종류에는 상식, 경식, 연식, 유동식, 맑은 유동식, 산모식, 소아식 등이 있다.
- 치료식은 질병의 예방과 치료를 목적으로 환자의 질병 상태와 영양소 대사 능력을 고려하여 특정 영양소의 요구량 및 비율을 조절한 식사이다. 치료식의 종류에는 열량조절식, 당질조절식, 단백질조절식, 지방조절식, 특정성분조절식(요오드, 섬유소, 무기질, 비타민 등), 연하보조식, 멸균식 등이 있다.
- 질병의 검사를 위한 검사식(내당능 검사식, 지방변 검사식, 5-HIAA 검사식, 레닌 검사식, 칼슘 검사식, 위배출능 검사식 등)도 있다.

영양지원이란?

- 영양 상태 유지와 회복이 어려운 환자를 대상으로 임상적 경과 호전을 위해 경구, 장관 혹은 정맥으로 필요한 영양소를 제공하는 의학적 치료 행위이다.
- 영양지원은 크게 장관영양과 정맥영양으로 나눌 수 있으며 환자의 상태와 질환, 생리적 문제, 임상 상태에 따라 영양지원 방법을 결정하게 된다.

장관영양의 특징

- 장관영양은 비위장, 비장관 또는 경피적 경로로 영양액을 공급하는 방법을 말하며, 경관급식이라고도 한다.
- 위장관의 소화 흡수 기능 및 간문맥을 통한 영양소 이동과 사용 등 정상적인 장관기능 유지가 가능하고 영양지원을 하는 동안 단백질 합성의 촉진이나 면역 기능 유지, 이화작용에 대한 반

응 감소 등의 장점이 있으며, 정맥영양에 비해 합병증과 의료비 부담이 적다.

장관영양의 공급 경로

- 비위관, 비십이지장관/비공장관, 위조루술/경피적내시경조루술, 공장조루술/경피적내시경 공장조루술 등의 공급 경로가 있으며, 경관급식 사용 예상 기간과 흡인 위험에 따라 경로를 결정할 수 있다.
- 비위관과 비십이지장관/비공장관의 경우 단기간의 경관급식에 사용하며, 위조루술/경피적내시경 조루술, 공장조루술/경피적내시경 공장조루술 등은 장기간의 경관급식에 사용하는 공급 경로이다.

장관영양액의 분류

- 위장관기능이나 영양소 함량 및 농도에 따라 표준영양액, 농축장관영양액, 가수분해영양액, 혼합조제영양액, 질환특화영양액(당뇨, 신장질환 등), 단일 영양보충제 등으로 분류할 수 있다.
- 환자의 상태 및 질환별로 다양한 장관영양액을 선택할 수 있다.

장관영양 공급 방법과 종류

- 장관영양은 다양한 공급 방법이 있는데 종류에 따라 대상, 공급 형태, 공급량 및 공급 간격이 상이하며, 볼루스 주입, 간헐적 주입, 지속적 주입, 주기적 주입 등으로 나누어진다.
- 중환자는 매우 낮은 속도로 시작하여 적응도를 면밀히 관찰하고 공급 속도를 증량하며, 24시간 동안 연속 주입 방법을 1차적으로 고려할 수 있다.
- 장관영양 적응도가 양호한 경우 빠른 속도로 간헐적 주입 방법 등으로 이행 가능하다.

장관영양 시 합병증 관리

- 정맥영양에 비해 장관영양은 소화관을 통해 영양 공급이 이루어지므로 위 잔류로 인한 흡인이나 위장관 증상이 발생할 수 있다.
- 장관영양 공급 시 다양한 원인에 의해 고혈당, 저혈당, 고나트륨혈증, 저나트륨혈증, 고칼륨혈증, 비타민 K 결핍 등 여러 대사적 합병증이 발생할 수 있으며 해당 합병증에 대한 적절한 예방 및 치료가 필요하다.

정맥영양의 특징

- 정맥영양이란 경구 섭취 및 소화관을 이용한 장관영양 공급 경로를 확보하기 어려운 영양불량 위험 환자에게 적용하는 영양 공급 방법을 말한다.
- 정맥영양 공급 사용 예상 기간 및 영양소 공급 농도에 따라 중심 또는 말초의 투여 경로를 선

택할 수 있다.

정맥영양의 공급 경로 및 분류

- 중심정맥영양은 상대적으로 혈류가 빠르고 혈관이 큰 중심정맥을 이용하여 고농도의 영양액을 주입하는 방법으로, 2주 이상의 장기간의 정맥영양이 필요하거나 수분 제한이 필요한 경우 실시한다.
- 말초정맥영양은 손, 팔, 다리의 말초혈관을 통해 삼투압이 낮은 영양액을 공급하는 방법이며, 2주 이내 단기간의 영양지원이 예상될 때 실시하고 고농도의 영양액 투여가 불가하여 충분한 열량을 공급하기 어렵다는 점이 있다.

정맥영양의 구성

- 투여 경로에 따라 중심정맥영양액, 말초정맥영양액이 있으며 제조 형태에 따라서는 2 in 1 제제와 3 in 1제제로 나눌 수 있다.
- 환자의 상태나 투여 경로, 영양 요구량에 맞게 정맥영양액을 선택할 수 있으며, 당질, 단백질, 지방, 전해질 및 미량 무기질, 비타민, 수분, 약물 등의 함량들을 고려해서 선택하여야 한다.

정맥영양 시 합병증 관리 및 모니터링

- 정맥영양은 다양한 합병증이 발생하는데, 특히 카테터 삽입으로 인한 감염과 같은 기계적 합병증이 발생할 수 있으며, 대사적 합병증 및 위장관 합병증도 발생할 수 있다.
- 합병증 관리를 위해서는 지속적인 모니터링 관리가 중요하며, 전해질, 혈중 중성지방, 혈액응고검사, 혈당, 체중, 주입 및 배출량, 질소평형 등의 모니터링 지표가 있다.

약물과 영양이란?

- 약물은 식품 흡수 경로와 유사하게 주로 소화관 점막을 통해 흡수되고, 체내 대사를 거쳐 배설된다.
- 소화관의 상태나 식품의 상호작용이 약물 효과에 영향을 미칠 수 있으므로, 약물과 영양소의 상호작용에 대해 이해할 필요가 있다.

약물과 영양소의 상호작용과 위험 요인

- 약물과 영양소의 상호작용에 미치는 요인은 개체 요인(연령, 체중, 체성분, 유전적 요인, 생활습관, 기타 동반질환 등)과 약물 또는 영양소 요인이 있다.
- 약물 또는 영양소 요인에는 약물의 용량, 주입 경로, 주입 시간이 포함되며 약물 영양소의 상호작용에 취약한 환자군은 면역능 감소, 암, 고령, 영양불량, 소화기수술, 장관영양 공급, 임산부,

이식 환자 등이 있다.

- 약물의 섭취로 인해 위산 분비 변화가 초래될 수 있고 이는 코발라민 흡수불량으로 인해 거대적혈모구빈혈을 유발할 수 있다.
- 특정 식품이나 식이보충제는 약동학의 변화를 유도할 수 있으며, 예를 들어 자몽주스와 같은 시토크롬 P450 3A4 억제제는 다양한 약물들이 함께 복용했을 때 흡수율이 증가된다.
- 특정 식품 성분이 약물의 생리활성에 영향을 미칠 수 있는데, 고함량 티라민을 섭취했을 때 약물의 부작용과 심각한 독성을 유발할 수 있다.
- 함께 복용했을 때 주의해야 할 의약품과 식품의 상호작용에 대해 이해하고 적절한 식사를 처방하여야 한다.

CHAPTER 3

소화기계 질환과 영양

학습목표

1. 소화기 구조와 기능을 설명할 수 있다.
2. 각종 소화기계 질환의 병태생리를 설명할 수 있다.
3. 각종 소화기계 질환의 영양관리 원칙을 설명할 수 있다.
4. 소화기질환 환자의 영양평가 시행 결과에 따라 임상영양관리에 응용할 수 있다.

1. 소화기계의 구조와 기능

소화기계는 음식물을 섭취한 후 배설할 때까지 일련의 관(tube)인 소화기관과 음식물 내의 영양소를 소화, 흡수하는 데 필요한 물질을 분비하는 부속 소화기관으로 이루어져 있다.

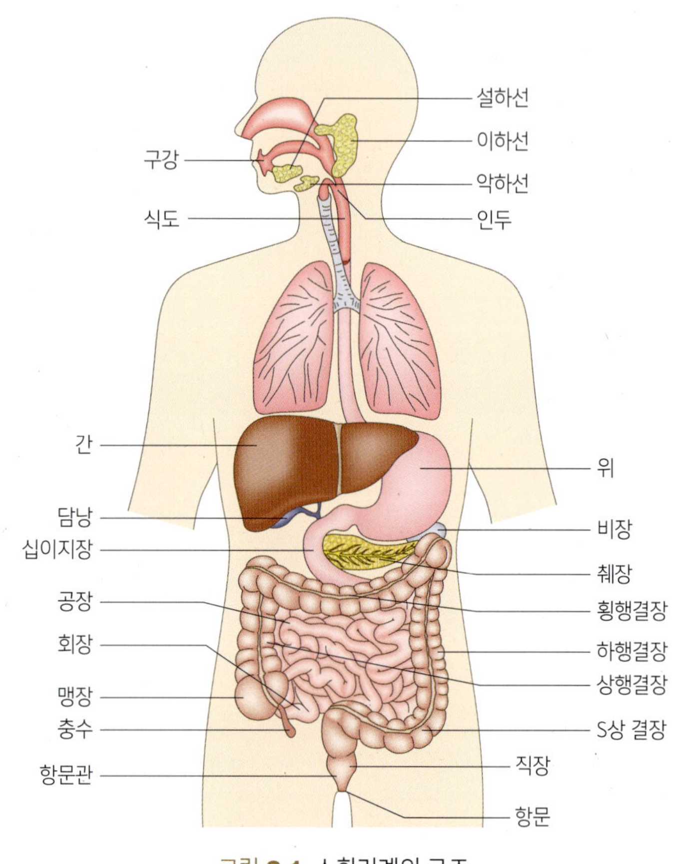

그림 **3-1** 소화기계의 구조

소화기관은 구강, 인두, 식도, 위, 소장, 대장 및 항문으로 구성되고 부속 소화기관은 타액선, 간, 담낭, 췌장으로 되어 있다.

소화기관의 총길이는 구강에서부터 항문에 이르기까지 약 9 m 정도 되며, 개별적으로는 각기 특별한 형태를 이루고 있다. 소장은 십이지장, 공장, 회장으로 이루어지고 대장은 맹장, 상행결장, 횡행결장, 하행결장, S상 결장, 직장으로 나뉜다.

소화관의 막은 일반적으로 안으로부터 점막(mucosa), 점막하층(submucosa), 근육층(muscularis mucosa), 장막층(serosa)의 네 층으로 구성된 구조를 가지고 있으며, 각 부위마다 약간씩 다른 형태를 보인다.

1) 구강·식도

구강(oral cavity)은 혀와 치아로 구성되어 입과 인두를 포함하고, 입 내부로 음식물이 들어와서 소화의 첫 단계인 씹고 삼키는 동작이 이루어진다. 이때 이하선, 악하선, 설하선 등의 타액선에서 타액이 분비되며, 타액의 pH는 6.0~7.0이고 하루 분비량은 약 1 L이다. 타액에서 분비되는 α-아밀레이스는 당질을 가수분해한다.

인두(pharynx)는 구강의 뒤쪽에 위치하며 구강과 식도를 연결하는 소화관인 동시에 음식이 공기와 섞이지 않고 식도로 넘어갈 수 있게 구분해 준다.

식도(esophagus)는 인두에서 위까지 약 25 cm 정도의 근육질의 관으로 연결되어 있고, 상부는 횡문근이며 하부는 평활근으로 형성되어 음식의 이동을 조절한다.

2) 위

위(stomach)는 소화기관으로 모양은 주머니 같으며 횡경막의 왼쪽 아래에 위치하고 크게 세 부분으로 구분하는데 식도와 연결된 분문부, 위의 가운데 부분인 위체부, 십이지장과 연결된 유문부이다. 위는 우리가 음식물을 섭취하면 위벽에서 분비되는 소화효소와 음식물을 혼합해 죽상의 유미즙 형태로 만든 뒤 십이지장으로 내려보낸다.

우리가 섭취한 음식물이 위에 도달하면 유문선(pyloric glands)이 자극되어 가스트린이 분비되고 위액의 분비를 촉진시킨다. 위액은 염산, 펩신, 뮤신, 내적 인자 등을 함유하고 있으며, 위산은 pH 1.6~2.0으로 살균 기능이 있어 감염을 예방하고 철을 Fe^{3+}에서 Fe^{2+}로 환원시켜 철 흡수를 촉진시킨다. 또한 내적 인자는 비타민 B_{12}의 흡수를 도우며, 펩신은 단백질 소화를 돕고 뮤신은 당단백질로 온열적·화학적 자극에 대한 방어작용을 하므로 점막층을 형성하고 위액 분비로 인한 자가소화를 막는다.

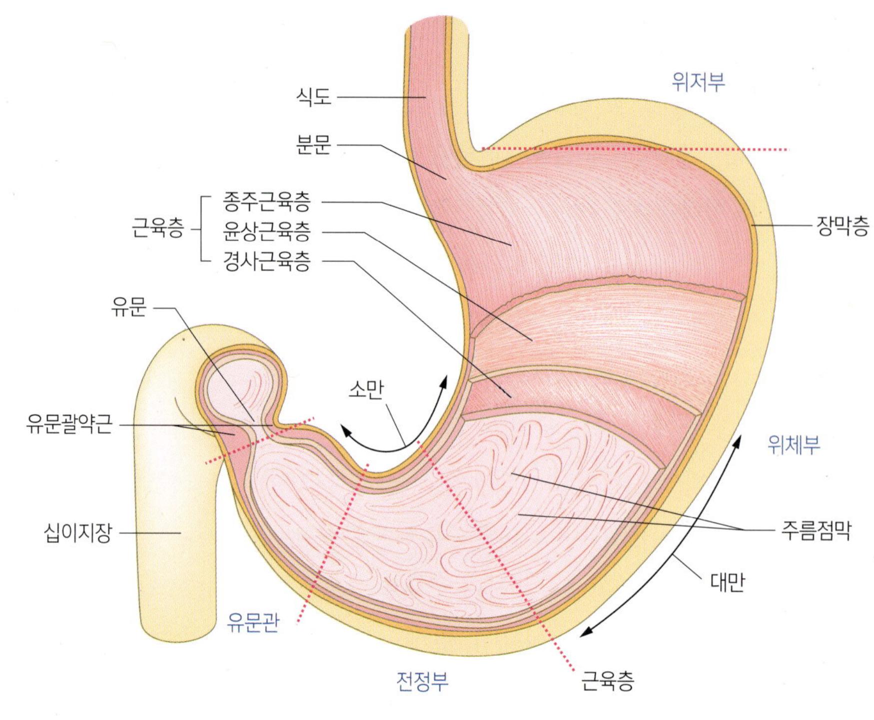

그림 3-2 위의 구조

표 3-1 소화기계에서 분비되는 소화액의 종류와 기능

소화액	분비선	분비 자극 요인	작용
타액	이하선(귀밑샘)	수분, 염류 타액량과 프티알린 함량 많음 크기가 가장 큼	음식을 부드럽게 함
	설하선(혀밑샘)	점액	삼키기 원활하게 함
	악하선(턱밑샘)	라이소자임, 아밀로스분해효소	• 살균 • 전분, 글리코겐 → 맥아당, 덱스트린
위액	벽세포	염산[위산(HCl)] 및 내인성 인자(IF) 분비	• 살균 • 단백질 변성 • 펩시노겐의 활성화 • 철 또는 칼슘의 가용화
	주세포	펩신 : 펩시노겐(pepsinogen)의 형태로 분비	단백질 → 펩톤
	경세포(점액세포)	점액, 뮤신(mucin)	• 위벽 보호 • 윤활작용
	G-cell	가스트린(gastrin) 분비	위산 분비 자극
췌장	췌장	중탄산염(알칼리성), 소화효소(탄수화물, 단백질, 지방분해효소)	
담즙	간(합성), 담낭(분비)	-	지방을 유화시킴

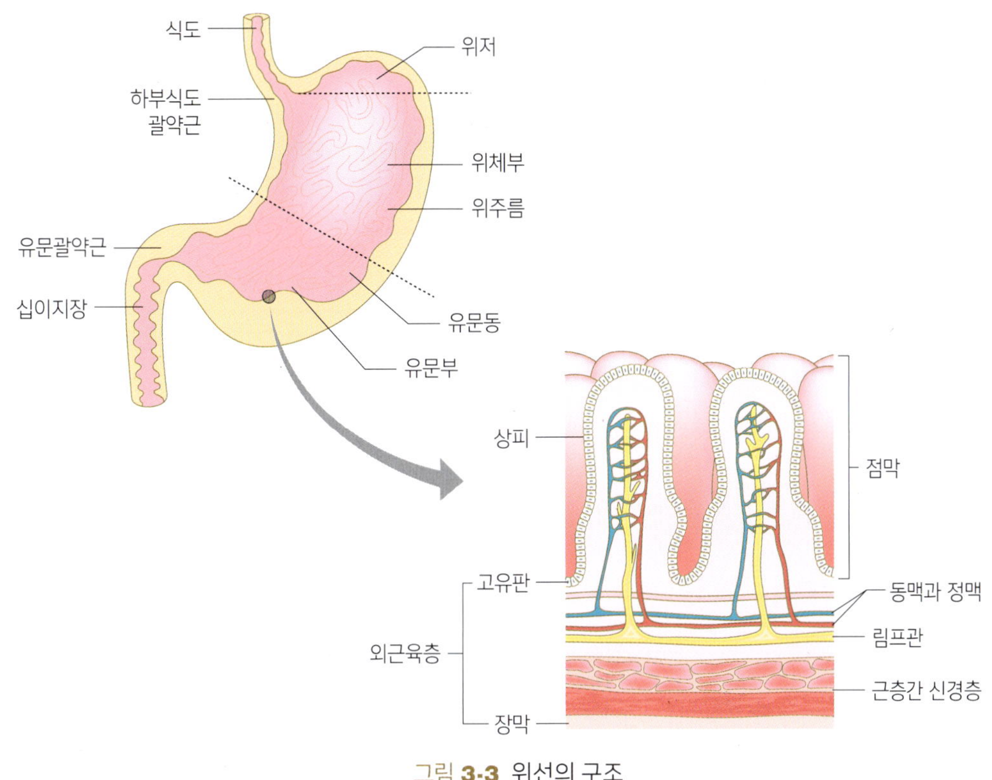

그림 3-3 위선의 구조

3) 소장

소장은 소화기관 중 가장 긴 기관으로 평균 길이가 약 6~7 m, 지름이 약 2.5~3 cm의 관으로 유문괄약근부터 회맹괄약근까지를 포함한다. 소장은 십이지장(duodenum) 0.5 m, 공장(jejunum) 2~3 m, 회장(ileum) 3~4 m의 세 부분으로 이뤄져 있으며, 환상주름, 융모(villus)와 미세융모(microvilli)가 있어 흡수 면적을 극대화시키는 구조를 가진다.

음식물이 위에서 십이지장으로 들어오면 세크레틴(secretin) 호르몬이 분비되어 췌장에서의 췌장액(pH 7~8, 중탄산염 함유) 분비를 촉진한다.

음식물의 단백질과 지방 성분은 콜레시스토키닌(cholecystokinin) 분비를 촉진하여 간에서 담즙 생성과 담낭에서의 담즙 분비를 촉진하고 췌장액 효소를 분비하여 소장에서 소화를 진행한다. 췌장액에는 단백질, 당질, 지방의 분해효소가 함유되어 있다. 단백질분해효소인 트립신(trypsin), 키모트립신(chymotrypsin) 및 카복시펩티데이스(carboxypeptidase)는 단백질과 폴리펩타이드(polypeptide)를 각각 다이펩타이드(dipeptide) 및 아미노산으로 분해한다.

당질분해효소인 아밀레이스(amylase)는 전분을 덱스트린과 맥아당으로 분해하고, 지방분해효소인 라이페이스(lipase)는 중성지방을 글리세롤, 모노글리세라이드, 다이글리세라이드, 지방산의 형태로 분해한다.

담즙은 간에서 만들어져 담낭에 일시 저장, 농축되었다가 음식물이 십이지장으로 들어오면 분비되어 지방을 유화시킴으로써 지방분해효소의 작용을 쉽게 받도록 한다.

소장액에는 이당류 분해효소인 말테이스(maltase), 수크레이스(sucrase), 락테이스(lactase)와 단백질분해효소인 아미노펩티데이스(aminopeptidase), 다이펩티데이스(dipeptidase)가 있다. 이당류는 단당류로, 폴리펩타이드나 다이펩타이드는 아미노산으로 분해된다. 또한 소장액에도 라이페이스가 있으나 췌장 라이페이스보다 그 역할이 떨어진다.

소화된 영양소는 확산과 능동수송에 의해 주로 소장에서 흡수된다. 이때 단당류, 아미노산, 글리세롤, 단사슬지방산, 중간사슬지방산 등은 모세혈관을 통해 간문맥계를 거쳐 간으로 이동하며 긴사슬지방산과 모노글리세라이드는 킬로미크론의 형태로 림프관을 통해 혈액으로 이동한다.

표 3-2 소화기계에서 분비되는 호르몬

호르몬	분비 자극	분비기관	기능
가스트린(gastrin)	위 확장 및 위 내용물 중 단백질, 커피, 알코올, 칼슘, 미주신경 자극	위 유문부	위산 분비, 위/장의 운동, 담낭 수축, 췌장의 인슐린 분비 자극 및 위 배출 억제
가스트린 억제펩타이드 (gastric inhibitory peptide, GIP)	소장 내의 포도당, 지방산, 아미노산	십이지장	췌장의 인슐린 분비 자극 및 위 운동, 위 배출 억제
세크레틴(secretin)	십이지장 내의 산성 환경, 펩타이드	십이지장	췌장의 중탄산염 분비, 인슐린 분비, 담낭 수축 자극 및 위산 분비, 위 배출, 위/장의 운동 억제
콜레시스토키닌 (cholecystokinin, CCK)	유미즙 성분 중의 지방산과 펩타이드	십이지장	췌액 분비, 담낭 수축, 담즙 분비 자극 및 위 배출, 위 운동 억제

4) 대장

대장의 길이는 약 1.5 m로 맹장(cecum), 결장(colon), 직장(rectum)의 세 부분으로 이루어진다. 맹장은 소장의 회장에 연결되며 결장은 상행, 횡행, 하행, S상 결장으로 구분되고 직장은 대장의 최종 부위로 항문으로 연결된다.

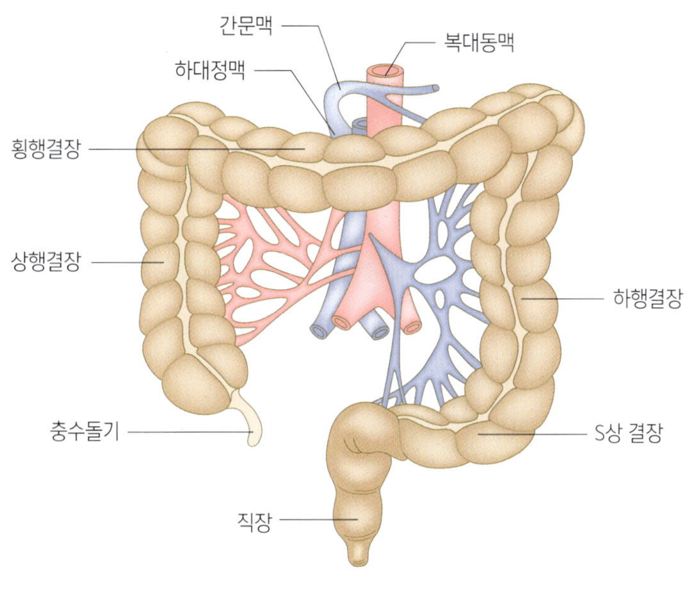

그림 3-4 대장의 구조

대장에서는 소장에서 흡수되고 남은 각종 영양소 중 대부분의 수분과 약간의 염류가 상행결장에서 흡수되고 소화, 흡수되지 않은 찌꺼기, 장 점막에서 탈락된 세포, 장내세균 등이 혼합되어 대변을 형성하여 항문으로 배설된다. 장내세균은 소화되지 않은 물질들을 분해하여 가스, 산, 아민류 등으로 변화시키기도 하고 비타민 K를 합성하기도 한다.

대장액은 분변 내의 세균이나 자극성 물질로부터 대장 점막을 보호하고, 분변이 장벽을 지날 때 원활하게 이동시키는 작용을 한다. 분절운동이나 연동운동에 의해서도 내용물이 이동되는데, 만약 대장의 연동운동이 약해서 내용물이 오래 머물게 되면 수분이 지나치게 흡수되어 변비를 일으키며, 반면 연동운동이 지나치게 높아지면 설사가 발생한다.

2. 상부 소화기계 질환

1) 연하곤란

연하곤란(삼킴장애, dysphasia)은 외과적 수술이나 종양, 암 등에 의한 폐색으로 구강, 인두, 후두 등이 장기적으로 손상을 입었거나 뇌혈관 사고, 뇌종양 등 뇌간의 손상으로 마비가 있어 음식을 씹고 삼키는 데 장애가 있는 상태를 말한다. 환자에게 식사를 공급하기 전에 연하 이상의 특징을 우선적으로 평가한 후, 환자의 개인별 수용도에 따라 식사의 단계를 조정한다.

(1) 원인

식도 수술, 종양(양성, 악성), 식도염, 식도이완불능증, 협착 등으로 인해 식도가 좁아지거나 신경계 질환(뇌졸중, 파킨슨병), 근육질환(중증근무력증 등), 머리 손상, 뇌종양 등으로 인해 연하운동에 어려움이 나타난 경우에 발생한다.

(2) 증상

음식물을 삼키기 어려운 구강인두성 연하곤란과 음식을 삼킨 후 식도에서 위로 이동이 어려운 식도성 연하곤란이 있다.

(3) 영양관리

연하곤란을 위한 연하보조식은 식품의 질감, 농도, 점도, 균질도를 조절한 식이로 부드러운 질감과 촉촉하게 수분을 함유한 식품을 권장한다. 체내 영양소가 결핍되기 쉽기 때문에 고영양식을 제공하고 정상체중 유지 및 탈수 방지, 흡인 예방을 목표로 한다. 또한 식사 시에는 머리를 앞쪽으로 약간 숙이고 턱을 당겨 90° 로 바르게 앉아 식사할 수 있도록 한다.

표 3-3 연하곤란의 단계별 식사

1단계(퓌레 형태)	삼킴은 가능하나 음식을 입에 오래 물고 있는 증상을 보이며 씹는 기능이 불가능한 경우에 적용된다. 수분 섭취는 점도 증진제를 사용하여 스푼으로 떠먹는다.
2단계(기계적 형태 변경)	삼킴 기능은 비교적 양호하나 씹는 기능이 완전하지 않아 오래 씹는 증상을 보이는 환자들에게 적용된다.
3단계(개선된 형태)	삼키거나 씹는 기능은 모두 양호하나 식사 시 또는 수분 섭취 시 간간이 기침이 있을 때 적용된다.

표 3-4 연하곤란 1일 식단의 예

아침	점심	저녁
흰죽 or 쌀밥 달걀찜(다져서) 동태전(다져서) 가지나물(다져서) 물김치(다져서) 간장	흰죽 or 쌀밥 닭살볶음(다져서) 새우살볶음(다져서) 호박나물(다져서) 물김치(다져서) 간장 요플레	흰죽 or 쌀밥 불고기(다져서) 두부구이(다져서) 시금치나물(다져서) 물김치(다져서) 간장 과일통조림

2) 위식도역류질환

(1) 원인

위식도역류질환(gastroesophageal reflux disease, GERD)이란 위산이 식도로 역류하여 식도에 통증과 염증, 조직 손상을 일으키는 질환을 말한다. 하부식도괄약근의 근육 약화나 운동장애가 위식도역류질환의 주된 원인으로 작용한다.

비만이나 임신, 식도열공헤르니아(hiatal hernia) 등은 위식도역류질환의 위험을 높이며, 다양한 약물과 자극적인 음식의 섭취가 하부식도괄약근의 약화 및 복부 압력을 증가시켜 위식도역류질환을 유발하고 증상을 악화시킨다.

(2) 증상 및 합병증

가슴 중앙부의 타는 듯한 가슴 쓰림(heartburn), 산 역류(acid regurgitation)와 속 쓰림, 신트림, 쉰 목소리, 목의 이물감 등이 있고 위식도 역류가 계속되면 식도염이나 협착, 식도 궤양, 출혈, 바렛 식도, 흡인성 폐렴 등의 합병증을 일으킨다. 또한 후두를 손상시킬 수도 있다.

(3) 영양관리

위식도역류질환의 식사요법의 목표는 식도 역류를 막고 염증이 있는 식도 점막의 자극을 방지하고 위액의 산도를 감소시켜 자극을 줄이는 데 있다. 식사는 소량씩 섭취하고, 물이나 음료를 식사 사이에 섭취하여 위가 과다하게 팽창하여 압력을 증가시키지 않도록 한다. 또한 자극이 있는 음식 섭취를 줄이고 단백질을 충분히 공급하는 부드러운 식사를 권장한다.

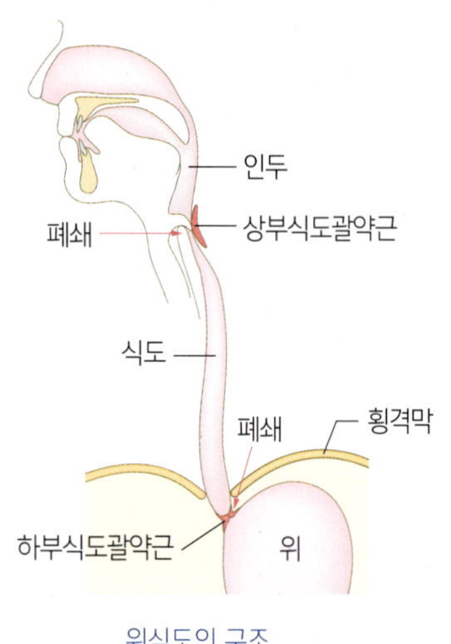

위식도의 구조

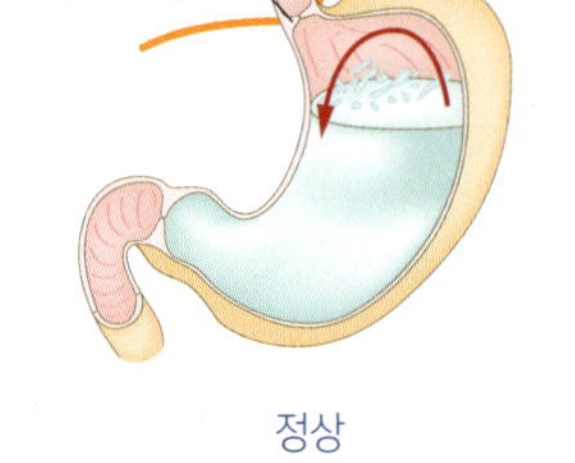

정상

- 항상 닫혀 있어 위 속 내용물이 식도로 넘어오지 못한다.
- 음식을 삼키거나 트림할 때만 열린다.

식도
횡격막
하부식도괄약근

위식도역류질환

- 하부식도괄약근의 힘이 약해지거나 부적절하게 열리면 위산이나 위 속 내용물이 식도로 역류된다.

그림 **3-5** 식도 역류 과정

식도열공헤르니아(hiatal hernia)

횡격막에 식도가 통과하는 부분인 식도 열공이 느슨해져 위의 일부가 횡격막 위로 돌출되어 있는 상태를 말하며, 비만과 노화, 흡연, 알코올 섭취, 과식, 임신 등이 원인이 될 수 있다. 대부분 특별한 증상은 보이지 않지만 가슴쓰림, 연하곤란, 위산의 역류, 구토 및 심계 항진과 호흡곤란 등의 증상이 발생할 수 있다.

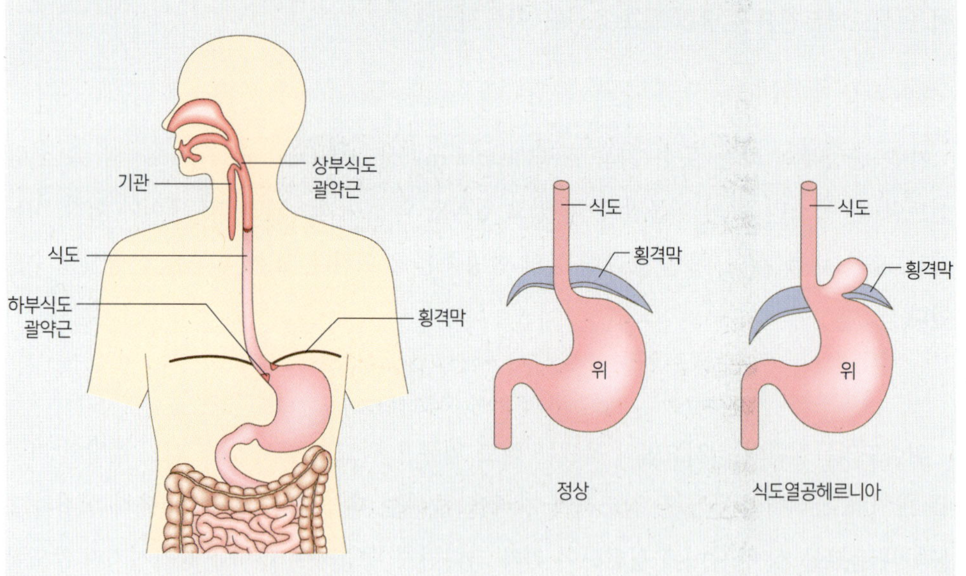

바렛 식도(Barrett's esophagus)

만성적으로 위산 역류에 노출되어 손상된 식도세포가 복구되면서 위세포나 소장세포와 유사한 세포로 대체된 상태로 이러한 세포 손상이 식도암의 발생 위험을 증가시킨다.

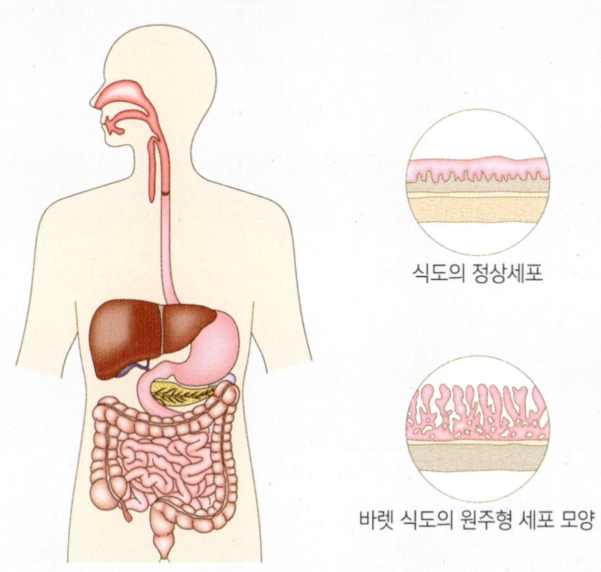

3) 위염

(1) 원인

위염(gastritis)은 급성 위염과 만성 위염으로 분류되는데 급성 위염은 위 점막의 염증으로 폭음, 폭식, 세균, 바이러스 등의 감염이나 오염된 음식 섭취, 술, 담배, 커피 등 차갑거나 뜨거운 음식 섭취로 발생한다. 만성 위염을 일으키는 가장 큰 원인은 헬리코박터 파이로리균(*Helicobacter pylori*)으로 환자의 90%가 헬리코박터 파이로리균에 감염되어 있으며, 이외에 약물, 흡연, 만성적 알코올 섭취, 담즙 역류나 위절제술 등에 의해 유발된다.

(2) 증상 및 합병증

급성 위염(acute gastritis)은 위 점막 손상으로 인해 염증이 있는 상태로 구토, 복통, 속쓰림, 식욕부진 등을 동반하고, 만성 위염(chronic gastritis)은 소화불량, 위부팽만감, 상복부 통증, 메스꺼움, 식욕부진, 변비 등의 증상이 나타나며 장기화되면 체중 감소와 빈혈을 동반될 수 있다. 과산성 위염과 노령층에서 일어나는 저산성 위염 등이 만성 위염으로 진행되며, 손상된 벽세포에서 염산 분비가 없게 되면 비헴철(non-heme iron)과 비타민 B_{12}의 흡수에 문제가 발생하여 영양 결핍이 유발된다.

(3) 영양관리

급성 위염은 탈수나 쇼크, 저칼륨혈증, 저나트륨혈증 예방을 위해 수분 보충이나 정맥영양을 실시하고 증상이 개선되면 당질 식품을 위주로 한 유동식을 섭취한다. 만성 위염은 소화가 잘되는 음식을 소량으로 자주 공급하고 자극성이 많은 음식이나 기름지고 매운 음식의 섭취를 제한한다. 저산증이나 무산증 환자의 경우에는 철과 비타민 B_{12}의 보충제를 제공한다.

표 3-5 위염을 유발하는 요인들

요인	내용
인체적 원인	• 자가면역질환(autoimmune disease) • 담즙 역류 • 전신 감염, 패혈증(sepsis)
감염	• 박테리아 : 헬리코박터 파이로리균(*Helicobacter pylori*) • 곰팡이 : 칸디다균(Candida albicans) • 기생충 : 아니사키스 선충(Anisakis nematode infection) • 바이러스 : 사이토메갈로바이러스(Cytomegalovirus)
화학 물질	• 알코올 • 항암화학 치료 • 약물 비스테로이드성 항염증제(NSAIDS) : 아스피린 • 침식성 물질 섭취
기타	• 식품 알레르기 • 소금 과다 섭취 • 방사선 치료(radiation therapy) • 이물질

헬리코박터 파이로리균(*Helicobacter pylori, H. pylori*)

헬리코박터 파이로리균은 그람음성으로 편모를 가진 나선형 모양의 미호기성 양성간균으로 위장 점막에 주로 감염되어 위염, 위궤양, 십이지장궤양, 위선암, 위림프종 등을 유발하는 원인이 된다.

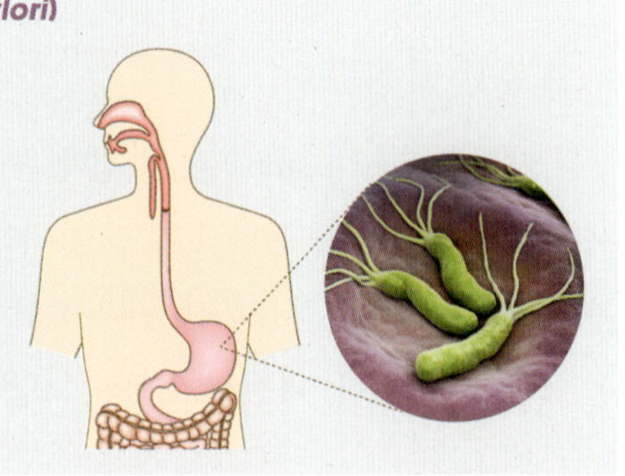

4) 소화성 궤양

소화성 궤양(peptic ulcer) 환자를 대상으로 위산의 과다 분비를 막기 위해 위액 분비를 촉진하거나 위 점막에 자극적인 음식을 자제하고 위 운동을 자제하면서 소화가 잘되고 위산을 중화시킬 수 있는 식품을 사용한다. 환자의 상태에 따라 연식, 상식의 단계로 처방한다.

(1) 원인

소화성 궤양은 위산과 펩신의 분비에 의해 점막층이 심하게 손상되는 궤양이 있는 상태로, 발생 위치에 따라 위궤양과 십이지장궤양으로 분류된다.

위 점막에서 분비되는 점액은 위벽을 보호하고, 전구체인 펩시노겐의 형태로 분비됨으로써 위산과 펩신으로부터 위를 보호한다. 십이지장 점막도 점액 분비와 함께 중탄산염을 분비하여 위산을 중화함으로써 장 점막을 보호한다.

또한 점막은 손상된 표피를 빠르게 재생하는 능력이 있고 크립트(crypt)에서 지속적으로 세포를 만들어 탈락시키기 때문에 상처를 빠르게 치유할 수 있다. 그러나 이러한 정상적인 방어기전과 재생기전에 문제가 생기면 점막이 손상되는 소화성 궤양이 발생한다.

표 3-6 소화성 궤양에 영향을 주는 요인 비교

위궤양	십이지장궤양
• 헬리코박터 파이로리균 감염으로 인한 점액층 감소 • 스트레스에 따른 염산 분비 증가 • 벽세포의 비대화로 인한 염산 분비 증가 • 가스트린, 히스타민에 의한 민감도 증가	• 점액의 중탄산염 분비 감소 • 강산 공격에 따른 점막 민감도 증가 • 십이지장의 과산성화 • 췌장의 알칼리성 분비 감소에 의한 중화 기능 저하

(2) 증상 및 합병증

소화성 궤양은 소화기계 출혈의 원인으로, 환자의 15~20%에서 발생하며 심하면 수술해야 한다. 흑변 등 커피 찌꺼기 같은 구토물이 나오면 출혈 증상으로 본다. 합병증으로 위나 십이지장에 천공이 생기거나 상처, 염증에 의해 위배출구 폐색이 일어날 수 있다.

(3) 영양관리

위산 분비를 촉진시키는 알코올이나 커피 등 카페인 함유 음료 또는 향신료 등을 피하고 소량씩 자주 섭취하는 것이 위산 역류 현상을 줄일 수 있다. 또한 과식과 잠자리 들기 2시간 전에 음식 섭취를 삼간다. 소화성 궤양 환자들은 비타민 B_{12} 수치가 낮은 경향을 보이므로 빈혈 여부에 대한 모니터링이 필요하다.

표 3-7 궤양 환자를 위한 식품

구분	허용 식품	금지 식품
우유 및 유제품	흰 우유, 아이스크림, 치즈	초코 우유
채소류	잘 삶은 감자, 잘 삶은 연한 채소, 당근, 시금치, 가지, 호박, 오이 등	김치, 생채소, 섬유질이 많은 채소, 도라지, 샐러리, 더덕, 장아찌, 우엉, 고사리 등
과일류	시거나 떫지 않은 과즙 전부, 삶아 거른 사과즙, 잘 익은 바나나	생과일, 견과류, 말린 과일(곶감, 대추, 건포도)
곡류	미음, 죽, 진밥, 국수, 식빵, 마카로니, 카스텔라, 크림스프, 오트밀, 토스트	된밥, 잡곡밥, 수제비, 냉면, 파이, 찐빵, 떡라면, 도넛, 보리빵
어육류 및 난류	잘 삶아 다진 소고기 및 닭고기, 소간, 흰살생선, 국, 두부, 수란, 반숙란, 달걀찜, 커스터드, 스크램블 에그	고기국물, 멸치국물, 기름기 많고 질긴 고기, 절인 생선, 햄, 베이컨, 오징어, 낙지, 젓갈류, 달걀부침, 달걀 프라이
조미료 및 기타	간장, 소금, 버터, 마가린, 설탕, 들기름, 콩기름, 참기름, 된장, 마요네즈	고춧가루, 고추장, 후추, 겨자, 계피, 카레, 케첩, 생강, 파, 코코아, 마늘, 잼, 사탕, 커피, 홍차, 초콜릿, 껌, 콜라, 엿, 수정과, 알코올, 음료, 튀긴 음식

5) 덤핑증후군(위 절제 포함)

(1) 원인

소화성 궤양 질환에서 약물 치유가 되지 않거나 천공이나 출혈폐색 등 합병 증상이 나타난 경우, 위암 등 치료를 위해 위의 일부나 전부를 절제하는 수술을 실시한다.

위 절제 위치에 따라 분문측위절제술, 위전적출술로 구분한다. 부분 절제 후 남은 조직을 십이지장과 연결하는 Billroth-I(위십이지장연결술)이나 공장과 연결하는 Billroth-II(위공장연결술)가 있고, 위 내용물 배출을 용이하게 해주는 유문성형술이 있으며, 최근에는 고도비만 치료 방법으로 위묶기술, 위우회술도 실시되고 있다.

(2) 증상 및 합병증

초기에는 덤핑증후군, 폐색, 복통, 설사, 체중 감소 등이 발생한다. 즉 위나 십이지장을 제거하거나 우회했기 때문에 음식물이 너무 빨리 통과하고 위나 췌장의 소화효소가 분

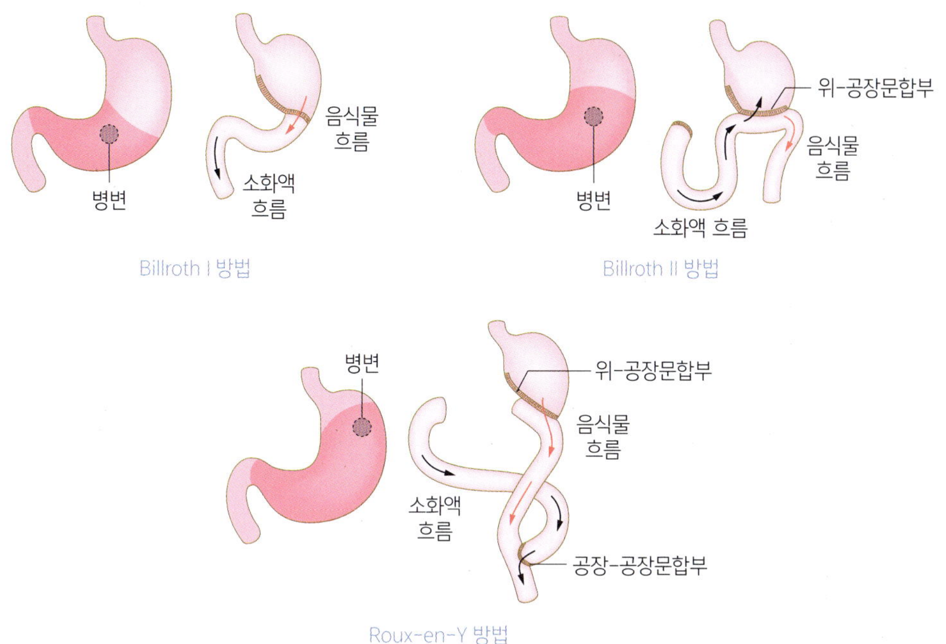

그림 **3-6** 위 절제 수술의 종류

비되거나 작용 시간이 부족해서 저혈당증, 지방흡수불량증(지방변)이 나타날 수 있다.

소장에서 균이 과잉 증식해서 담즙의 작용을 방해할 수 있기 때문에 장기간 음식 섭취가 부족하거나 지방변이 지속되면 필수지방산, 비타민 D, 지용성 비타민, 칼슘 등의 무기질 흡수불량이 생길 수 있다. 따라서 골질환이나 빈혈 등의 결핍이 생길 수 있고, 위를 절제할 경우 위산 분비가 부족하므로 철이나 비타민 B_{12}의 흡수불량으로 빈혈이 흔히 나타나는 합병증이다.

(3) 영양관리

위절제후식은 부분적 또는 전체적으로 위 절제 수술을 받은 환자에게 자주 나타나는 덤핑증후군을 예방하기 위한 식사이다. 이를 위해 단당류, 이당류 식품을 제한하고 식사 도중 수분의 섭취량을 제한하며, 소량씩 잦은 횟수의 급식을 원칙으로 한 식사이다. 회복 상태에 따라 미음, 연식, 상식의 단계를 적용한다.

위절제후식 식사지침

1. 식사는 소량씩 자주한다.
2. 너무 차거나 뜨거운 음식은 피한다.
3. 단당류는 삼투 효과를 높이므로 단당류가 많은 음식은 피한다.
4. 지방은 칼로리를 많이 내고 음식물의 위통과 속도를 늦추므로 식사에 적절히 포함시키도록 한다.
5. 식사 도중에 수분 섭취를 삼가고 수분은 식전, 식후 45~60분 정도에 섭취하도록 한다. 초기에는 수분 섭취 시 1회량을 100~150cc 정도로 시작하여 점차 1회 섭취량을 늘려가도록 한다.
6. 일부 환자에게서는 유당불내성(lactose intolerance)이 나타나므로 초기에는 우유 및 유제품을 제한하지만 환자가 섭취할 수 있으면 점차 조금씩 양을 증가시킨다.
7. 섬유소나 자극을 주지 않는 음식물들은 식사에 어느 정도 포함되도록 한다.
8. 초기에는 엄격하게 식사 형태를 제한하나 점차 환자 상태에 따라 자유롭게 한다.
9. 식사는 천천히 하도록 한다. 또한 식사 후에는 15~30분간 비스듬히 누운 자세를 취하여 위장의 음식물 통과 속도를 늦추어 준다.
10. 허용된 음식물의 양은 점차적으로 증가시키며 식사는 환자에 따라 개별화되어야 한다.

표 3-8 위절제후식의 허용 식품과 제한 식품

구분	허용 식품	제한 식품
곡류	쌀, 설탕을 입히지 않은 시리얼, 식빵, 크래커, 롤빵, 전분류, 보리, 마카로니, 감자, 고구마, 강화쌀, 국수, 스파게티	설탕 입힌 시리얼, 설탕이 원료로 농축된 것, 팝콘, 튀긴 감자, 건조콩, 현미, 수수, 팥 등 잡곡
육류	육류, 생선, 달걀, 치즈	조미한 것, 훈제육류, 햄, 소세지, 강한 향의 치즈, 핫도그, 멸치, 뱅어포
지방류	버터, 마가린, 마요네즈, 식용유	샐러드드레싱
채소류	설탕이 첨가되지 않은 채소, 익힌 채소(껍질 벗긴 가지 등), 양송이, 오이	우엉, 더덕, 콩나물, 도라지, 연근, 피망, 양파, 브로콜리, 양배추, 콜리플라워 등
과일류	과일 주스, 과일통조림, 바나나, 익힌 과일, 후르츠 칵테일	당이 첨가된 과일통조림·과일주스, 건조과일(대추, 건포도, 곶감), 모든 생과일(바나나 제외)
후식	단순당, 농축당이 제외된 후식, 달지 않은 젤라틴, 무설탕 푸딩	케이크, 쿠키, 아이스크림, 셔벗, 도넛, 커스터드, 파이, 초콜릿
음료	우유, 저지방 우유, 탈지유, 디카페인 커피	술, 탄산음료, 가당유제품, 커피, 홍차, 식혜, 수정과
기타	간장, 된장, 소금, 맑은 스프	꿀, 잼, 시럽, 고춧가루, 파, 마늘, 후추, 겨자, 피클, 해조류, 견과류

3. 하부소화기계 질환

하부소화기계(lower GI tract)는 소장(small intestine), 대장(large intestine)으로 구성되어 있으며, 위로부터 이동한 음식의 소화와 영양소의 흡수 기능을 담당한다.

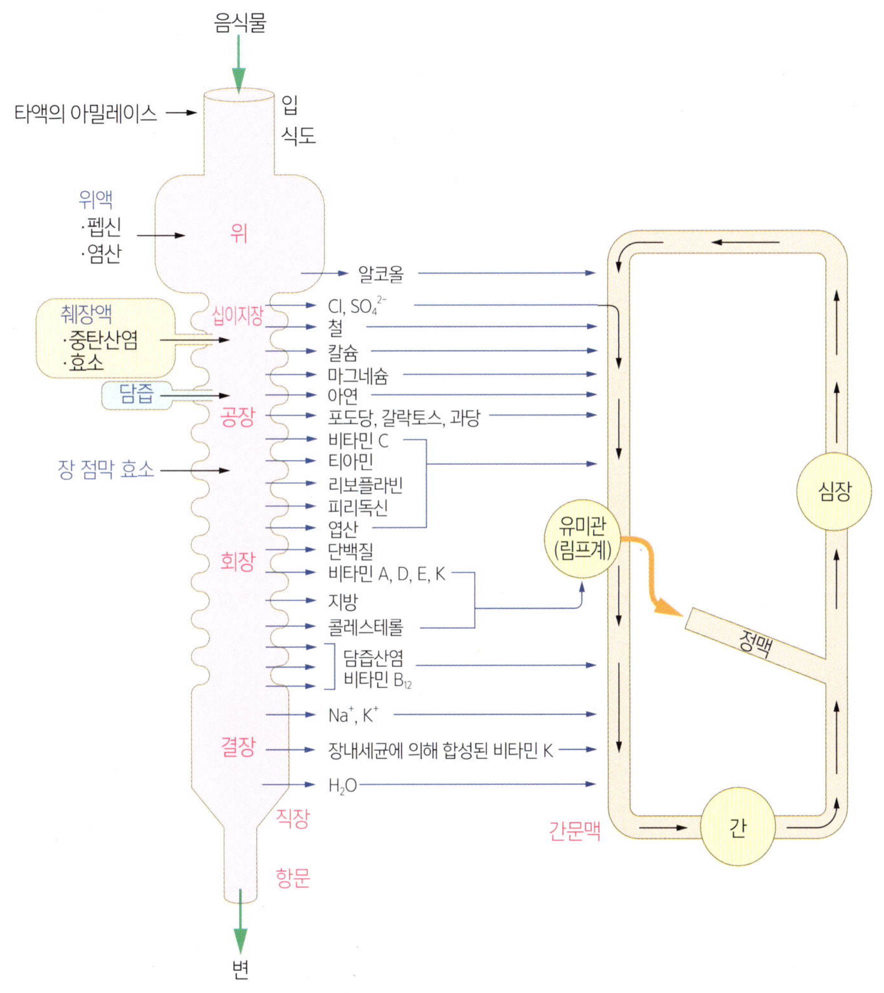

그림 3-7 소화기계 영양소 흡수 부위

1) 설사

(1) 원인

성인의 정상 대변 배설량은 하루 200 g 이하이고 대변 내 수분의 무게는 60~80%를 차지한다. 설사(diarrhea)는 배변 횟수가 하루 4회 이상, 또는 하루 250 g 이상의 묽은 변이 나올 때를 설사라고 하고, 성인에서 2~3주 이상 지속되는 설사를 만성 설사라고 하며 그 이하를 급성 설사라고 한다. 설사의 원인은 세균성 박테리아나 바이러스의 감염, 약제나 식이, 염증성 장질환 등이 대표적이다.

(2) 증상 및 합병증

설사는 장관 내 흡수가 안 되는 물질에 의한 삼투성 설사와 항생제 복용 등에 의한 설사, 장의 분비 물질이 재흡수가 가능한 양보다 과다 분비될 때 발생하는 분비성 설사, 또는 염증성 장질환에 의한 삼출성 설사 등으로 구분할 수 있다.

(3) 영양관리

설사로 인한 탈수로 수분과 전해질 공급이 필수적이며, 특히 나트륨과 칼륨의 손실이 크므로 손실을 최소화하고 영양 공급을 통해 장세포의 회복을 돕는 데 있다.

설사가 심할 때는 일반적으로 저섬유소식을 공급한다. 이는 섬유소 함량을 1일 13 g 이하로 제한하는 식사로 급성 염증성 장질환(장티푸스, 장 수술 전후와 궤양성 대장염 등), 게실염, 부분적 장폐색 시 사용하는 식사로 대변의 용적을 최소화하게 섬유소, 고기 및 해

표 3-9 허용 식품과 제한 식품

구분	허용 식품	제한 식품
곡류	흰밥, 찹쌀밥, 흰 식빵, 으깬 감자, 국수	보리, 현미, 율무, 팥, 조, 수수, 콩류, 고구마, 옥수수, 통밀빵, 미숫가루
우유 및 유제품	우유, 플레인 요플레, 푸딩, 아이스크림(과일, 땅콩 제외)	허용량 이상의 우유 및 유제품, 크림스프
육류	연한 소고기, 돼지고기, 달걀, 두부, 생선(껍질 제외), 연한 닭고기	질긴 육류, 햄류, 조개류, 비지
채소류	양상추, 익힌 채소, 야채주스, 숙주, 당근, 가지(껍질 제외), 양송이버섯	생채소, 허용 식품 외의 채소, 말린 나물
과일류	잘 익은 바나나, 과일통조림(복숭아통조림, 포도 등), 과일주스(자두주스 제외), 생과일(바나나 제외), 말린 과일	
해조류 및 견과류	-	미역, 김, 다시마, 파래 등, 땅콩, 아몬드, 호두, 해바라기씨 등
기타	-	과량의 된장, 고추장, 겨자가루 등, 팝콘, 포테이토칩 등의 간식

물의 결체조직, 우유 등을 제한한다. 장기간 적용 시에는 비타민 및 무기질 보충제가 필요하며, 환자에 따라서는 경장영양음료 혹은 정맥영양의 보충이 필요할 수 있다.

2) 변비

(1) 원인

변비는 대장벽의 민감도 저하로 인해 연동운동이 약해지거나 불규칙한 식사 섭취, 배변 습관, 운동 부족, 약물 복용 등으로 인한 부작용으로 발생한다. 특히 여성과 70세 이상 노인층에서 발생 빈도가 높고 이뇨제, 칼슘 채널 차단제, 철분과 칼슘보충제 등의 부작용에 의한 변비도 있다. 원인에 따라 이완성 변비, 경련성 변비로 분류할 수 있다.

이완성 변비는 장의 연동운동이 약해져 변의 이동이 느리고 변이 오랫동안 S상 결장과 직장 내에 머물게 된다. 임신부, 노인, 수술 환자 등에서 많이 발생하며, 섬유질과 수분 섭취의 부족, 불규칙한 식사 및 배변, 운동 부족, 약물 복용 등이 원인이 된다.

경련성 변비는 장운동이 비정상적으로 항진되는 과민성 대장증후군으로, 스트레스, 식품 알레르기 등으로 대장 내 움직임이 과도하여 장의 경련성 수축으로 인하여 발생한다. 긴장, 과음, 카페인 과잉 섭취, 과로, 수분 섭취 부족 등도 원인이 된다.

(2) 증상 및 합병증

변비의 증상은 배변 후에도 잔변감이 느껴지고 아랫배가 불쾌하고 묵직하며 만성화되면 게실증 및 치질 등이 발생할 수 있다.

(3) 영양관리

식이섬유는 장 내용물의 부피와 무게, 배변 횟수 및 배변 속도를 증가시킨다. 성인 여성은 하루 20 g, 남성은 30 g이며, 갑자기 식이섭취량이 증가하면 헛배 부름, 복부 통증이나 설사 등 부작용이 나타날 수 있으므로 서서히 고섬유식으로 그 양을 늘려가야 한다. 향신료나 탄산음료, 과즙 등이나 장내에서 발효되기 쉬운 농축당인 설탕이나 꿀차도 도움이 된다. 또한 공복 시 차가운 우유나 요구르트를 마시면 장벽을 자극하여 장운동을 촉진하는 효과가 있다. 반면, 식품 중 탄닌이 많은 차, 감, 덜 숙성된 바나나 등의 식품은 주의한다.

이완성, 경련성 변비는 식사요법이 상이하다. 먼저 이완성 변비는 장의 연동운동을 도와주기 위한 규칙적인 식사와 배변 습관이 중요하고, 변의 용적을 늘리기 위한 현미, 잡곡, 근채류, 과일, 해조류 등과 같은 고섬유소식을 섭취하도록 한다. 또한 대변을 부드럽게 하기 위한 충분한 수분 섭취도 필요하다.

반면, 경련성 변비는 장에 자극을 주지 않는 저잔사식, 저섬유식을 제공하여 장운동을 억제하여야 한다. 육식은 피하고 흰살생선, 닭 살코기, 으깬 채소, 우유, 달걀, 정제된 곡류, 버터, 섬유질이 적은 채소와 과일을 제공하고 자극적인 향신료, 카페인 음료는 피한다.

변비의 원인

- 소화기계 이상 : 과민성 장증후군, 대장종양(양성, 악성), 위식도질환, 장폐색, 항문질환(치질)
- 전신질환 : 내분비질환(갑상샘기능저하증, 뇌하수체기능저하증), 대사질환(요독증, 고칼슘혈증, 저칼륨혈증)
- 신경 및 근육질환 : 파킨슨병, 근위축증
- 약물 부작용 : 항히스타민제, 진정제, 항우울제, 항경련제
- 식습관 및 기타 : 저식이섬유식, 수분 섭취 부족, 운동 부족, 변의 억제, 변비약 남용, 고령 임신

3) 유당불내증

(1) 원인

유당불내증(lactose intolerance)은 장내 유당분해효소(lactase)의 활동성이 저하되었거나 유당분해효소가 선천적으로 결핍되었을 때 나타난다.

(2) 증상 및 합병증

유당불내증의 증상은 유당분해효소의 결핍으로 유당이 포도당과 갈락토스로 가수분해되지 않으면 유당이 소장에 남아 있게 되고 삼투압에 의해 소화되지 않은 유당이 대장에서 발효되어 복부팽만이나 복통, 설사와 같은 유당불내증 증상이 발생한다.

(3) 영양관리

유당불내증의 영양관리는 유당 소화 능력에 따라 하루 12 g 이하 섭취하도록 하며 유당 함유 식품을 서서히 늘려간다. 유당불내증 어린이는 칼슘이나 비타민 D, 리보플라빈 등의 보충이 필요하다.

4) 과민성 장증후군

(1) 원인

과민성 장증후군은 소화기관질환의 하나로 주로 30~40대에 많이 나타나고 남성에 비해 여성에게 2배 정도 많이 발생한다. 정확한 원인은 아직 밝혀지지 않았으나 유전적 요인, 장관 감염 및 염증, 내장 과민성, 식품 및 장내 미생물 환경 변화에 의한 면역 반응 활성화 등의 여러 요인들이 복합적으로 작용할 수 있다.

(2) 증상 및 합병증

음식 섭취로 인해 복부 통증이 유발되고 섭취한 음식의 장관 통과나 생성된 대장에서의 가스가 환자에게 불편감을 안겨준다. 환자들은 만성적으로 재발성 대장 증상(설사나 변비의 반복, 고창, 복부 통증)을 경험한다.

(3) 영양관리

의학적 치료는 식이조절, 스트레스 조절, 행동적 변화를 포함하여 환자의 증상 개선을 위해 완화제, 지사제, 항우울제, 소화관 진정제와 항생제 등을 처방한다. 식사는 조금씩 자주 섭취하는 것이 증상 개선에 도움을 줄 수 있고, 기름진 음식이나 가스 생성 음식, 유제품, 전곡류, 커피 등은 삼간다.

장내 가스 발생 식품

- 곡류군 : 현미, 보리, 밀, 호밀, 귀리, 옥수수, 고구마, 감자 등
- 콩류 : 완두콩, 대두, 동부, 녹두
- 과일류 : 사과, 배, 수박, 참외 등
- 우유류 : 우유, 아이스크림, 치즈 등(유당불내증이 있는 경우)
- 채소류 : 양배추, 브로콜리, 양파, 부추, 순무, 당근, 오이, 마늘, 고추 등
- 기타 식품 : 식이섬유, 올리고당, 과당, 당알코올(소비톨 등) 함유 식품

포드맵식이(fermentable oligosaccharides, disaccharides, monosaccharides and polyols, FODMAPs diet)

저포드맵식이란 소장에서 소화, 흡수되지 않고 대장까지 이동하여 미생물에 의해 발효되기 쉬운 올리고당(프럭탄, 갈락탄), 이당류(유당), 단당류(과당), 폴리올(당알코올)을 낮춰 섭취하는 식사를 의미한다. 포드맵 식품은 소장으로 물을 이동시켜 설사를 유발할 수 있고, 소화되지 않은 상태로 대장에 도착하여 장내 미생물에 의해 발효되고 가스를 발생시켜 장을 자극시키고 과민성 장증후군의 증상인 설사, 복통, 복부팽만감을 유발한다. 다음 표에 제시된 고포드맵 식품은 식사에서 제외하도록 한다.

FODMAPs	고함량 식품
과당 과다 (Excess free fructose)	과일 : 사과, 배, 망고, 수박, 보이즌베리(boysenberries), 버찌, 무화과, 타마릴로(나무토마토, tamarillo) 채소 : 아스파라거스, 아티초크(artichokes), 껍질째 먹는 완두콩 감미료 및 조미료 : 꿀, 고과당 옥수수시럽, 아가베시럽, 과당, 과일주스 농축액
유당(Lactose)	우유(소, 염소 및 양), 아이스크림, 연질 치즈(예 : 리코타, 코티지치즈, 크림치즈, 마스카포네)
올리고당(과당 및 갈락토-올리고당) (Oligosaccharides : fructans and galacto-oligosaccharides)	과일 : 천도복숭아, 감, 수박, 복숭아, 타마릴로(나무토마토, tamarillo) 채소 : 아티초크(artichokes), 마늘, 파, 양파, 샬롯(작은 양파), 파(흰색 부분) 곡류 : 밀, 보리, 호밀 제품(다량) 콩류 : 병아리콩, 렌틸콩, 콩(예 : 강낭콩, 검은콩, 녹두 및 잠두콩 등) 견과류 : 피스타치오, 캐슈넛
폴리올(Polyols)	과일 : 사과, 살구, 배, 천도복숭아, 복숭아, 자두, 수박, 블랙베리 채소 : 꽃양배추, 버섯, 눈완두콩 감미료 : 소비톨, 만니톨, 자일리톨, 폴리덱스트로스, 이소말트(당알코올 감미료)

* FOOMAPs 식품 목록을 살펴보고 이들 식품 중 많이 섭취하는 것부터 먼저 제외한다.

자료 : Shepherd SJ, Gibson PR., The complete low FOOMAP diet, The Experiment Publishing, New York NY, 2013

5) 게실증과 게실염

(1) 원인

게실증(diverticulosis)은 장기간의 변비와 대장의 압력 증가로 인해 대장벽에 주머니 모양의 게실이 형성된 상태로 주로 S상 결장에서 발견되고 그 게실에 변이 축적되면 세균이 번식하여 염증을 일으켜 발생한 것을 게실염(diverticulitis)으로 진단한다.

(2) 증상 및 합병증

복부팽만, 소화불량, 복통, 설사, 변비, 식욕부진이나 메스꺼움이 나타나고, 증상이 악화되면 농양, 천공, 출혈, 폐색이 일어나 수술이 필요하다.

(3) 영양관리

게실증은 경증에서 중증도 범위인 경우에는 저섬유소식(10~15 g/일)을 시작하는 것이 적절하며, 적응도에 따라 점진적으로 늘려가 하루 30 g 이상 식이섬유와 수분을 2~3 L 정도 섭취하여 장을 자극하고 배변량을 늘려 대장 내 압력을 낮춰야 한다.

게실염은 항생제 투여, 식사요법, 대장 휴식 등으로 치료하지만 예방이 중요하며 게실염 예방을 위해서는 고식이섬유 식사 및 수분 섭취가 중요하다. 하지만 급성 게실염이 발생한 경우 식이섬유 섭취가 게실염을 악화시킬 수 있기 때문에 초기에는 맑은 유동식부터 시작해서 저섬유소식(저잔사식)으로 이행하고, 식이섬유를 점진적으로 공급해야 한다.

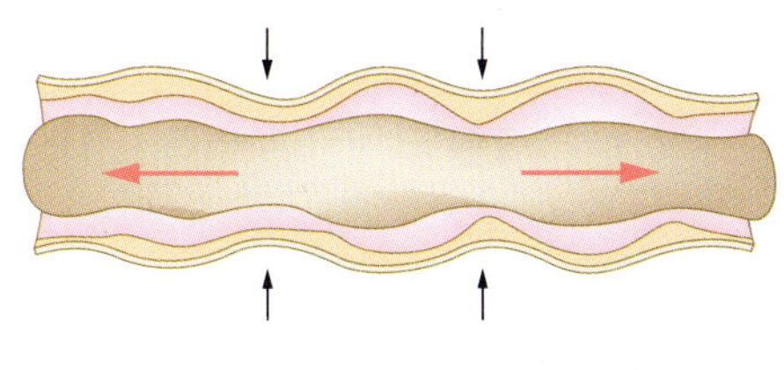

정상 대장

섬유소를 충분히 섭취하면 장 내용물의 부피가 커지므로 장벽근육의 수축에 의해 종적으로 압력이 가해지면서 배출됨

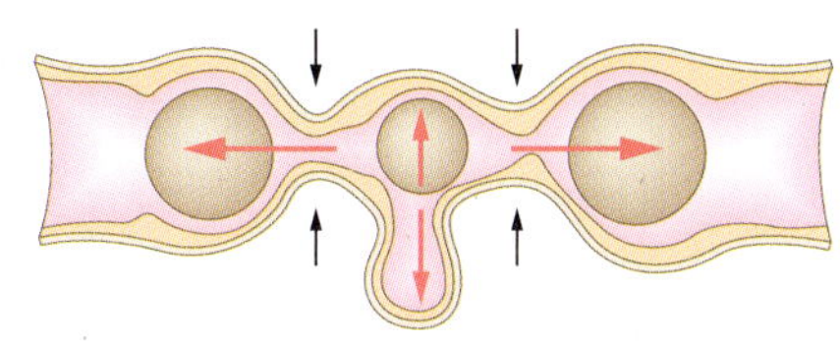

대장게실

장 내용물이 적으면 장벽근육이 수축에 의해 장 내용물이 연결되지 않고 서로 끊어져 폐색이 일어나므로 압력이 장벽으로 가해지면서 게실이 발생함

그림 3-8 게실이 발생하는 기전

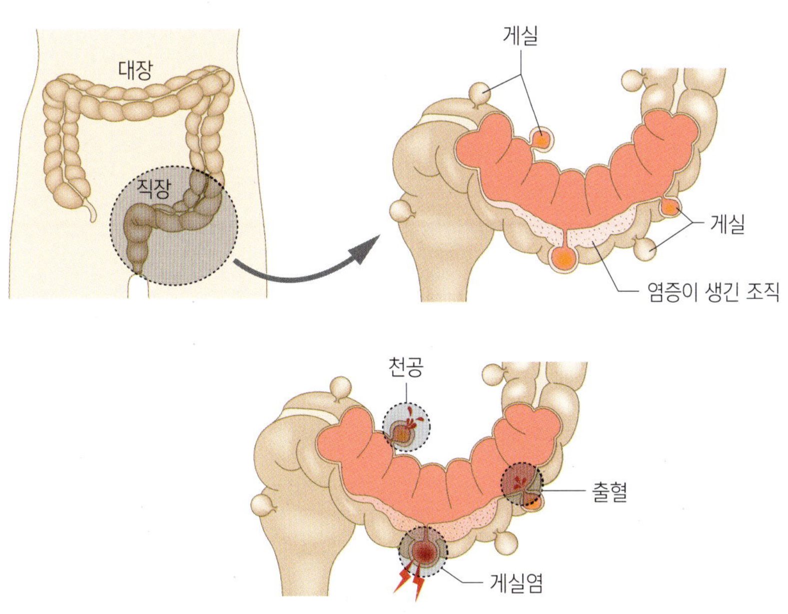

그림 3-9 다발성 게실증

6) 염증성 장질환

(1) 원인

염증성 장질환(inflammatory bowel disease, IBD)은 만성적인 염증성 질환으로, 소장이

나 대장에 만성적 염증이 생겨 설사나 통증이 유발되는 질환들을 말한다. 염증 부위와 장관 내 상태에 따라 분류되고 크게 크론병, 궤양성 대장염 2가지로 분류될 수 있으며 두 질병의 증상과 치료법은 유사하다.

(2) 증상 및 합병증

공통적으로 설사, 복통, 발열, 식욕 감소, 혈변, 체중 감소 등이 나타나고 이는 6개월 이상 지속된다. 크론병(Crohn's disease)과 궤양성 대장염(ulcerative colitis)의 증상은 유사하지만 염증 부위에 따라 염증 종류, 질병 진행, 합병증에 차이가 있다.

크론병은 회맹부가 가장 흔한 침범 부위이므로 우하복부의 통증이 가장 흔하며 압통, 발열 등이 있다. 오랫동안 지속되면 빈혈, 비타민결핍증, 탈수 등이 나타날 수 있고 장관 협착, 폐색, 농양, 누공(누관 형성) 등의 합병증이 발생할 수 있다.

궤양성 대장염은 잦은 설사와 복통, 점액변 등이 나타나며, 심한 출혈, 대장염, 협착, 대장 천공 등이 발생할 수 있다. 전신 증상으로 식욕부진, 오심, 구토, 피로감, 체중 감소 등이 동반되기도 하나 크론병에 비해 흔하지 않다.

(3) 영양관리

염증성 장질환 환자는 흔하게 영양불량이 나타나기 때문에 체중 감소, 영양소 부족과 같은 문제가 발생한다. 따라서 적절한 영양 공급을 통한 영양 상태 유지 및 장 점막 상처 치유, 장 자극 최소화 등이 필요하다.

크론병의 경우 탈수 방지를 위한 수분 및 전해질 평형 유지가 중요하기 때문에 충분한 수분 섭취를 하도록 한다. 또한 체중 감소를 막기 위해 에너지, 단백질, 비타민, 무기질이 풍부한 식사를 섭취하여야 한다. 증상이 심할 때는 저잔사식을 제공하고 회복 정도에 따라 저섬유소식, 정상식으로 제공한다.

궤양성 대장염의 경우 수분, 전해질 보충이 가장 중요하며 설사와 출혈이 심한 경우 경장영양 혹은 정맥영양을 실시해야 한다. 증상이 심할 때는 저잔사식을 제공하고 소화, 흡수가 잘되는 음식을 제공한다. 장 점막을 자극할 수 있는 식물성 섬유질 및 유제품은 제한하고, 회복기에는 고에너지, 고단백질, 고영양식을 제공한다.

7) 장염

(1) 원인

장관에 염증이 발생하여 설사, 복통, 발열 등의 증상이 나타나는 질환으로 급성 장염과 만성 장염으로 나눌 수 있다.

급성 장염은 병원균, 대장균, 장티푸스균, 이질균, 장염비브리오균, 살모넬라균, 콜레라균, 노로바이러스, 로타바이러스 등의 다양한 세균 및 바이러스에 의해 발생한다.

만성 장염은 급성 장염이 만성화되는 경우 혹은 궤양성 대장염, 과민성 장증후군, 대장암 등에 의해 발생하기도 한다.

(2) 증상 및 합병증

급성 장염의 경우 주로 설사, 식욕부진, 오심, 구토, 복통, 발열 등이 나타나며, 설사로 인한 탈수증이 유발될 수 있다. 만성 장염의 경우 급성 장염 증상이 반복적으로 장기간 나타나며, 설사와 변비가 계속해서 반복되기도 한다.

(3) 영양관리

급성 장염이 심한 경우 1~2일간 금식하고, 탈수 방지를 위해 끓인 물을 충분하게 섭취하며, 우유, 생채소, 생과일 등은 제한하여야 한다. 2~3일에는 환자의 회복 및 증상 호전에 따라 미음, 부드러운 채소, 흰살생선 등 저잔사식 및 저자극 음식을 섭취하도록 하며, 설사를 유발할 수 있는 유지류는 제한하고 유화된 형태인 버터, 크림, 마요네즈 상태로 소량만 사용한다.

만성 장염은 원인을 치료하고 소화가 잘 되는 식품과 조리법을 이용한 음식을 제공하여야 하고, 영양소의 흡수가 불량할 수 있기 때문에 양질의 단백질 및 유화지방을 충분히 섭취하도록 하며, 식이섬유가 적고 자극적이지 않은 식품을 제공한다.

8) 글루텐 과민성 장질환

(1) 원인

글루텐 과민성 장질환(gluten-sensitive enteropathy)은 비열대성 스프루(nontropical sprue) 혹은 셀리악병(celiac disease)라고도 불린다. 밀단백질인 글루텐과 호밀 관련 단백질에 대한 세포매개성 과민반응에 의한 면역질환의 일종이다. 글루텐의 글리아딘 부분이 독성 물질로 작용하여 소장 점막이 손상되고, 소장벽의 융모가 위축되어 표면적이 감소하는데 이는 탄수화물, 단백질, 지방, 철, 비타민 흡수에 장애를 초래한다. 이는 유아들이 글루텐 함유 곡류를 섭취하기 시작할 때 또는 위장관 수술, 스트레스, 임신, 감염 등에 의해 중년이 된 후 발생한다.

(2) 증상 및 합병증

글루텐 과민성 장질환이 있을 때 계속해서 글루텐 함유 식품을 섭취 시 영양소가 흡수되지 않고, 대변에 지방이 섞이는 지방변, 설사를 하게 된다. 또한 영양소 흡수불량으로 인해 어린이는 성장의 지연, 체중 감소, 근육 손실, 빈혈이 유발될 수 있고 성인은 체중 감소, 빈혈, 골 손실, 신경계 증상 및 생식력 문제, 비타민 결핍 등이 발생될 수 있다.

(3) 영양관리

밀, 보리, 호밀과 같은 글루텐 성분이 함유된 식품을 제한하고 쌀, 옥수수, 감자전분을 주식으로 해야 한다. 또한 가공식품에서도 글루텐 함유 여부를 꼼꼼히 확인하여 섭취해야 한다. 체중 감소를 막기 위해 고에너지, 고단백 식사를 섭취하고 심한 경우 영양소 보충이 필요하며, 설사로 인한 탈수 증상 시 수분과 전해질 보충이 필요하다. 지방변이 있는 경우 중간사슬중성지방을 공급하고, 빈혈이 있는 경우 철, 엽산, 비타민 B_{12}, 출혈이 있을 때는 비타민 K, 골다공증 및 골연화증 등이 있을 때는 칼슘, 비타민 D의 보충이 필요하다.

9) 단장증후군

(1) 원인

크론병 및 장내의 암 치료를 위해 장을 절제하는 수술이 진행되는데, 특히 소장 70~75% 이상이 절제될 시 단장증후군이 발생할 수 있다.

(2) 증상 및 합병증

설사, 지방변, 탈수, 체중 감소 등이 나타날 수 있으며 어린이에게는 성장 지연이 발생할 수 있다. 절제된 장의 위치 및 남아 있는 장의 길이에 따라 증상이 달라지며, 흡수되지 않은 지방이 장내 칼슘과 결합 시 수산의 장내 흡수 촉진으로 소변을 통한 수산 배설이 증가되며 칼슘-수산 신결석 위험을 높일 수 있다. 또한 담즙염 흡수 감소로 인한 콜레스테롤 담석 발생 위험도 증가한다.

(3) 영양관리

단장증후군의 경우 장 절제 수술 후의 영양관리와 유사하며, 많은 부분의 장 절제술을 받은 환자는 수분과 전해질, 영양소를 중심정맥영양을 통해 공급받는다. 환자 회복 속도에 맞춰 점차적으로 경장영양에서 구강을 통한 영양 공급으로 이행하며, 식이 공급은 설사가 진정되고 장기능이 회복되는지 확인한 후 시작하는 것을 권장하고, 경구 섭취가 가능해지면 영양 및 수분 공급을 목표로 소량씩 자주 공급한다. 저지방 및 저잔사식(저섬유소식)을 기본으로 하고 수산, 당알코올을 제한하며, 필요에 따라 지용성 비타민을 보충하여야 한다.

10) 지방흡수불량증

(1) 원인

지방흡수불량은 다양한 원인에 의해 발생하는데, 대표적인 원인은 췌장의 외분비샘기능장애 및 불충분한 담즙 분비 등이 있다. 또한 염증성 장질환, 에이즈, 항암 치료를 위한 방사선 치료 등에 의해 장 점막 손상 시 지방 흡수불량이 발생할 수 있다. 지방 흡수불량이 계속되면 에너지 흡수불량으로 이어질 수 있으며, 필수지방산, 지용성 비타민, 특정 무기질의 흡수불량으로도 이어진다.

(2) 증상 및 합병증

만성적인 지방 흡수불량 증상 환자는 지용성 비타민 및 필수지방산 결핍 증상이 나타나며, 칼슘 결핍은 골 손실로 이어져 지용성 비타민인 비타민 D 결핍과 더불어 골 손실이 악화될 수 있다. 또한 옥살산칼슘으로 구성된 신장결석의 위험을 높이고, 과량의 지방이 변으로 배출되는 지방변증이 발생할 수 있다.

(3) 영양관리

지방 흡수불량으로 인해 지방변증이 개선되지 않을 때는 지방을 제한한 식이를 섭취해야 하지만, 지방은 주요 에너지원으로 작용하기 때문에 과도하게 제한하지 않도록 한다. 지방의 소화, 흡수에 필요한 라이페이스와 담즙이 없어도 흡수가 가능한 중간사슬중성지방(medium-chain triglyceride, MCT)이 대체 지방원으로 사용될 수 있다. 또한 신장결석의 위험이 높기 때문에 식사에서 시금치, 근대, 무청과 같은 푸른잎채소에 다량 함유된 수산의 제한이 필요하며, 체중 감소가 나타날 수 있으므로 단백질, 복합당질을 통해 부족한 에너지를 보충하고 비타민과 무기질의 보충 섭취가 필요하다.

임상 정보

김 기사는 60세 남자로 위암 판정을 받고 위 절제 수술을 하기 위해 입원하였다. 신장은 172 cm, 체중 68 kg, BMI 23.0 kg/m^2이며, 다른 기저질환은 없었다.

생화학적 검사 결과 및 영양지표 모두 양호하였고, 영양 상태는 정상으로 판정되었다.

수술 후 영양관리

위 절제 수술 후 초기에는 덤핑증후군, 폐색, 복통, 설사, 체중 감소 등이 발생할 수 있고 저혈당이나 지방 흡수불량증이 발생할 수 있으므로 계속적인 영양관리가 필요하다.

구분	항목	결과	참고치	단위
혈액검사	알부민(Albumin)	3.8	정상 : 3.8~5.3	g/dL
	림포사이트(Lymphocyte)	18.6	정상 : 19.8~48	%

위 절제 수술 직후에는 경구 섭취를 제한하고 정맥영양으로 공급을 실시하였고, 적응도가 양호하여 소량의 물로 경구 섭취를 시작하였다.

증상 호전 후 유동식으로 시작하여 점차적으로 단계를 높이고 증량하였다. 식사는 소량씩 섭취하며, 섭취 횟수(1일 1~6회)를 늘렸으며 음식이 차갑거나 뜨거워서 자극이 가지 않도록 음식 온도를 적절히 맞춰서 제공하였다.

회복이 양호하여 장관영양을 고려하지 않았고, 합병증 예방을 위해 지속적인 모니터링을 통해 환자의 영양 상태를 확인하였다.

영양 상태 평가 및 영양필요량 산정

1. 김 기사의 BMI를 구하고 덤핑증후군 예방을 위한 방법을 제시한다.
2. 퇴원 후 영양관리를 위한 영양중재와 목표량을 설명한다.

임상영양치료의 목표

1일 6회의 영양기준량을 작성하고 치료 목표를 제시한다.

단계에 따른 식품교환표의 예

구분	열량(kcal)	당질(g)	단백질(g)	지방(g)
미음 1단계	250	60	1	1
미음 2단계	600	100	20	10
죽	1,300	160	70	45
밥	1,600	220	75	48

용어정리

농양(abscess)

세균의 침입 또는 이물질의 신체 내 삽입 등으로 염증 반응이 일어나, 신체조직 속에 고름이 고이는 증세

누공(fistula)

혈관, 창자, 중공기관과 같이 두 개의 빈 공간(기술적으로 두 개의 상피조직 표면) 사이의 비정상적인 연결

바렛 식도(Barrett's esophagus)

위장과 연결되는 식도 끝부분의 점막이 지속적인 위산의 역류에 의해 오랜 시간 위산에 노출됨으로써 식도조직이 위조직으로 변한 상태

변비(constipation)

대장의 연동 운동 저하로 원활한 배변 운동을 하지 못하는 질환. 배변이 1주일에 2회 미만이거나, 배변 시에 굳은 변이 나오거나, 출혈이 동반되는 경우 변비로 진단

설사(diarrhea)

배변 횟수가 하루 4회 이상, 또는 하루 250 g 이상의 묽은 변이 나오는 증상

식도열공헤르니아(hiatal hernia)

위장의 일부가 횡경막의 식도열공을 통해 흉부로 튀어나온 질환. 식도열공탈장

식도이완불능증(esophageal achalasia)

식도괄약근과 식도 하부 2/3 위치에 있는 신경세포에 이상이 있어 식도의 연동운동이 원활하지 못하여 식도에서 위로 음식물을 넘기기 어려운 상태

연하곤란(삼킴장애, dysphasia)

음식을 씹고 삼키는 데 장애가 있는 상태

유당불내성(lactose intolerance)

소장 내에 유당분해효소(lactase)의 활동성 저사 또는 선천적인 결핍으로 인해 유당이 풍부한 음식을 소화하는데 장애를 겪는 증상

위식도역류질환(gastroesophageal reflux disease, GERD)

위산이 식도로 역류하여 식도에 통증과 염증, 조직 손상을 일으키는 질환

저잔사식(low residue diet)

섬유소와 잔사를 제한한 식사(섬유소, 기름진 육류 또는 힘줄 부위의 질긴 부위를 제한)

지방변(steatorrhea)

체내에 흡수되지 못한 기름이 과도하게 섞여 나오는 변

천공(perforation)

장기의 일부에 어떤 병적 변화가 일어나거나 또는 외상에 의하여 구멍이 만들어져 장기 외의 부분과 통하는 것

폐색(occlusion)

혈관이나 혹은 내강을 이루는 관이 막히는 경우를 폐색

흡인성 폐렴(aspiration pneumonia)

구강 분비물이나 위에 있는 내용물 등의 이물질이 기도로 흡인되면서 폐에 염증이 발생하는 질환

단원정리

소화기 구조

- 소화기계는 음식물을 섭취한 후 배설할 때까지 일련의 관인 소화기관과 음식물 내의 영양소를 소화, 흡수하는 데 필요한 물질을 분비하는 부속 소화기관으로 이루어져 있다.
- 소화기관은 구강, 인두, 식도, 위, 소장, 대장 및 항문으로 구성되고 부속 소화기관은 타액선, 간, 담낭, 췌장으로 되어 있다. 소화기관의 총길이는 구강에서부터 항문에 이르기까지 약 9 m 정도되며, 개별적으로는 각기 특별한 형태를 이루고 있으며 소장은 십이지장·공장·회장으로 이루어지고 대장은 맹장·상행결장·횡행결장·하행결장·S상 결장·직장으로 나뉜다.

소화기관의 기능

- 구강은 입 내부로 음식물이 들어오고 씹고 삼키는 동작이 이루어진다. 타액선에서 분비된 α-아밀레이스는 당질을 가수분해하며, 인두는 구강과 식도를 연결하고 음식이 식도로 넘어갈 수 있도록 구분해 주고 식도는 음식 이동을 조절하는 역할을 한다.
- 위는 횡경막 왼쪽 아래에 위치하여 분문부, 위체부, 유문부로 구분되어 있다. 음식물 섭취 시 위벽에서 분비된 소화효소와 음식물이 혼합되고 십이지장으로 내려보내진다. 위액에는 벽세포, 주세포, 경세포(점액세포), G-cell 등의 분비선에서 분비되는 소화액이 있으며 다양한 소화 기능을 담당한다.
- 소장은 십이지장, 공장, 회장으로 이루어져 있으며 음식물이 십이지장으로 넘어오면 세크레틴 호르몬이 분비되고 췌장에서의 췌장액 분비를 촉진한다. 또한 단백질, 지방 성분은 콜레시스토키닌 분비를 촉진하고 간에서 담즙 생성과 담낭에서의 담즙 분비를 촉진하며, 췌장액 효소를 분비하여 소장에서 소화가 이루어진다. 소화된 영양소는 확산과 능동수송에 의해 주로 소장에서 흡수가 이루어진다.
- 대장은 맹장, 결장, 직장으로 이루어져 있으며 직장은 대장의 최종 부위로, 항문으로 연결된다.

소장에서 흡수되고 남은 영양소 중 대부분의 수분 및 약간의 염류가 흡수되며 소화 및 흡수되지 않은 찌꺼기, 장 점막에서 탈락된 세포, 장내세균이 혼합되어 대변으로 배출된다.

소화기계 질환의 특징

- 소화관은 섭취한 영양소가 소화, 흡수되는 직접적인 기관으로 문제가 있을 시 큰 영향을 미칠 수 있으며, 소화기계 질환은 다양한 원인에 의해 발생할 수 있다.
- 소화기계 질환은 상부 소화기계 질환, 하부 소화기계 질환으로 나뉘며 각 질환별로 원인과 증상, 영양관리 방법이 다르다.
- 상부 소화기계 질환은 구강, 식도, 위 질환을 포함하며 하부 소화기계 질환은 소장, 대장 질환을 의미한다.
- 적절한 식사 조절은 환자의 증상과 합병증을 감소시키고 영양 상태 회복에 도움을 줄 수 있다.

연하곤란

- 연하곤란은 식도수술, 종양, 식도염 등으로 인해 식도가 좁아지거나 신경계 질환, 근육질환, 머리손상, 뇌종양 등 다양한 원인에 의해 음식을 씹고 삼키는 데 장애가 있는 환자들에게 적용하는 식사이다.
- 음식물을 삼키기 어려운 구강인두성 연하곤란, 음식을 삼킨 후 식도에서 위로 이동이 어려운 식도성 연하곤란이 있다.
- 식품의 질감, 농도, 점도, 균질도를 조절한 식이인 연하보조식을 섭취하고, 단계별로 식사 방법이 상이하기 때문에 환자에게 식이를 공급하기 전 연하 이상의 특징을 평가하고 환자 개인별 수용도에 따라 식사 단계를 조절해야 한다.

위식도역류질환

- 위식도역류질환은 위산이 식도로 역류하여 식도에 통증, 염증, 조직 손상을 일으키는 질환을 말하고 비만이나 임신, 식도열공헤르니아뿐만 아니라 다양한 약물과 자극적인 음식의 섭취가 위험을 높일 수 있다.
- 가슴 쓰림, 속 쓰림, 신트림, 쉰 목소리, 목의 이물감 등이 있으며 계속될 시 식도염, 협착, 식도궤양, 출혈, 바렛식도, 흡인성 폐렴 등의 합병증이 생길 수 있다.
- 식도 역류, 염증이 있는 식도 점막의 자극과 위액의 산도를 감소시켜 자극을 줄이는 것이 필요하며 식사는 소량씩 섭취하고 위 팽창 및 압력이 증가하는 것을 피해야 한다.
- 자극적인 음식은 줄이고 단백질이 충분하고 부드러운 식사를 공급한다.

위염

- 위염은 폭음, 폭식, 세균, 바이러스 등의 감염, 음식 섭취 등에 의해 위 점막에 염증이 발생하는 급성 염증과 헬리코박터 파이로리균, 약물, 흡연, 만성적 알코올 섭취, 담즙 역류 및 위 절제술에 의한 만성 염증으로 나뉜다.
- 급성 위염은 구토, 복통, 속 쓰림, 식욕부진을 동반하며 만성 위염은 손상된 벽세포에서 염산 분비가 없을 시 비헴철 및 비타민 B_{12}의 흡수에 문제가 발생하여 영양결핍을 유발한다.
- 급성 위염은 탈수, 쇼크, 저칼륨혈증, 저나트륨혈증의 예방을 위해 수분보충, 정맥영양이 필요할 수 있으며 만성 위염은 소화가 잘되는 음식을 소량씩 자주 공급하고 자극적인 음식은 제한한다.

소화성 궤양

- 소화성 궤양은 위산, 펩신 분비에 의해 점막층이 심하게 손상되는 궤양이 있는 상태로 위궤양과 십이지장궤양으로 나뉜다.
- 소화기계 출혈의 원인으로, 환자의 15~20%에서 발생한다. 위나 십이지장에 천공이 생기거나 위배출구 폐색 등의 합병증이 발생할 수 있다.
- 위산 분비를 촉진시키는 알코올, 카페인 함유 음료, 향신료를 제한하고 소량씩 자주 섭취할 시 위산 역류를 줄일 수 있으며 비타민 B_{12}의 수치가 낮을 수 있으므로 빈혈 모니터링이 필요하다.

덤핑증후군(위 절제 수술)

- 소화성 궤양 질환에서 약물 치유가 되지 않거나 합병증이 나타날 경우 위절제술을 실시하는데, 위 절제로 인해 음식물이 너무 빨리 소화관을 통과하거나 소화효소 분비 및 작용 시간이 부족하여 저혈당, 지방변이 나타날 수 있으며, 초기에는 덤핑증후군, 폐색, 복통, 설사, 체중 감소 등이 발생한다.
- 위절제후식은 위 절제 수술 환자들에게 제공되는 식사로 덤핑증후군을 예방하기 위한 식사이며, 단당류, 이당류식품 제한과 식사 도중의 수분섭취량을 제한하고 소량씩 자주 섭취하도록 한다.

설사와 유당불내증

- 설사는 세균성 박테리아 및 바이러스의 감염이나 약제, 식이, 염증성 장질환 등에 의해 발생할 수 있으며 장내 유당분해효소 활동성의 저하 및 유당분해효소의 선천적 결핍으로 인해 유당불내증이 발생할 수 있다.
- 설사는 삼투성 설사, 항생제 복용에 의한 설사, 분비성 설사, 삼출성 설사 등이 있으며 유당불내증은 복부팽만, 복통, 설사 등이 발생한다.
- 설사로 인한 탈수가 발생하므로 수분과 전해질 공급이 필수적이며 영양 공급을 통해 장세포의

회복을 도와야 하고, 설사가 심한 경우 저잔사식(저섬유식)을 공급하거나 환자에 따라 경장영양음료 또는 정맥영양의 보충이 필요할 수 있다.

- 유당불내증은 유당 소화 능력에 따라 하루 10 g 이하 정도 섭취하도록 하며 유당불내증 어린이는 칼슘, 비타민 D, 리보플라빈의 보충이 필요하다.

변비

- 대장벽의 민감도 저하로 연동운동이 약해지거나 불규칙적인 식사와 배변 습관, 운동 부족, 약물 복용 등으로 인한 부작용으로 발생할 수 있다.
- 원인에 따라 이완성 변비, 경련성 변비로 구분된다. 이완성 변비는 장의 연동운동이 약해져 변의 이동이 느리고 변이 오랫동안 장내에 머물게 되며, 장운동이 비정상적으로 항진될 시 장의 경련성 수축으로 인한 경련성 변비가 발생할 수 있다.
- 잔변감 및 아랫배의 불쾌감이 발생하며 만성화되면 게실증, 치질이 발생한다.
- 이완성 변비, 경련성 변비는 식사요법이 상이하며, 이완성 변비는 장의 연동운동을 돕고 변의 용적을 늘리기 위한 식이가 권장되며 경련성 변비는 자극을 최소화한 식이를 섭취하도록 한다.

과민성 장증후군

- 과민성 장증후군은 유전적 요인, 장관 감염 및 염증, 내장 과민성, 식품 및 장내 미생물 환경 변화에 의한 면역 반응 활성화 등의 복합적인 요인에 의해 발생한다.
- 음식 섭취로 인한 복부 통증, 가스 생성은 불쾌감을 주며 설사나 변비의 반복, 고창 등을 경험할 수 있다.
- 환자의 증상 개선을 위한 식이조절과 스트레스 조절, 약물을 처방할 수 있으며 장내 가스를 발생시키는 식품이나 기름진 음식, 유제품, 전곡류, 커피 등은 제한하고 식사는 조금씩 자주 섭취하도록 한다.

게실증과 게실염

- 장기간의 변비, 대장 압력 증가로 인해 대장벽에 주머니 모양의 게실이 형성되는 게실증이 발생할 수 있으며, 계속해서 게실에 변이 축적되면 세균 번식 및 염증을 일으켜 게실염이 발생한다.
- 복부팽만, 소화불량, 복통, 설사, 변비, 식욕부진, 메스꺼움 등의 증상이 발생하고, 악화 시 농양, 천공, 출혈, 폐색 등이 발생할 수 있다.
- 게실증은 식이섬유와 수분을 많이 섭취하여 장을 자극하고 배변량을 늘려 대장 내 압력을 낮춰야 한다. 게실염 예방을 위해 고식이섬유 식사 및 수분 섭취가 필요하며, 급성 게실염이 발생한 경우 고식이섬유가 게실염을 악화시킬 수 있기 때문에 이를 고려한 식사처방이 필요하다.

염증성 장질환

- 염증성 장질환은 만성적인 염증성 질환으로 크론병, 궤양성 대장염으로 나뉘며 두 질병의 증상과 치료법은 유사하다.
- 공통적으로 설사, 복통, 발열, 식욕 감소, 혈변, 체중 감소가 나타나고 6개월 이상 지속되며, 염증 부위에 따라 염증 종류, 질병 진행, 합병증에 차이가 있다.
- 염증성 장질환 환자는 흔하게 영양불량이 나타나므로 체중 감소, 영양소 부족과 같은 문제를 예방하기 위해 적절한 영양 공급이 필요하다.
- 크론병은 탈수 방지를 위한 수분 및 전해질 평형 유지가 중요하기 때문에 충분한 수분 섭취가 필요하며, 체중 감소를 막기 위한 충분한 식사가 필요하다.
- 궤양성 대장염은 수분, 전해질 보충이 가장 중요하고, 설사와 출혈이 심한 경우 경장영양 혹은 정맥영양을 실시해야 한다.

장염

- 장관에 염증이 발생하면 설사, 복통, 발열 등의 증상이 나타나는 장염이 발생할 수 있으며 급성 장염과 만성 장염으로 나뉜다.
- 급성 장염은 다양한 세균 및 바이러스에 의해 발생하며, 급성 장염이 만성화되는 경우, 궤양성 대장염, 과민성 장증후군, 대장암 등에 의해 만성 장염이 발생할 수 있다.
- 급성 장염은 심한 경우 1~2일간 금식하고, 탈수 방지를 위해 끓인 물을 충분하게 섭취하고 우유, 생채소, 생과일을 제한해야 한다. 만성 장염은 원인을 치료하고 소화가 잘되는 식품과 조리법을 이용한 음식을 제공해야 하고 영양소 흡수가 불량할 수 있으므로 양질의 단백질, 유화지방을 충분히 섭취하여야 한다.

글루텐 과민성 장질환

- 글루텐 과민성 장질환은 비열대성 스프루 혹은 셀리악병이라고도 부른다. 글루텐의 글리아딘 부분이 독성 물질로 작용하여 소장 점막이 손상되어 흡수불량을 초래하는 질환으로 유아들이 글루텐 함유 곡류를 섭취하기 시작하거나 위장관 수술, 스트레스, 임신, 감염 등에 의해 중년이 된 후 발생할 수 있다.
- 계속해서 글루텐 함유 식품을 섭취 시 영양소가 흡수되지 않고 대변에 섞이는 지방변, 설사를 하게 되고 어린이의 경우 성장 지연, 체중 감소, 근육 손실, 빈혈이 유발될 수 있다.
- 글루텐 함유 식품을 제한하고 체중 감소를 막기 위해 고에너지, 고단백 식사를 섭취하여야 하며, 심한 경우 영양소 보충이나 설사로 인한 탈수 증상 시 수분과 전해질 보충 등이 필요하다.

단장증후군

- 단장증후군은 크론병 및 장내의 암 치료를 위해 장을 절제하는 수술을 진행했을 때, 특히 소장 75% 이상이 절제될 시 발생할 수 있다.
- 설사, 지방변, 탈수, 체중 감소 등이 나타나며 칼슘-수산 신결석 및 콜레스테롤 담석 발생 위험도 증가된다.
- 장 절제 수술 후에는 정맥영양 및 경관급식을 공급하며, 경구 섭취가 가능해질 시 저지방 및 저잔사식(저섬유소식)을 기본으로 소량씩 여러 번 나누어 자주 공급한다.

지방흡수불량증

- 지방흡수불량은 다양한 원인에 의해 발생하며 췌장의 외분비샘기능장애 및 불충분한 담즙 분비 등이 대표적인 원인이다.
- 지방흡수불량이 계속되면 에너지 흡수불량으로 이어질 수 있으며 지용성 비타민, 필수지방산 결핍 증상이 나타날 수 있다.
- 지방흡수불량으로 인한 지방변증이 개선되지 않으면 지방을 제한해야 하지만, 지방은 주요 에너지원으로 사용되기 때문에 과도한 제한은 하지 않도록 하며, 필요시 중간사슬중성지방(MCT)이 대체 지방원으로 사용될 수 있다.
- 신장결석 위험이 높으므로 수산을 제한하고 체중 감소 예방을 위해 에너지, 비타민, 무기질의 보충이 필요하다.

NUTRITION

CHAPTER 4

간, 담낭, 췌장질환과 영양

학습목표

1. 간, 담낭, 췌장의 구조와 기능을 설명할 수 있다.
2. 간, 담낭, 췌장과 관련된 영양소 대사를 설명할 수 있다.
3. 간, 담낭, 췌장과 관련된 질환의 병태생리를 설명할 수 있다.
4. 간, 담낭, 췌장과 관련된 질환의 증상을 설명할 수 있다.
5. 간, 담낭, 췌장의 질환에 관한 영양관리의 원칙을 설명할 수 있다.

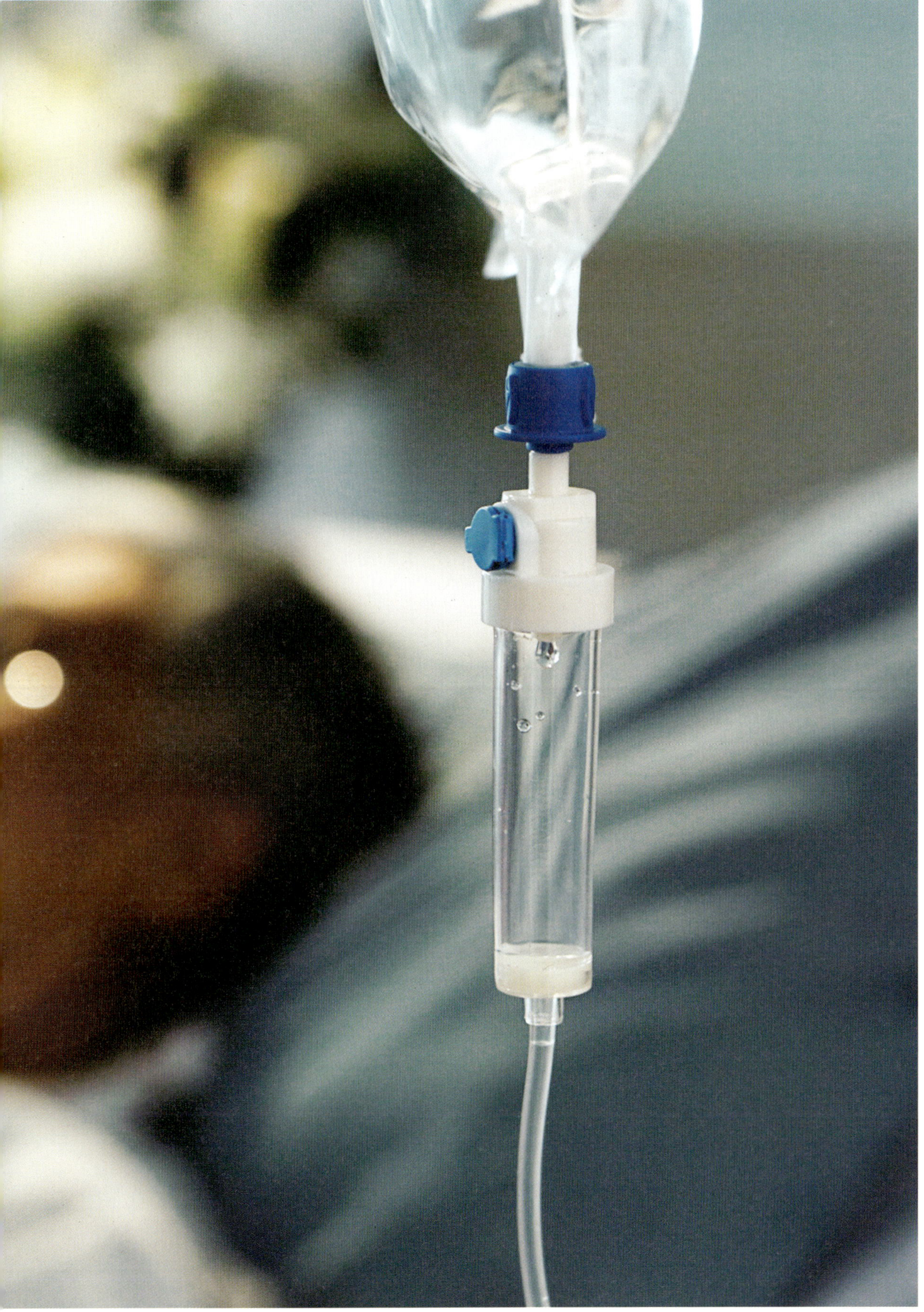

1. 간과 영양

1) 간의 구조와 기능

(1) 간의 구조

간은 신체기관 중 가장 큰 장기로 성인 남성 기준 1.2~1.5 kg이며 횡격막 오른쪽 상복부에 위치한다. 간은 3/4 정도인 우엽과 얇고 작은 좌엽 두 개로 나뉘고 중앙 하부에 간문이 있어 간 혈류와 림프관이 출입하며, 표면은 복막으로 덮여 있다.

간은 해부학적으로 8개의 구획으로 나뉘어 있다(그림 4-1). 이들 중 ⑥번과 ⑦번 구획은 인체를 전면에서 볼 때 오른쪽 뒤쪽에 있으며, ⑤번과 ⑧번 구획은 오른쪽 앞면에 있고 ①번과 ④번 구획은 인체의 중앙 부위, ②번과 ③번 구획은 왼쪽 옆에 위치하고 있다.

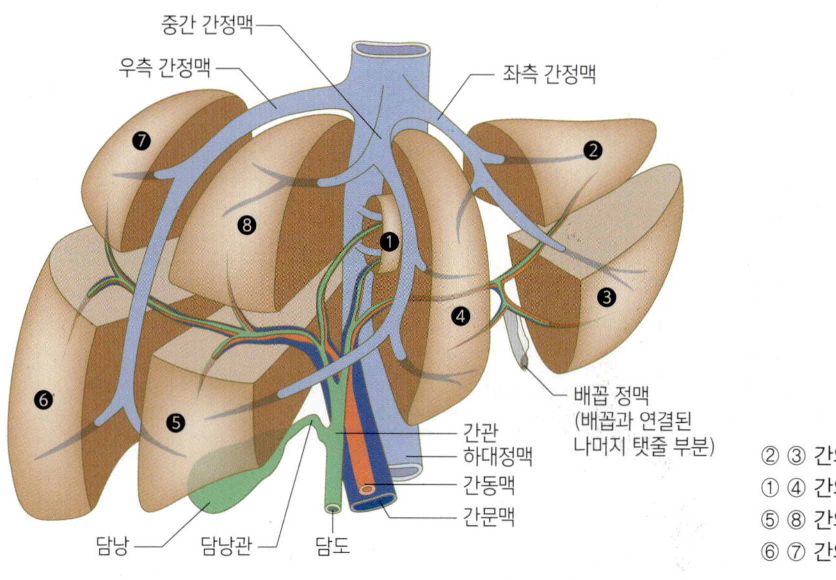

그림 **4-1** 간의 구조

간은 간세포에 산소를 공급하는 간동맥(hepatic artery)과 소화기관에서 혈액으로 흡수된 영양소를 간으로 운반하는 간문맥(portal vein)으로부터 혈액을 공급받고, 간정맥(hepatic vein)을 통해 혈액을 순환계로 보내는 역할을 한다. 이와 같이 영양소가 소화관에서 흡수되면 먼저 간으로 들어오고, 들어온 영양소들은 간에서 대사, 저장, 신생 과정을 거쳐 인체기관에 영양소를 공급하게 된다.

(2) 간의 기능

간의 기능은 우리 몸의 전체 혈액의 13%를 보유하며 순환 혈액량을 조절하고 출혈이 있으면 간에서 혈액을 동원한다. 또한 각종 영양소를 저장하고 탄수화물, 지방, 호르몬, 비타민, 무기질 대사에 관여하고 약물이나 몸에 해로운 물질을 해독한다. 그리고 소화작용을 돕는 담즙산을 생성하고 면역세포가 우리 몸의 세균과 이물질 제거를 하는 장기이다.

표 4-1 간의 기능

구분	정상적 기능
탄수화물	• 글리코겐 합성과 저장 • 포도당 신생합성 • TCA cycle을 통한 산화 • 글리코겐 분해 해당작용
단백질	• 체단백질 저장 • 혈청단백질 합성 • 혈액응고인자 합성 • 아미노산 대사(아미노기전이반응, 산화적 탈아미노가 반응) • 비필수아미노산 합성 • 함황아미노산 대사 • 요소 합성
지방	• 지방, 인지질과 콜레스테롤, 지단백질 합성 • 지방산 대사 • 담즙산 합성
비타민과 무기질	• 비타민 및 무기질 저장 • 비타민 A, 아연, 철 수송 관련 단백질 합성 • 비타민과 무기질의 활성형 전환(비타민 A, D, K, 엽산)
기타	• 담즙산 : 담즙 생성(500~1,000 mL/일) • 빌리루빈 : 비장, 골수에서 적혈구 파괴로 생성된 빌리루빈은 간으로 이동하여 담즙산 합성에 이용 • 해독작용 : 약물, 알코올, 암모니아 등 독성 물질 해독 • 면역작용 : 쿠퍼세포의 식세포작용에 의해 혈액 중 바이러스 및 이물질 제거, 면역 글로블린 합성, 면역제 형성 • 호르몬 : 인슐린, 에스트로겐, 프로게스테론, 테스토스테론, 알도스테론, 글루코코르티코이드 등 분해

2) 간질환의 병태생리와 영양관리

간질환은 바이러스나 세균에 의한 감염, 술이나 독성 물질의 과다 섭취, 지방이나 중금속 과다 축적, 비정상적인 면역 반응 등 다양한 원인으로 생겨난다. 이러한 간질환들은 만성적인 경과를 거쳐 간경변증이나 간암 등으로 진행할 수 있다.

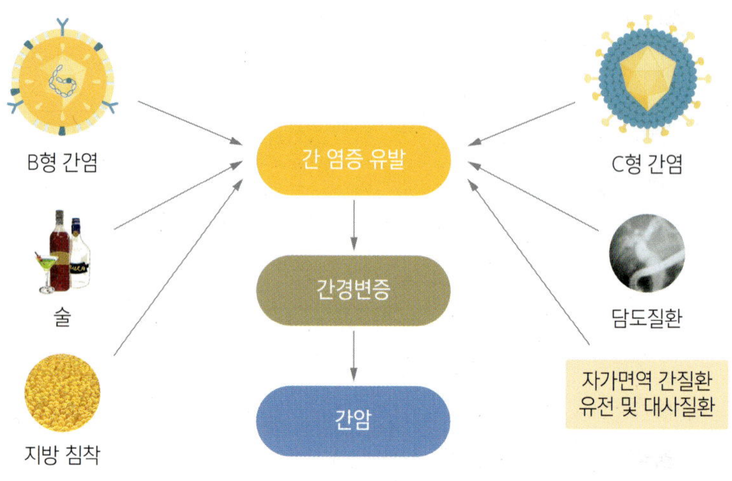

그림 4-2 간질환

자료 : 간질환 백서, 대한간학회, 2021

간질환이 있을 때 살펴볼 수 있는 대표적인 원인으로는 생화학적인 바이러스나 세균에 의한 감염, 술이나 독성 물질의 과다 섭취, 지방이나 중금속 과다 축적, 비정상적인 면역 반응 등을 들 수 있다.

표 4-2 간질환 판정 생화학적 지표와 기준치

임상 범주	생화학적 지표	정상 범위	간질환 시 변화
간세포 손상	AST(SGOT)	5~40 IU/L	간세포 손상 시 증가
	ALT(SGPT)	5~35 IU/L	간세포 손상 시 증가
담즙 분비 기능	총빌리루빈	<1.0 mg/dL	간기능 저하 시 감소
	ALP(혈청 알칼리성 인산분해효소)	35~150 IU/L	담즙 분비 정지(담즙울체) 시 증가
	GGT(혈청 γ-글루타밀 전달효소)	10~48 IU/L	간세포 손상 시 증가
간세포 기능	혈청알부민	3.4~4.8 g/dL	간기능 저하 시 감소
	A/G ratio(알부민/글로불린 비율)*	1.1~2.0	간세포 기능 저하 시 감소
	프로트롬빈 시간	11.5~14초	간기능 저하 시 지연
	혈청암모니아	19~87 ㎍/dL	간기능 저하 시 지연

*간기능 손상 시 혈중 알부민은 감소한 반면 면역 글로불린이 증가하여 A/G 비율이 1.0 이하가 된다. (정상 A/G 비율 1.1~2.0)

(1) 간염

간염은 간에 급성이나 만성염증이 생겨 간조직이 손상을 입는 것을 말한다. 바이러스에 의한 간염이 가장 흔하고 A, B, C, D, E형으로 구분되며, 지나친 음주나 약물, 독소, 지방간 등에 의해 발병된다.

① 바이러스성 간염

간염바이러스 중 A형과 E형은 주로 분변이나 하수, 식수, 식품 등으로 오염되어 입으로 감염되는 전염성 간염이고, B형, C형, D형은 혈액이나 체액에 의해 감염되는 혈청간염이다.

A형 간염과 E형 간염은 감염자의 분변 등에 의해서 오염된 음용수나 음식에 의해 경구감염되고, 특히 개인위생관리가 좋지 못한 저개발 국가에서 발생한다고 한다. 그러나 A형 간염 발생이 주로 경제 활동이 활발한 성인 연령층에 집중되어 있고 최근 오염된 물에서 채취한 조개류를 잘 익혀 먹지 않았을 때도 발생하여 최근에는 A형 간염 예방 백신을 적극 권장하고 있다.

B형 간염과 C형 간염은 혈액이나 정액, 타액 등에 의해 감염되며, 만성 활동성 간염으로 진행되어 간경변이나 간부전 등을 유발할 수 있다. 우리나라에서 만성 간질환을 일으키는 가장 큰 원인은 B형 간염으로 전체 인구의 약 3~4%가 감염된 상태로 매년 약 2만명이 간질환으로 사망하고 있는데 만성 B형 간염 환자 중 5.1%는 1년 이내에 간경변으로 진행되며, 5년 이내에는 23%가 간경변으로 진행될 수 있다.

C형 간염은 주로 혈액으로 감염되고 만성 간염으로 진행되는 주원인이 된다. 우리나라 국민의 1%가 C형 간염 바이러스 보유자로 추정되고 아직 백신이 개발되어 있지 않고 면역 글로불린도 없어 예방이 중요하다. 피로와 구토, 식욕부진, 상복부 통증과 황달이 일어나고 발열이나 두통, 근육 약화, 피부 발진 등도 나타난다. D형 간염은 B형 간염 바이러스가 있어야 D형 간염이 발병할 수 있다. 중복 감염이 일어나면 기존 간염의 경과를 악화시켜 간경변으로 진행되는 경우가 많다.

표 4-3 바이러스에 의한 간염의 종류와 특징

유형	A형	B형	C형	D형	E형
경로	음료, 음식, 환자의 분변	[비경구적] 수혈, 산모에서 태아로 수직 감염, 의료기구의 불충분한 소독, 타액, 정액 등의 체액	[비경구적] B형과 유사	[비경구적] B형에 감염된 경우	A형과 유사. 인도, 아프리카, 동남아시아에 흔함. 개발도상국을 여행하는 임산부는 특히 위험
증상	황달, 오심, 피로, 복부 통증, 설사, 열, 독감과 같은 증상	독감과 같은 증상, 황달, 오심, 피로, 구토, 열, 증상이 없을 수도 있음	간 손상이 일어나기 전까지 증상이 없음. 독감과 같은 증상. 피로, 오심, 두통, 복부통	독감과 같은 증상, 황달, 오심, 피로, 구토. 열 혹은 무증상	식욕 감퇴, 복부 통증, 관절 통증, 열
잠복기	2~3주	2~6개월	2~26주 (평균 6~12주)	B형 감염 시 발생, 스스로 생존 불가능	2~9주
예방과 치료	• 청결한 환경 유지와 백신 접종 • 충분한 휴식 및 식이요법	• 백신 접종 • 감염 시 인터페론 알파(interferon-α)나 라미부딘(lamivudine)	• 백신 없음 • 감염 시 페그인터페론(PEG-interferon), 리바비린(ribavinin)	• B형 백신 접종으로 예방 가능 • 감염 시 인터페론 알파 처방	• 백신 없음 • 특별한 예방 및 치료 방법 없음

② 만성 간염

만성 간염은 원인이 불분명한 간의 염증이 6개월 이상 지속되는 것을 말한다. 만성 간염은 자가면역, 바이러스, 대사이상, 약물이나 독소 등에 의해 발병하지만, B형 간염과 C형 간염 그리고 자가면역 간염이 가장 흔한 원인이다. 일상생활에서 가벼운 접촉으로는 전염되지 않는다.

③ 전격성 간염(급성 간부전)

이전에 간경변증이 없던 환자에게 급성 간 손상의 증상이 발현한 이후 26주 이내에 혈액응고장애와 함께 간성 뇌질환이 발병하는 것을 말한다.

급성 간부전(acute liver failure)의 원인으로 우리나라에서는 B형 간염 바이러스 감염과 한약재 복용이나 민간요법이 가장 흔한 원인으로 알져 있고, 다른 원인으로는 급성 A형 간염, 자가면역성 간염, 각종 약물, 버섯, 아세트아미노펜 등이 있다.

급성 간부전의 가장 특징적인 증상은 간성 뇌증과 혈액응고장애이며, 급성 간부전이 심해지면 간성 뇌증이 3~4단계로 진행하여 혼수상태에 이를 수 있고, 혼수상태까지 진행한 경우 자연 회복률은 10% 정도에 불과할 정도로 사망하는 경우는 대부분 급성 뇌부종으로 사망한다.

④ 영양관리의 원칙

간염 환자를 위한 영양관리의 목표는 충분한 에너지와 단백질 등 영양소 공급을 제공하는 것이며, 손상된 간을 회복하여 정상 기능을 유지하는 데 있다. 급성 간염의 경우는 충분한 수분과 영양소를 제공해야 하나, 급성기에는 식욕부진으로 충분한 식사를 못할 경우가 많다. 이 시기에는 미음이나 영양보충음료 등을 제공하고 급성기가 지나고 나서는 고단백, 고에너지식을 공급하여 회복할 수 있도록 돕는다.

만성 감염 시 간경변으로 진행되지 않도록 주의하며 표준체중을 유지할 수 있는 범위에서 영양관리를 한다.

(2) 알코올성 지방간

알코올성 지방간(alcoholic fatty liver)은 과다한 음주로 인해 발생하는 간질환을 의미하며, 증상으로는 무증상 지방간부터 알코올성 간염, 간경변, 말기 간부전에 이르는 다양한 질환을 포함한다.

① 원인

알코올은 1 g당 7 kcal의 높은 열량을 낼 뿐 아니라, 술을 마실 때 기름기가 많은 안주를 섭취하므로 간에 지방 축적이 더 심해진다. 알코올이 아세트알데하이드로 대사되는 과정과 아세트알데하이드가 아세테이트로 바뀌는 과정에서 NAD가 NADH로 바뀌는 과정이 필요하므로 알코올 대사를 많이 하면 NADH도 증가하게 된다. NADH가 증가하면 간세포의 지방 산화 기능을 감소시켜 간 내 지방의 축적을 심하게 할 수 있다. 이와 같은 경로를 통해 간 내 지방의 축적이 심해지면 지방간이 발생하고 이로 인해 간의 손상이 더 심해진다.

② 특징 및 진단

알코올성 간질환에서는 AST 수치가 ALT 수치보다 더 증가하는 것이 특징이며, 초음파 검사로 간의 모양과 크기를 확인하여 진단에 도움을 받는다. 가장 효과적인 치료는 금주이다.

③ 영양관리의 원칙

우선적으로는 균형 잡힌 식사를 하여야 한다. 특히 식욕이 없어도 소량씩 자주 식사를 한다. 특히 술을 마시는 것은 주의해야 한다. 간성 혼수의 합병증이 있으면 단백질 섭취를 제한하고, 복수와 부종이 있으면 저염 식이를 해야 한다.

(3) 비알코올성 지방간

비알코올성 지방간(non-alcoholic fatty liver)은 과다한 알코올 섭취 병력은 없지만 알코올성 지방간과 유사한 조직 소견을 보이는 질환으로 간에 과도하게 축적된 중성지질이 VLDL의 형태로 방출되지 못해 간조직에 축척되며 발생된다. 유병률이 전 인구의 20%에 달할 정도로 간기능 이상의 가장 흔한 원인이며, 염증세포 주위의 간세포에 작은 지방구가 축적된 상태로 간의 섬유화가 나타난다. 약물, 선천성 대사이상, 비만, 제2형 당뇨병, 공장·회장 우회술 등에 의해 발생한다. 환자의 20% 정도가 간경화로 진행된다.

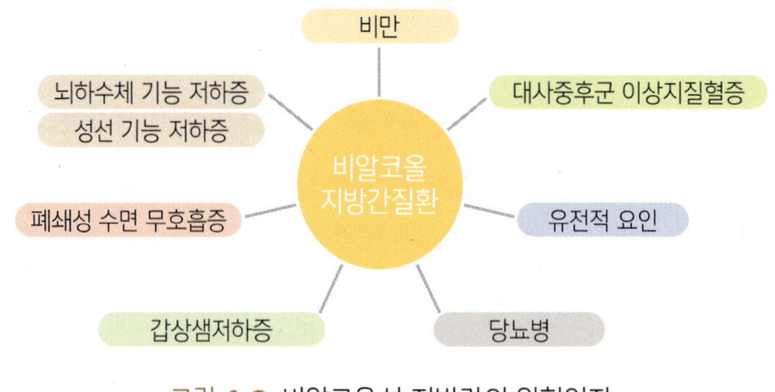

그림 4-3 비알코올성 지방간의 위험인자
자료 : 대한간학회, 간질환백서, 2021

① 원인

비만, 당뇨병, 고지혈증, 호르몬제나 스테로이드약물 장기 복용, 영양 결핍 등에 의해서 발병되고, 정기적인 정맥영양이나 소화기계 우회수술 후에도 생길 수 있다.

② 특징 및 진단

지방간의 증상은 간의 비대와 피로, 우상복부 통증 등을 동반할 수 있으나 대부분 증세가 없고 지방간이 심해지면 간이 비대해지고 염증이 생기며 피곤해진다. 또한 간에서 생성되는 효소들의 혈액 내 수준에 변화가 오며 ALT, AST, 중성지질, 콜레스테롤, 혈당 등이 상승한다.

진단은 혈액을 통한 간기능검사와 초음파검사를 시행하고 컴퓨터 단층촬영(CT)·자기공명영상(MRI) 검사를 시행하며, 간 생검을 통한 조직검사를 진행하기도 한다.

③ 영양관리의 원칙

표준체중 이상인 경우는 체중조절이 중요하며, 일상적으로는 과다한 당질 섭취는 줄이고, 단백질은 적절하게 섭취한다. 항지방간 인자인 콜린(우유, 달걀, 땅콩, 대두), 메티오닌, 셀레늄, 레시틴 등의 충분한 섭취가 필수적이다.

(4) 간경변증

간경변증은 간염 바이러스나 술 등에 의한 간염이 장기간 지속되어 간세포가 파괴되어 섬유화가 진행되고 재생결절 등이 생기면서 간의 기능이 손실되는 질병이다.

① 원인

정상적인 간세포가 일부 파괴되었을 때 치료가 잘 되면 정상으로 회복될 수 있으나 만성화되어 간세포의 파괴율이 높아지면 정상으로 회복될 수 없는 간 섬유화가 진행되어 조직학적으로 반흔으로 둘러싸인 재생결정이 생긴 상태를 말한다.

만성 바이러스성 간염, 과다한 알코올 섭취, 혈색소 침착 등의 대사성 질환과 담도 폐쇄로 인한 간조직 내 담즙 정체, 고함량 비타민 A 보충제 투여 및 독성 물질의 섭취, 영양불량 등의 원인이 있다.

표 4-4 간경변의 원인

• 바이러스성 간염(B형, C형)	• 알코올성 간질환
• 지방간	• 약물남용에 의한 간 손상
• 유전질환 - 갈락토스혈증(galactosemia) - 글리코겐 저장 질병 - 혈색소증(hemocromatosis, 간에 과량의 철 축척) - 윌슨병(간에 과량의 구리 축척)	• 담관 폐색 - 담낭 수술 후 합병증 - 낭성 섬유증 - 담관 손상을 유발하는 질병 • 자가면역성 간염

② 증상

간경변증 초기에는 구토와 식욕부진이 오면서 체중이 감소한다. 간기능이 나빠지며 대사 문제가 발생되면 빈혈이 생기기도 하며 담관폐색이 일어나면 황달과 지방흡수불량이 일어난다. 간조직의 혈액순환이 나빠지며 혈관과 체조직에 체액이 고이게 되어 부종이나 복수가 생기고 더 심해지면 신장과 폐의 기능도 손상된다. 합병증으로 문맥고혈압과 위식도정맥류, 복수, 간성 뇌증 등이 나타날 수 있다.

- 간문맥고혈압과 식도정맥류 : 평소 간은 문맥과 간동맥으로부터 분당 1,500 mL의 혈액을 공급받고 있으나 간조직의 경화가 일어나면 혈액의 저항이 커져서 문맥의 압력이 높아져 문맥고혈압이 발생되고 이로 인해 혈액이 장관의 다른 정맥들로 우회하면서 우회정맥들이 늘어나고 약해지는 정맥류가 발생된다. 대부분의 정맥류는 식도의 아래쪽 말단 부위에 발생하며, 복부 배꼽 주위의 피부와 직장 같은 부위에서 발생하기도 한다.
- 복수 : 혈액 중 액체 성분의 일부가 혈관벽으로부터 빠져나와 복강 내에 수분이 고여 있는 상태를 복수라고 한다. 복강 내에는 약 50 mL의 유출액이 있는데 간 손상이 진행되면 간문맥에 고혈압이 발생하여 정상적인 용량 외에 과량의 체액이 축적되며 복수가 발생한다.
- 간성 뇌증(간성 혼수) : 간질환이 심해지면 정신장애, 운동기능장애 등 신경계의 이상이 오고 더욱 악화될 경우 경련, 무감각, 간성 혼수가 올 수 있다. 간성 뇌증은 혈중 증가된 암모니아에 의한 신경독성이 원인이며, 이는 인체에서 단백질이 분해되면 암모니아가 생기고 이 암모니아는 간에서 요소로 바뀌어 몸 밖으로 배출되어야 하지만 간경변이 심해 기능이 떨어지면 암모니아가 그대로 남아 혈액을 통해서 순환하며 뇌에 나쁜 영향을 유발하게 되는 증상을 말한다. 원인은 과다한 단백질 섭취나 위장관 출혈로 인한 혈변, 변비, 탈수, 복막염 등 감염증 수분과 전해질 불균형, 신기능 저하 등이 있다.

③ 영양관리의 원칙

간경병증 환자의 영양 상태는 대부분 매우 나쁘기 때문에 충분한 에너지와 적정량의 단백질 및 지방, 그리고 충분한 비타민, 무기질 섭취를 통해 다음과 같은 영양치료 목표를 달성하여야 한다. 우선적으로 영양 상태를 개선하고, 단백질 이화를 막아 조직 재생을 촉진하여야 하며, 잔여 간기능을 최대한 유지시켜야 한다. 특히 부종을 개선하고 합병증을 예방하며 간성 혼수를 방지하고 교정해야 한다.

이를 위해서는 질소 균형을 유지하기 위해 평균 0.8 kg/kg/일의 단백질을 섭취하고, 특히 우유, 유제품 및 식물성 단백질을 권장하고 육류로부터 오는 동물성 단백질을 제한한다. 식도정맥류가 있을 경우 출혈의 위험이 있으므로 식이섬유를 제한하고, 비타민과 무기질의 보충(단백질 제한으로 티아민, 리보플라빈, 나아신, 칼슘, 철, 엽산 부족)이 필요하다.

(5) 간암

① 원인

간암의 위험을 증가시키는 요인은 만성 B형 또는 C형 간염, 간경변증, 알코올성 간질환, 비만이나 당뇨와 관련된 지방성 간질환, 특정 곰팡이류가 만들어내는 발암 물질 아플라톡신 B(aflatoxin B) 등이다. 대한간암학회에서 발표한 자료에 따르면 간암 환자의 72%가 B형 간염바이러스(HBV, hepatitis B virus), 12%가 C형 간염바이러스(HCV, hepatitis C virus)의 영향을 받았으며, 9%가 알코올, 4%가 기타 원인과 연관이 있고, 간경변증 환자의 1~5%에서 간암이 발생하고 간암은 간경변증이 심할수록 연령이 높을수록 잘 발생하며, 남자에게 더 흔하다.

② 증상

오른쪽 상복부의 통증이나 간의 자리에 덩어리가 만져지고 통증과 황달이 나타날 수 있고 기존의 간질환이 악화되거나 피로, 쇠약감, 체중 감소, 복부 팽만감, 황달, 구토 등의 증상이 나타나기도 한다. 효과적인 치료법은 절제술이나 간동맥색전술, 경피적 에탄올주입술, 고주파열치료술 등을 실시하고 복부초음파 등 정기 검진이 중요하다.

③ 영양관리의 원칙

충분한 에너지와 단백질의 영양소 공급을 통해 시술, 수술 후 원활한 회복 및 체중 감소를 최소화한다.

2. 담낭과 영양

1) 담낭의 구조와 기능

담낭은 간에서 합성된 담즙을 농축, 저장하는 기관이다. 간의 우엽 아래 40~70 mL 정도 크기로 지방의 흡수를 돕는 담즙을 십이지장으로 배출한다. 담즙은 95%가 수분이고 나머지는 담즙산염과 빌리루빈이 주성분인 담즙 색소, 콜레스테롤, 무기염 및 지방질로 구성되어 있다. 담즙의 지방소화 및 흡수 촉진 기능은 식이 내 지방을 유화시켜 지방산과 지용성 비타민의 흡수를 돕는 담즙산염의 역할에 기인하고 철, 칼슘 흡수 촉진 및 소장 내 비정상적인 세균 번식 억제 등의 역할을 한다.

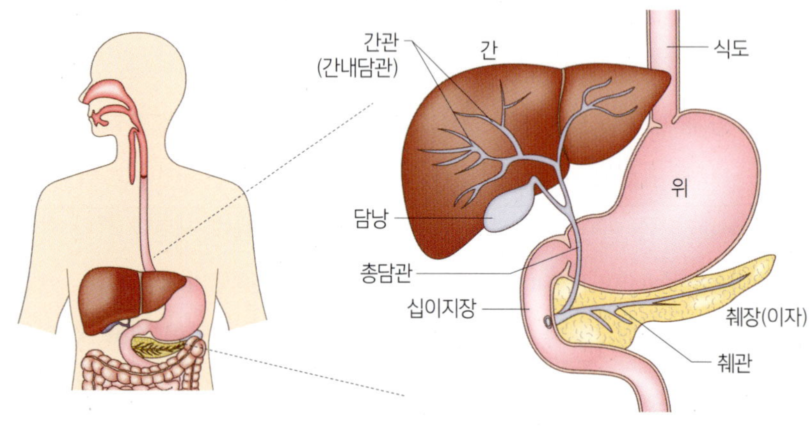

그림 **4-4** 담낭과 담도

2) 담낭질환의 병태생리와 영양관리

(1) 담석증

① 원인

담석증(cholelithiasis)은 비정상적으로 농축된 담즙이 결석화되어 담낭이나 담도에 존재는 상태로 콜레스테롤 담석과 색소성 담석 등이 있다.

담낭에 존재하는 콜레스테롤 과포화에 의해 생성되는 담석은 여성, 다출산, 비만, 40대에서 발생빈도가 높고 이는 여성호르몬이 원인이다. 색소성 담석은 용혈성 비타민이나 간경변증과 같이 적혈구가 파괴되며 빌리루빈이 증가하는 경우 발생한다.

담석은 간 내, 담낭 내, 총담관에 생기며 초음파나 담도조형법, X-ray 검사법 등으로 진단하고 치료는 용해제, 배출제 등을 이용한 화학적 요법과 초음파나 레이저 쇄석술을 이용한다. 담석의 크기가 너무 크면 개복술이나 복강경을 이용한 절제술을 실시한다.

② 증상

대부분은 무증상이나 담낭관을 빠져나갈 경우 한 부분에서 막힐 때 심한 복통이 유발

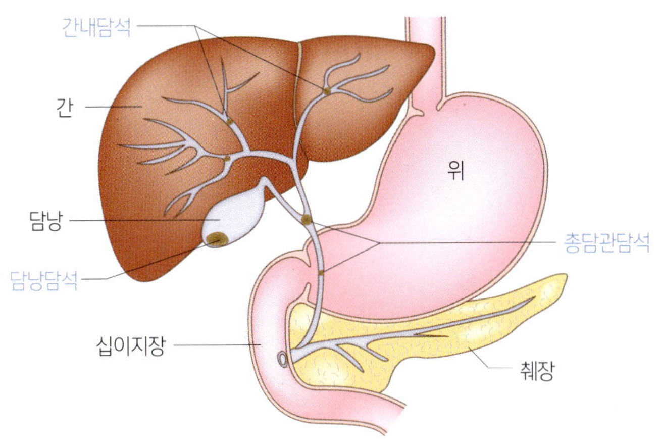

그림 **4-5** 담석의 위치

되고 대부분 복부 통증, 구토, 복부 팽만 등이 발생하며, 상복부의 통증이 몇 분간이나 몇 시간 일어나고 가슴이나 등으로 퍼져나갈 경우도 있다. 특히 기름기가 많은 식품을 먹은 뒤에 통증이 일어난다.

③ 영양관리의 원칙

식이섬유 섭취의 부족이나 과량의 동물성 단백질과 지방, 특히 포화지방의 섭취는 담석 발생을 촉진하므로, 예방을 위해서는 고식이섬유, 저지방, 식물성 식품 위주의 식사가 적절하다. 담낭을 절제한 후에도 담즙은 생성이 되어 간에서 바로 소장으로 담즙이 분비되며, 시간이 지나면 담관에 담낭과 같은 주머니가 생겨서 담즙을 보관했다가 소장으로 분비되므로 특별한 식이요법은 요구되지 않는다.

(2) 담낭염

① 원인

담낭염은 담석, 종양 또는 담낭기능 이상으로 인해 담낭벽이 두꺼워지고, 담낭관이 좁아지며 세균성 염증이 생기는 질환으로 고지방식이나 급·만성 위장염과 외상, 선천성 기형, 당뇨, 기생충 및 화학 물질에 의해 발생된다.

② 증상

담즙이 역류하여 순화계로 들어가면 빌리루빈에 의해 피부와 눈에 황달 증세를 나타내고 간혹 우측상복부의 통증과 어깨 쪽으로 방사통 등이 동반되기도 한다.

③ 영양관리의 원칙

급성 담낭염의 경우 급성기 1~2일 정도는 담낭 운동의 진정을 위해 금식을 하는 것이 좋고, 경구 섭취가 시작하면 미음과 같은 탄수화물 위주의 유동식을 먹도록 하는 것이 좋다. 급성기 발작이 진정되면 담낭의 수축을 줄여 증상이 완화되도록 흰살생선과 같은 중단백, 저지방식을 권장하고 식이섬유가 적은 부드러운 나물 등을 제공한다.

표 4-5 담낭 환자의 영양관리 방법

영양소	영양관리 방법	
	담석증	담낭염
에너지	• 담즙 분비 억제와 에너지 섭취 제한	
탄수화물	• 저지방식이로 인한 부족한영양소는 탄수화물로 공급	
단백질	• 과량의 단백질은 콜레시스토키닌의 분비를 촉진하므로 1일 30~40 g으로 제한 • 생물가가 높고 지방과 콜레스테롤이 적은 단백질로 제공	• 담낭의 염증세포 회복을 위한 충분한 단백질 공급
지방	• 급성기는 무지방식에서 점차 저지방식으로 전환(1일 30 g 이하)	• 만성적인 담낭염은 필수지방산 부족할 우려되므로 지나친 제한은 주의
비타민	• 지방 흡수 불량으로 인해 지용성 비타민은 수용성 형태로 공급	
식이섬유	• 콜레스테롤 담석 생성 억제 및 수술 후 변의 용적을 증가시키기 위해 충분하게 공급	• 고섬유식이식은 염증세포의 자극이 우려되어 부드럽고 식이섬유가 많은 식품 공급(깨죽, 현미죽, 채소즙, 딸기, 키위 등)
기타		• 알코올 금지, 카페인, 탄산음료, 향신료 사용 제한 • 가스 생성 식품 제한

3. 췌장과 영양

1) 췌장의 구조와 기능

췌장은 내분비 기능과 외분비 기능을 가지고 있는 기관으로 위의 뒤쪽 상복부에 길이 15 cm, 무게 70 g 정도의 크기의 내분비기관이다. 췌장은 150만 개의 랑게르한스섬 조직으로 구성되며, 내분비 기능으로는 인슐린과 글루카곤에 의해 혈당을 조절하며 외분비 기능으로는 단백질, 당질, 지질 등의 소화효소를 분비한다. 췌장 소화액에는 중탄산 이온이 함유되어 위에서 십이지장으로 이동된 산성 유미즙을 중화시켜 점막 손상을 막아준다. 췌관은 소화액을 분비하는 관으로 총담관과 합류하여 십이지장에 연결되고 소장에서 분비되는 세크레틴(secretin)과 콜레시스토키닌(cholecystokinin)은 췌장 소화액 분비를 자극한다.

2) 췌장질환의 병태생리와 영양관리

(1) 급성 췌장염

① 원인

급성 췌장염은 담석과 알코올 섭취 등에 의해 기인하고 수술이나 대사성 질환, 약물, 종양, 복부 손상이나 감염 등의 원인으로 췌장선 세포가 손상되는 급성 염증성 질환이다.

② 증상

급성 췌장염에서 가장 일반적인 증상은 복통이며 음식 섭취를 하면 악화되고, 대부분 복통을 호소하고 구토나 구역 등을 동반한다. 췌장염 환자는 혈청 아밀레이스, 라이페이스 수치가 상승하고 백혈구 수치와 혈당이 상승하며 저칼륨혈증이 나타난다.

(2) 만성 췌장염

① 원인

만성 췌장염은 췌장의 외분비 내분비 기능이 저하와 섬유화가 진행되고, 췌관의 불규칙적인 확장이 일어나는 질환이다. 만성 췌장염의 60~80%는 음주가 원인이며, 부갑상샘항진증이나 췌장의 낭성 섬유화, 외상성 췌장염이 원인인 경우도 있다.

② 증상

췌장조직에 영구적 손상을 가져오고 소화효소 분비뿐만 아니라 인슐린 분비에도 문제가 생긴다. 통증과 함께 토기, 구토, 설사가 동반되고 지방의 소화불량이 나타나므로 지방변이 흔히 나타나 체중 손실뿐만 아니라 PCM(protein-caloric malnutrition) 등의 영양실조가 나타나고 인슐린과 글루카곤의 분비가 줄기 때문에 당뇨병이 발생된다.

③ 영양관리의 원칙

표 4-6 췌장질환 환자의 영양치료

구분	급성 췌장염	만성 췌장염
에너지	• 충분히 공급하되 췌장의 부담 감소를 위해 소량씩 자주 공급	• 만성 췌장염 환자의 대부분이 과대사 상태이므로 충분한 에너지 공급
탄수화물	• 소화되기 쉬운 탄수화물로 공급	• 내당증장애나 당뇨합병증인 경우 당뇨식으로 공급
단백질	• 아미노산은 췌액의 분비를 자극하므로 초기에는 제한하고 회복기에는 증가	• 손상된 췌장조직의 회복을 위해 충분하게 공급(1.0~1.5 g/kg/일)
지방	• 지방은 췌액의 분비를 자극하므로 초기에는 지방 공급 제한, 회복기에 소량 증량 • 유화지방이나 중쇄중성지방 형태로 공급 • 필수지방산 공급을 위해 식물성 유지류 공급	• 지방 공급 제한(30~40 g/일) • 지방변증 예방을 위해 유화지방이나 중쇄중성지방(MCT) 형태로 공급
비타민 및 무기질	• 지방 제한으로 부족되기 쉬운 지용성 비타민 보충제 사용	• 트립신 분비 부족으로 인해 흡수율 저하된 비타민 B_6 보충 • 지용성 비타민 보충
기타	• 알코올, 커피, 탄산음료, 향신료, 식이섬유 등 췌장 염증세포를 자극하는 음식 제한	

(3) 췌장암

① 원인

췌장암은 췌장에 발생하는 종양으로 인슐린 등 호르몬을 분비하는 내분비 세포에서 발생하는 종양(5~10%)과 소화효소 분비와 관련된 외분비 세포에서 기원하는 종양(90%)으로 나누며, 일반적으로 외분비 세포 기원의 췌장암을 말한다.

② 증상

췌장암은 초기 증상이 없고 초음파 등으로 쉽게 판별이 되지 않아 조기 발견율이 10% 정도로 낮다. 보통 췌두부의 환자의 경우 황달이 나타나지만 대부분은 복통과 체중 감소가 나타난다. 당뇨병이 발생하거나 악화되는 경우도 있다.

③ 영양관리의 원칙

췌장 내 종양이나 염증으로 췌장절제를 시행한 경우 소화력이 저하될 우려가 있어 부드러운 음식을 1일 4~6회로 소량씩 나누어 공급하고, 혈당 상승의 우려가 있으므로 단당류의 섭취는 주의한다. 섬유소가 많은 채소는 잘게 잘라 푹 무르도록 조리하고 알코올이나 카페인 음료는 제한한다.

임상 정보

이 과장(50세)의 신장은 175 cm, 평소 체중 75 kg로 친구에게 사기를 당한 후 괴로움을 잊고자 매일 소주 1병 이상을 마셨는데 알코올성 간섬유증 및 간의 경화를 진단받고 입원하였다.

복수로 인한 체중은 75 kg이며, 배가 불러 걷기가 힘들고 식도염 동반으로 영양 상태는 약간 불량으로 판정되었다.

간경변 진단

이 과장의 혈액검사와 소변검사 결과는 다음과 같다.

구분	항목	결과	참고치	단위
검사 자료	AST(GOT)	48	정상 : 8~38	U/L
	ALT(GPT)	24	정상 : 4~44	U/L
	Albumin	3.0	정상 : 3.8~5.3	mg/dL
	Creatinine	0.80	0.5~1.5	mg/dL

→ 혈청 암모니아 축척을 감소시키고 체조직의 이화 방지를 위해 적절한 영양 상태를 유지하였다.

→ 간성 뇌증이나 간성 혼수를 동반할 위험이 있어 단백질 섭취를 제한하고 무기질과 비타민 공급을 위해 채소와 과일을 충분히 공급하였다.

→ 식도 정맥류 위험이 있어 딱딱하거나 거친 음식을 제한하고 부드러운 식품으로 제공하였다.

간성 혼수 예방 및 대처법

이 과장의 간성 혼수 예방 및 간에 결합조직이 생성되는 것과 지방세포가 침착되는 것을 막고, 간세포 재생을 도모하기 위해 필요한 단백질 제한 식단을 제공한다.

용어정리

간경변증(cirrhosis)

간조직이 반흔조직으로 대체되는 것을 특징으로 하는 만성 간질환의 말기 섬유증

간성 뇌증(hepatic encephalopathy)

간이 더 이상 혈액 내 독성 물질(예 : 암모니아)을 제거할 수 없을 때 발생하는 뇌기능의 악화

간염(hepatitis)

간에 염증이 생김

담낭염(cholecystitis)

담낭의 염증

담석(cholelithiasis, gallstone)

담낭에 저장된 콜레스테롤 등이 돌 같은 물질 조각으로 굳어지는 것

문맥고혈압(portal hypertension)

간에 생기는 고혈압

복수(ascitis)

혈액 중 일부 액체 성분이 혈관으로부터 빠져나와 복강 내에 고여 복부가 팽만해짐

부종(edema)

혈액 속의 물이 혈관 밖으로 빠져나와 세포조직에 쌓여 얼굴이나 다리 등이 붓는 것

분지형 아미노산(branched chain amino acid, BCAA)

지방족 측쇄에 가지가 있는 필수아미노산 – 류신, 아이소류신, 발린

지방간(steatosis, fatty liver)

간에 지방 축적

췌장염(pancreatitis)

췌장의 염증

황달(jaundice)

피부가 노랗게 변색되고 소변이 검어짐

단원정리

간의 구조와 기능은?

- 간은 신체기관 중 가장 큰 장기로 소화기관에서 혈액으로 흡수된 영양소가 간으로 운반되며, 영양소들은 간에서 대사, 저장, 신생 과정을 거쳐 인체기관에 영양소를 공급할 수 있게 된다.
- 간은 각종 영양소를 저장하고 탄수화물, 지방, 호르몬, 비타민, 무기질 대사에 관여하고 약물이나 몸에 해로운 물질을 해독한다.

대표적인 간질환의 유형과 영양관리

- 간염 : 간염은 간에 급성이나 만성 염증이 생겨 간조직이 손상을 입는 것을 말한다. 영양관리의 목표는 충분한 에너지와 단백질 등 영양소 공급을 제공하는 것이며, 손상된 간을 회복하여 정상 기능을 유지하는 데 있다.
- 알코올성 간질환(alcoholic fatty liver) : 알코올성 간질환은 과다한 음주로 인해 발생하는 간질환을 의미하며, 증상으로는 무증상 지방간부터 알코올성 간염, 간경변, 말기 간부전에 이르는 다양한 질환을 포함한다. 균형 잡힌 식사를 하여야 하므로 식욕이 없어도 소량씩 자주 식사를 한다. 특히 술을 마시는 것은 주의해야 한다.
- 비알코올성 지방간(non-alcoholic fatty liver) : 비알코올성 지방간질환은 과다한 알코올 섭취 병력은 없지만 알코올성 지방간과 유사한 조직 소견을 보이는 질환으로, 간에 과도하게 축적된 중성지질이 VLDL의 형태로 방출되지 못해 간조직에 축적되며 발생한다. 일상적으로는 과다한 당질 섭취를 줄이고, 단백질은 적절하게 섭취한다.

담낭의 구조와 기능

- 담낭은 간에서 합성된 담즙을 농축, 저장하는 기관이다. 간의 우엽 아래 40~70 mL 정도 크기로 지방의 흡수를 돕는 담즙을 십이지장으로 배출한다. 담즙은 지방 소화 및 흡수 촉진 기능이 식이 내 지방을 유화시켜 지방산과 지용성 비타민의 흡수를 돕는 담즙산염의 역할에 기인하고, 철, 칼슘 흡수 촉진 및 소장 내 비정상적인 세균 번식 억제 등의 역할을 한다.

대표적인 담낭질환의 유형과 영양관리

- 담석증 : 담석증(cholelithiasis)은 비정상적으로 농축된 담즙이 결석화되는 것이다. 식이섬유 섭취의 부족이나 과량의 동물성 단백질과 지방, 특히 포화지방의 섭취는 담석 발생을 촉진하므로, 예방을 위해서는 고식이섬유, 저지방, 식물성 식품 위주의 식사가 적절하다.
- 담낭염 : 담낭염은 담석, 종양 혹은 담낭기능 이상으로 인해 담낭벽이 두꺼워지고, 담낭관이 좁

아지며 세균성 염증이 생기는 질환으로, 급성기의 경우는 금식을, 증상이 완화되면 흰살생선과 같은 중단백, 저지방식을 권장하고 식이섬유가 적은 부드러운 나물 등을 제공한다.

췌장의 구조와 기능

- 췌장은 내분비 기능과 외분비 기능을 가지고 있는 기관으로 위의 뒤쪽 상복부에 길이 15 cm, 무게 70 g 정도의 크기의 내분비기관이다. 췌장 소화액에는 중탄산 이온이 함유되어 위에서 십이지장으로 이동된 산성 유미즙을 중화시켜 점막 손상을 막아준다.

대표적인 담낭질환의 유형과 영양관리

- 급성 췌장염 : 급성 췌장염은 담석과 알코올 섭취 등에서 기인하고 수술이나 대사성 질환, 약물, 종양, 복부 손상이나 감염 등의 원인으로 췌장선 세포가 손상되는 급성 염증성 질환이다. 단백질이나 지방질은 초기에 제한하고 회복기에 증가시킨다.
- 만성 췌장염 : 만성 췌장염은 췌장의 외분비·내분비 기능의 저하와 섬유화가 진행되고, 췌관의 불규칙적인 확장이 일어나는 질환이다. 만성 췌장염의 60~80%는 음주가 원인이며 부갑상샘항진증이나 췌장의 낭성 섬유화, 외상성 췌장염이 원인인 경우도 있다. 손상된 췌장조직의 회복을 위해 충분한 단백질 공급과 중쇄지방산 형태로 지방을 공급한다.

NUTRITION

CHAPTER 5

당뇨병과 영양

학습목표

1. 당뇨병을 설명할 수 있다.
2. 당뇨병의 유형을 설명할 수 있다.
3. 당뇨병의 진단 방법을 설명할 수 있다.
4. 당뇨병에 따른 영양소 대사의 변화를 설명할 수 있다.
5. 당뇨병의 합병증을 설명할 수 있다.
6. 당뇨병 환자를 위한 적절한 영양관리를 설명할 수 있다.

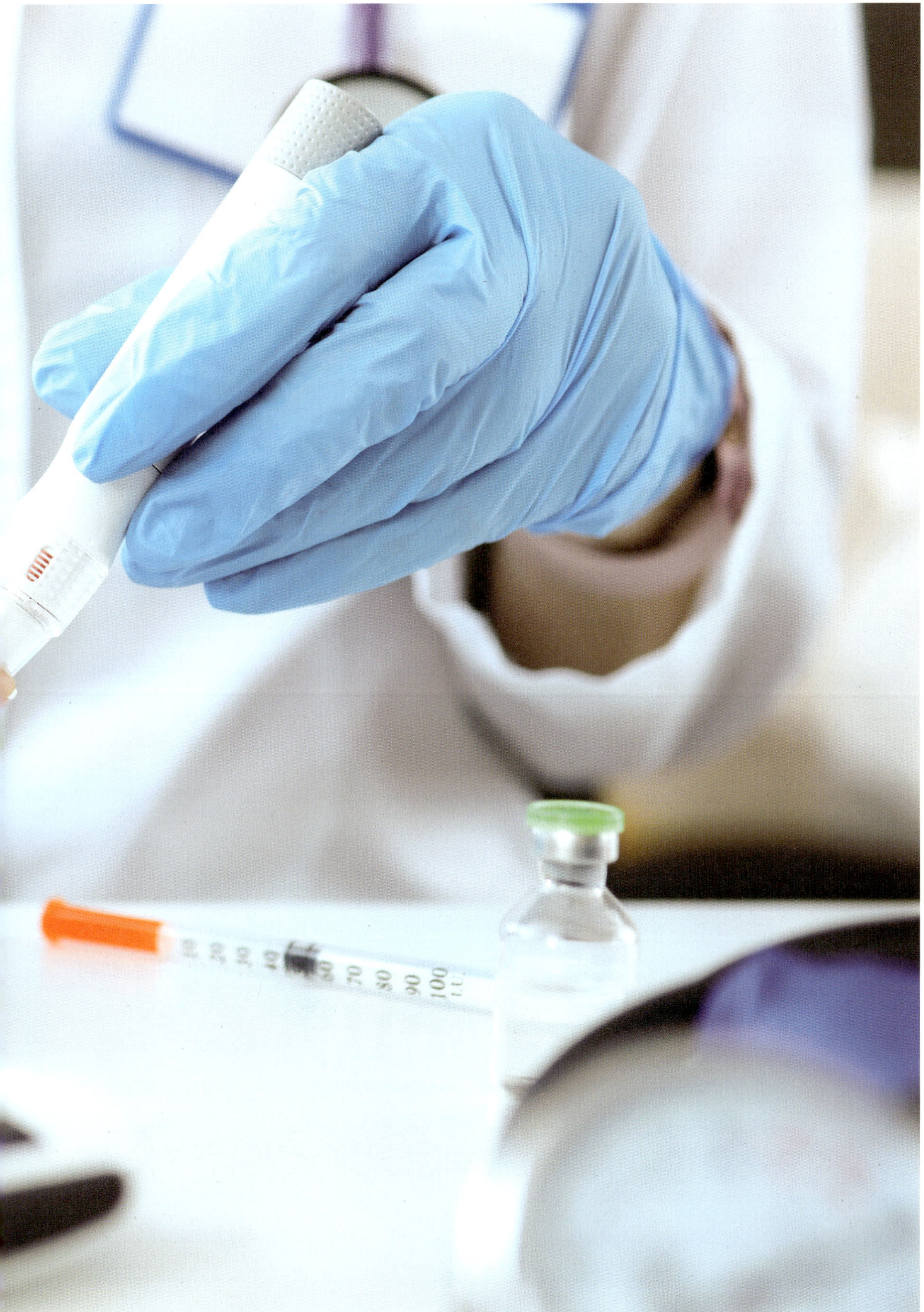

1. 당뇨병의 정의와 원인

당뇨병(diabetes mellitus, DM)은 혈당 수치가 오랜 기간 높게 지속되는 대사질환으로, 인슐린의 생성이나 인슐린의 이용에 문제가 생겨 혈중 포도당의 세포 내 이용이 제한되는 질환이라 할 수 있다.

인슐린(insulin)은 췌장 랑게르한스섬의 β-세포에서 분비되는 호르몬으로 포도당의 세포 이용을 지원하고, 글루카곤은 췌장 랑게르한스섬의 α-세포에서 분비되는 호르몬으로, 간에서 글리코겐을 포도당으로 분해하여 혈당량을 증가시키는 작용을 한다.

당뇨병은 고혈당으로 인하여 여러 대사적인 증상, 증후를 일으키며, 고혈당 상태가 지속되면 혈관 및 신경조직을 손상시키고 심혈관계 질환, 신장병 등의 질환을 유발한다.

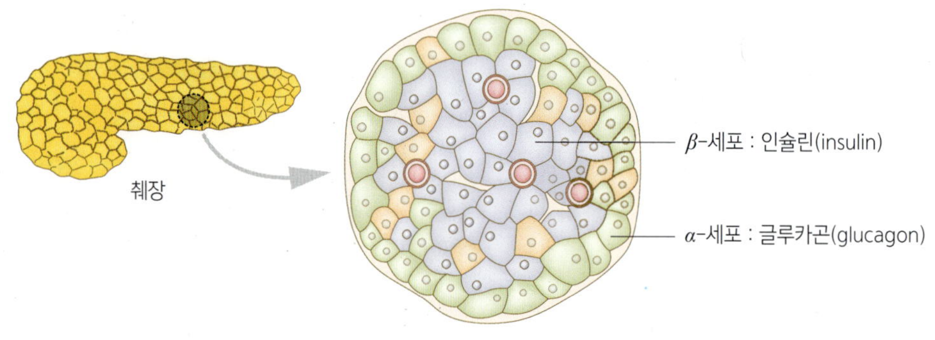

그림 **5-1** 췌장에서 생성되는 호르몬

1) 혈당 조절

혈당 조절은 췌장의 랑게르한스섬에서 분비하는 호르몬인 인슐린(insulin)과 글루카곤(glucagon)에 의해 조절되는데 혈당이 높아지면 췌장의 β-세포에서 인슐린이 분비되어 혈당을 조절한다. 즉 혈액의 포도당을 세포 안으로 이동시켜 세포 내에서 포도당의 이용을 증진시키고, 간에서 포도당을 글루카곤으로 전환시켜 혈당이 낮아진다.

혈당이 낮아지면 췌장의 α-세포에서 글루카곤이 분비되어 혈당을 조절하게 되는데, 간에서 글리코겐의 포도당으로의 분해를 촉진시켜 혈당을 높인다.

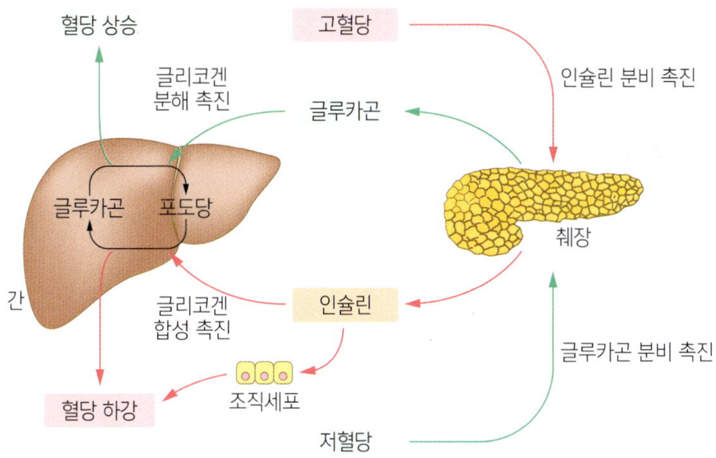

그림 5-2 인슐린과 글루카곤에 의한 혈당 조절 기전

2. 당뇨병의 증상과 분류

1) 제1형 당뇨병

제1형 당뇨병은 췌장에서 인슐린이 분비되지 않거나 분비량이 부족한 경우 발병하게 되는데, 주로 소아기, 청소년기, 젊은 성인층(30세 이전)에서 많이 발생하여 과거에는 소아당뇨로 불렸으며, 전체 당뇨병 환자의 5~10%가 해당된다.

제1형 당뇨병은 특정한 HLA(human leukocyte antigen)이나 바이러스 감염이 원인이 되거나 자가면역과 관련되어 나타나는 것으로 알려져 있다.

췌장의 랑게르한스섬의 β-세포가 파괴되고 섬유화되어 인슐린이 절대적으로 부족하여 인슐린을 투여하지 않으면 케톤증이 유발되고, 다뇨, 다갈, 다식 등의 증상이 나타나게 되어 인슐린 주사를 필요로 한다.

2) 제2형 당뇨병

제2형 당뇨병은 인슐린 비의존형 당뇨병(non-insulin dependent diabetes mellitus, NIDDM)이라고도 하며, 우리나라 당뇨병 환자의 80~90%가 해당된다. 40세 이후 주로 발병하여 성인 당뇨라고도 하였는데, 췌장에서 인슐린이 생성되나 인슐린 저항성을 나타내고, 주요 증상으로는 다갈증(polydipsia), 다뇨증(polyuria), 다식증(polyphagia) 등을 들 수 있다.

제2형 당뇨병의 위험인자는 복부비만, 노화, 활동 부족, 유전, 인종 등을 들 수 있다. 제2형 당뇨병 환자의 다수가 비만하고 특히 복부비만의 비율이 높은데, 복강 내 지방은 쉽게 분해되어 혈중으로 다량의 유리지방산이 배출되고 이것이 간으로 유입되면 간세포에서 포도당 대사율이 낮아지게 된다.

식사요법과 운동, 체중 조절, 경구 혈당강하제의 약물 요법을 실시할 수 있으며, 고혈당증이 조절되지 않는 경우에는 인슐린 투여가 필요할 수 있다.

표 5-1 당뇨병의 증상과 분류

구분	제1형 당뇨병	제2형 당뇨병
발병률과 연령	• 5~10% • 30세 이전	• 90~95% • 40세 이후
주요 원인	• 자가면역질환, 바이러스 감염, 유전적 요인 • 췌장 β-세포 파괴로 인슐린 결핍	• 유전, 노화, 비만, 과잉 열량 섭취 • 인슐린 저항성, 인슐린 작용 부족
증상	• 다뇨, 다갈, 다식, 체중 감소 • 전해질 교란, 케톤산증 • 관상동맥질환과 말초혈관질환 • 신경장애	• 포도당의 세포 내 수송 감소, 식후 혈당 증가 • 당신생 증가 • 발병 초기 병의 진행에 따라 체중 감소 • 고혈당
임상관리	• 혈당 모니터링 • 당화 혈색소 측정 • 인슐린 투여와 투약	• 진단 : 공복혈당≥126 mg/dL • 모니터링 : 혈당, 당화 헤모글로빈 • 투약 : 설포닐유레아, 비설포닐유레아, α-글루코시데이스 저해제, 티아졸리디네디온, 인크레틴
영양관리	• 탄수화물 함량과 인슐린 투여량 맞춤 • 어린이는 성장에 필요한 영양소 충분 섭취	• 생활습관 개선(혈당, 중성지질) • 에너지 제한(체중 감소 유도) • 혈당 모니터링

3) 임신성 당뇨병

임신 중에 인슐린 저항성 증가에 의해 정상적인 혈당 조절이 되지 않는 증상으로 임신 24~28주에 75 g의 경구 포도당부하검사를 시행하여 확인할 수 있다.

전체 임신부의 3~14%에서 발병되며, 적절하게 치료되지 않으면 태아 사망률 및 유병률이 증가하고 임신중독증, 조산 및 수술적 분만율이 증가한다.

3. 당뇨병의 진단 검사

1) 진단 기준

당뇨병의 진단을 위해 혈당, 경구 포도당부하검사, 당화 혈색소가 주로 사용된다.

표 5-2 당뇨병의 진단 기준

		공복 시 혈당[1]	당부하 후 2시간 혈당[2]	당화 헤모글로빈
정상		< 100 mg/dL	< 140 mg/dL	-
당뇨병의 고위험군	공복혈당장애	100~125 mg/dL	-	-
	내당능장애	-	140~199 mg/dL	5.7~6.4%
당뇨병[3]		≥126 mg/dL	≥200 mg/dL	≥6.5%

[1] 공복혈당 : 8시간 이상 금식 후 측정한 혈당
[2] 75 g 경구 포도당부하 2시간 후 측정한 혈당
[3] 공복혈당과 당부하 후 2시간 혈당 조건 외에 고혈당 증상(다뇨, 다음, 원인을 알 수 없는 체중 감소 등)이 있고 임의혈당(식사 시간과 무관하게 낮에 측정한 혈당) > 200 mg/dL인 경우도 당뇨병으로 진단함.

자료 : 대당뇨병학회, 2023 당뇨병 진료지침 제8판, 2023; Am Diet Assoc, 2. Classification and diagnosis of diabetes: Standards of medical care in diabetes-2022. Diabetes Care 2022;45(Suppl.1):S17-S38, 2022.

당뇨병은 적어도 8시간 이상 음식 섭취가 없는 공복 상태의 혈당이 126 mg/dL 이상인 경우, 또는 75 g 경구포도당부하 2시간 후 혈장 포도당 200 mg/dL 이상인 경우, 또는 당화 혈색소가 6.5% 이상인 경우이다.

공복혈당장애와 내당능장애의 경우 당뇨병 고위험군이라 할 수 있으며, 공복혈당장애는 공복 혈당이 100~125 mg/dL인 경우이고, 내당능장애는 75 g 경구 포도당부하 2시간 후 혈당이 140~199 mg/dL, 당화 혈색소 5.7~6.4%인 경우를 말한다.

2) 진단 방법

(1) 요당

혈당이 170 mg/dL 이상이 되면 신장에서 포도당의 재흡수 역치를 초과하게 되어 소변으로 당이 배출되는데, 당뇨환자의 경우 세뇨관에서의 포도당 재흡수 능력이 저하되거나 혈당이 지나치게 높아 요당검사에서 양성 반응이 나타난다.

(2) 혈당

최소 8시간 이상 공복 이후의 혈장 포도당 농도의 정상 범위는 75~100 mg/dL이고, 126 mg/dL 이상인 경우 당뇨병으로 진단하며, 임의 혈당의 경우에는 200 mg/dL 이상인 경우 당뇨병으로 진단한다.

(3) 경구 포도당부하검사

경구 포도당부하검사(oral glucose tolerance test, OGTT)는 당뇨 진단 시 실시하는 확진 검사로 당부하를 처리하는 개인의 능력을 평가하는 방법으로, 보통 8~12시간 공복 후 75 g의 포도당을 섭취하게 한 후 일정 시간 간격으로 혈당을 측정한다.

(4) 당화 혈색소

당화 혈색소(glycosylated hemoglobin, HbA1c)는 적혈구의 헤모글로빈이 포도당과 비가역적으로 결합하여 형성되며, 비교적 장기간의 혈당 조절 능력을 반영하는 것으로 당화된 A1c형 혈색소의 농도를 나타내는데 혈중 포도당 수치가 높을수록 더 많은 당화 혈색소가 생성된다. 당화 혈색소는 산소 결합력이 낮아 혈관 퇴화의 원인이 되는데, 당화 혈색소가 6.5% 이상인 경우 당뇨병으로 진단하고 5.7~6.4%인 경우 당뇨병 고위험군으로 간주한다.

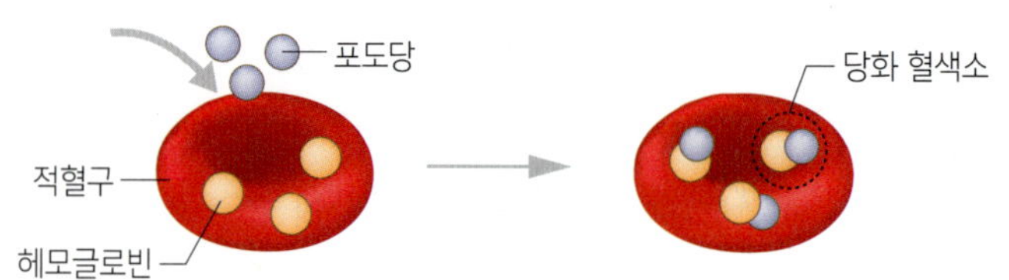

그림 **5-3** 당화 혈색소의 형성

(5) C-펩타이드

C-펩타이드(C-peptide)는 췌장에서 생성된 프로인슐린의 일부로서 혈액 중에서 인슐린과 C-펩타이드로 1:1로 분리된다. 제1형 당뇨병은 인슐린과 C-펩타이드 농도가 다 낮고, 제2형 당뇨병은 C-펩타이드 농도가 정상이거나 높아 제1형 당뇨병 진단 방법으로 사용될 수 있으며, 공복 시 정상 범위는 0.5~2.0 ng/mL이다.

4. 당뇨병에 따른 영양소 대사 변화

1) 당질 대사

포도당은 세포 내에서 해당과정이나 TCA 회로, 전자전달계를 거쳐 에너지(ATP)로 전환되고, 여분의 포도당은 간이나 근육에 글리코겐 형태로 저장된다.

인슐린은 혈당이 높을 때 혈중 포도당이 간, 근육, 지방조직의 세포 내로 이동하여 혈당을 낮추고 글리코겐, 단백질, 지질 합성이 증가할 수 있도록 하고, 글루카곤은 공복으로 혈당이 낮아지면 글리코겐 등의 이화작용을 증가시켜 혈당을 높이고, 인슐린과 길항적으로 작용하여 영양소의 이화작용을 증가시킨다. 인슐린 생산이 적거나(제1형 당뇨병), 인슐린 저항성이 생기면(제2형 당뇨병) 말초조직으로 포도당 유입이 감소하고, 간에서 글리코겐 합성 저하, 글리코겐 분해 및 당신생작용이 증가하게 되어 혈액의 포도당 농도가 과도하게 증가하는 고혈당이 된다.

2) 지질 대사

당뇨병 환자는 포도당 이용 감소와 글리코겐의 합성 저하로 에너지 공급이 부족하여 지질 분해가 증가되고, 지방산의 산화 증가로 케톤체 생성이 증가한다. 이에 따라 케톤산증(대사성 산증)과 케톤뇨가 생기고 케톤산증으로 인한 혼수상태가 될 수 있으며, 심혈관계 합병증(동맥경화, 이상지질혈증 등)의 위험이 높아진다.

3) 단백질 대사

인슐린은 아미노산 이용과 단백질 합성을 증가시키는데, 당뇨병에서는 아미노산 이용이 저하되고 단백질 분해가 증가되어 고질소혈증의 우려가 있으며, 체단백질이 많이 분해되면 신체 쇠약, 성장 저하, 감염에 대한 저항력 저하 등이 발생한다.

4) 전해질 대사

당뇨병 환자는 혈당 상승으로 혈액의 삼투압이 증가되어 수분이 혈액으로 이동되는데, 혈액의 포도당과 케톤체가 배설될 때 다량의 수분이 함께 배설되어 요량이 증가하고 그로 인해 탈수와 갈증이 유발된다.

5. 당뇨병 합병증

1) 급성 합병증

(1) 저혈당

저혈당(hypoglycemia)은 당뇨병 환자의 식사나 운동 약물 요법이 적절히 시행되지 않을 때 혈당이 70 mg/dL 미만으로 떨어진 상태를 말하며, 떨림과 식은땀, 두근거림, 어지러움의 증상을 보이고 심할 경우 경련과 혼수 증상을 보인다.

예방을 위해서 식사 시간과 식사량을 일정하게 유지해야 하고, 저혈당의 경우 필요에 따라 단순 당질을 15~20 g 섭취하여 적정 혈당을 유지시킨다.

표 5-3 당질의 양과 종류

당질 10~15 g에 해당되는 식품	100~150 kcal에 해당되는 식품
설탕 또는 꿀 1숟가락(10 g)	우유 1/2컵 + 식빵 1쪽
가당 과일주스 1/2컵	우유 1/2컵 + 비스킷 5쪽
사탕 3~4개	우유 1컵 + 과일 1교환단위
요구르트 1개	식빵 1쪽 + 과일 1/2교환단위
콜라/사이다 1/2컵	인절미 3쪽 + 과일 1/2교환단위

(2) 고혈당

고혈당(hyperglycemia)의 식사 요인으로 과식이나 열량 섭취 증가와 단순당, 고지방, 과다한 간식 등의 섭취를 들 수 있으며, 대사적 요인으로 스트레스, 생리주기, 임신, 운동, 감염 등을 들 수 있다.

(3) 당뇨병성 케톤산증

당뇨병성 케톤산증(diabetic ketoacidosis, DKA)은 주로 제1형 당뇨병에서 발생하는데, 인슐린 부족에 의한 당질대사이상으로 지방이 분해되고 이로 인해 케톤체가 과잉 생성되어 케톤증을 유발하게 되며 아세톤 호흡을 한다. 또한 과도한 케톤체는 혈중 pH를 낮추며 대사성 산증을 유발하고, 이를 배설하기 위해 삼투성 이뇨가 증가하여 탈수와 전해질 불균형이 생긴다.

예방을 위해 규칙적 혈당 측정으로 혈당이 250 mg/dL 이상이면 케톤 검사를 시행하고, 케톤산증이 생길 경우 정맥영양으로 수분과 전해질을 공급하고 보리차, 맑은 국물, 탈지유 등을 제공한다.

(4) 고삼투압성 고혈당 비케톤성 증후군

고삼투압성 고혈당 비케톤성 증후군(hyperosmolar hyperglycemic state, HHS)은 고령의 제2형 당뇨병 환자에게 발생할 수 있으며, 혈당 수준 600 mg/dL 이상의 고혈당이 특징이다. 인슐린이나 경구혈당 강하제 등에 의한 혈당 조절이 되지 않으며, 탈수가 동반되면 혈당 상승이 되고 이로 인해 삼투성 이뇨로 탈수가 되기 쉽다.

초기 증상은 다뇨, 다갈, 탈수, 피로, 권태, 오심, 구토가 발생하고 후기에는 혼수가 우려되며, 증상 개선을 위해 수분과 전해질 보충이 필요하다.

표 5-4 당뇨병성 케톤산증과 고삼투압성 고혈당 비케톤성 증후군

구분	당뇨병성 케톤산증 (Diabetic ketoacidosis, DKA)	고삼투압성 고혈당 비케톤성 증후군 (Hyperosmolar hyperglycemic state, HHS)
대상	제1형 당뇨병	제2형 당뇨병
혈당	250 mg/dL 이상 심한 경우 1,000 mg/dL 이상	심한 고혈당(600 mg/dL 이상)
원인	감염, 급성 질환, 인슐린 부족, 인슐린 펌프 작동 이상, 약물남용, 임신	수분 섭취 감소나 체액 손실 오인한 탈수, 장기간 고혈당 상태
케톤체 생성	과다	적게 생성
증상	다뇨, 다갈, 구토, 복통, 탈수, 과호흡, 아세톤 호흡, 대사성 산증, 혈액량/혈압 감소, 혼수	다뇨, 다갈, 탈수, 혈액량/혈압 감소, 전해질 불균형, 혼수
치료	정맥영양을 통한 수분/전해질 보충, 인슐린 주사	정맥영양을 통한 수분/전해질 보충

자료 : Nelms and Sucher, Nutrition therapy and pathophysioloy, 4th edition, Cengage Learning, 2019

2) 만성 합병증

당뇨병의 만성 합병증은 장기간의 고혈당으로 인한 당 독성에 의해 발생하고 주로 혈관과 신경에 영향을 주며, 고혈당은 단백질에 결합된 최종 당화물의 생성을 증가시키고, 단백질 구조를 변경시켜 결합 부위의 조직을 손상시키게 되는데, 일반적으로 당뇨병 발병 후 15~20년 이후 나타나며 대혈관 합병증, 미세혈관 합병증, 신경변증으로 나눌 수 있다.

(1) 대혈관 합병증

제2형 당뇨병 환자들은 지질 대사의 이상으로 심혈관계 질환(고혈압, 이상지질혈증, 동맥경화증, 뇌혈관질환, 관상동맥심장질환)의 유병률이 증가된다. 콜레스테롤과 중성지방이 증가하고 HDL-콜레스테롤이 감소되며, LDL-콜레스테롤이 높지 않아도 동맥경화를 유발할 수 있는 큰 밀도의 LDL이 증가한다.

(2) 미세혈관 합병증

① 당뇨병성 신장질환

당뇨병성 신장질환의 초기 증상은 과도한 여과, 신장 비대, 알부민뇨(albuminuria)로, 요를 통한 알부민 손실이 30 mg albumin/g creatinine 이상의 경우 만성 신장병(콩팥병)으로의 진행을 나타내며, 알부민뇨가 시작된 지 5년 이후에는 말기 신장질환(end-srage renal disease, ESRD)으로 진단된다.

② 당뇨병성 망막변증

장기간의 당뇨병은 망막혈관을 손상시키고 시력 저하를 가져오며, 심할 경우 실명을 초래한다. 혈당과 혈압을 정상범위 이내로 조절하는 것이 당뇨병성 망막변증 위험을 감소시킬 수 있다.

그림 5-4 당뇨병에 의한 미세혈관 합병증

③ 당뇨병성 신경병증

당뇨병 환자의 약 50%가 신경병증(자율신경장애와 말초신경장애)을 나타내는데 자율신경이 손상되면 위하수, 위 마비, 배뇨장애, 발한이상과 기립성 저혈압 등이 발생하며, 말초신경이 손상되면 신경통, 지각 이상, 힘줄 반사 등의 저하가 생긴다.

④ 당뇨병성 족부병변

당뇨병으로 인한 혈액순환장애와 신경손상이 생기면 신체 말단 부위에 영양과 산소 공급이 제대로 되지 않게 된다. 감각신경이 손상되면 발 저림, 화끈거림이 생기고 감각 기능이 떨어져 족부궤양 등을 가져오게 되고 심할 경우 괴사 부위를 절단해야 한다.

6. 당뇨병의 치료와 식사계획

당뇨병의 치료는 정상 혈당을 유지하고, 적정 수준의 체중 유지, 혈중지질, 혈압을 유지하여 합병증을 예방하는 데 목적이 있으며, 식사요법 시행 시 가장 고려해야 할 사항은 표준체중 유지를 위한 당질 섭취이다.

제1형 당뇨병 환자는 대부분 저체중으로 충분한 에너지 공급이 되어야 한다. 제2형 당뇨병 환자들은 과체중이나 비만이므로 표준체중 유지를 위해서 에너지를 제한하는 식사요법을 실시하며, 간헐적 단식도 효과가 있는 것으로 보고되었다.

1) 임상영양치료

(1) 에너지

에너지 요구량은 표준체중에 kg당 필요한 에너지를 곱하여 계산한다.

표 5-5 체중 1 kg당 필요한 열량(kcal)

비만도(%IBW)	활동이 없거나 누워 있는 경우	보통의 활동을 하는 경우	중증도 이상의 활동을 하는 경우
과체중(> 110%)	20~25 kcal	25~30 kcal	30~35 kcal
정상체중(90~110%)	25~30 kcal	30~35 kcal	35~40 kcal
저체중(< 90%)	30~35 kcal	35~40 kcal	40~45 kcal

(2) 탄수화물

당뇨병 환자는 탄수화물을 전곡류, 과일, 채소, 저지방 우유 등을 급원으로 하고 총에너지의 50~60% 수준으로 섭취하도록 한다. 설탕 대신 인공감미료를 사용하면 에너지와 당질을 줄이는 데 도움이 되고 가급적 당지수가 낮은 식품을 섭취하도록 한다.

당지수를 낮추는 방법으로는 흰밥보다 잡곡밥, 흰빵보다 통밀빵, 찹쌀보다 멥쌀을 이용하고, 채소류, 해조류, 우엉 등 식이섬유를 많이 섭취한다. 그리고 과일이나 채소는 주스 형태보다는 생과일, 생채소를 섭취하고, 당도가 높은 과일은 피하며, 음식은 천천히 꼭꼭 씹어서 섭취한다.

표 5-6 각 식품의 당지수와 당부하지수

식품	당지수 (포도당=100)	1회 섭취량(g)	1회 섭취량당 함유 당질량(g)	1회 섭취량당 당부하지수
대두콩	18	150	6	1
우유	27	250	12	3
사과	38	120	15	6
배	38	120	11	4
밀크초콜릿	43	50	28	12
포도	46	120	18	8
쥐눈이콩	42	150	30	13
호밀빵	50	30	12	6
현미밥	55	150	33	18
파인애플	59	120	13	7
페스트리	59	57	26	15
고구마	61	150	28	17
아이스크림	61	50	13	8
환타	68	250	34	23
수박	72	120	6	4
늙은호박	75	80	4	3
게토레이	78	250	15	12
콘플레이크	81	30	26	21
구운감자	85	150	30	26
흰밥	86	150	43	37
떡	91	30	25	23
찹쌀밥	92	150	48	44

자료 : 보건복지부, 2020 한국인 영양소 섭취기준, 2020

저칼로리 감미료로 당알코올에는 에리스리톨(erythritol), 소비톨(sorbitol), 만니톨(mannitol), 자일리톨(xylitol) 등이 있는데 평균 2 kcal/g의 칼로리를 내며 (설탕의 5~75%), 혈당 상승과 인슐린 반응이 적다. 그러나 하루 10 g 이상 섭취 시 가스가 생기고, 삼투성 설사를 유발할 수 있다.

FDA 승인 비영양 감미료에는 사카린(saccharin), 아스파탐(aspatame), 아세설팜 칼륨(acesulfame potassium), 수크랄로스(sucralose) 등이 포함된다. 사카린은 체내에서 대사되거나 축적되지 않고 소변으로 배출되고, 아스파탐은 페닐케톤뇨증을 제외하고 사용할 수 있으며, 수크랄로스는 빵, 껌, 소스, 유제품 등에 광범위하게 첨가되는 합성 감미료이다.

(3) 단백질

총에너지의 20%를 넘지 않도록 하고, 당뇨병 성인에게서 단백질 섭취를 제한할 필요는 없으며, 투석전 만성 신장병 4단계 이상인 경우 표준체중당 0.8 g을 적용하는 것이 바람직하다.

(4) 지질

총에너지의 30% 이내로 섭취를 권장하고 콜레스테롤은 1일 300 mg 미만을, 포화지방은 총에너지 섭취량의 7%를 넘지 않도록 한다. 오메가-3 불포화지방산이 포함된 식품을 섭취한다.

(5) 식이섬유

전곡류, 콩, 과일, 채소 등을 급원으로 하고 1일 20~25 g(12 g/1,000 kcal/day) 섭취를 권장한다.

(6) 나트륨

고혈압이 없는 당뇨병 환자의 경우 혈압 조절과 예방을 위해 1일 2,000 mg(소금 5 g)을 넘지 않도록 한다.

(7) 비타민과 무기질

당뇨병 환자에게 필요한 비타민과 무기질 섭취를 위해 녹황색채소, 해조류, 과일 등을 충분히 섭취하도록 한다.

(8) 알코올

혈당이 저하될 경우 간에서는 저장된 글리코겐을 분해하여 포도당을 만들거나, 당이 아닌 다른 물질들을 사용하여 포도당을 새로 만드는 당신생 과정을 통하여 혈당을 유지한다. 알코올은 간에서 당신생을 억제하여 인슐린 또는 인슐린분비촉진제를 사용하는 당뇨병 환자에게 저혈당의 위험을 높일 수 있다.

표 5-7 식품군 교환단위수 구성의 예

열량(kcal)	식품군						
	곡류군	어육류군		채소군	지방군	우유군	과일군
		저지방	중지방				
1,000	4	1	2	7	2	1	1
1,200	5	1	3	7	3	1	1
1,400	7	1	3	7	3	1	1
1,600	8	2	3	7	4	1	1
1,800	8	2	3	7	4	2	2
2,000	9	2	3	7	4	2	2
2,200	11	2	4	7	4	2	2
2,400	12	3	4	7	5	2	2

표 5-8 당뇨병식 영양소 구성의 예(1,600 kcal)

	교환수	열량(kcal)	당질(g)	단백질(g)	지방(g)
곡류군	8	800	184	16	0
저지방 어육류군	2	100	0	16	4
중지방 어육류군	3	225	0	24	15
채소군	7	140	1	14	0
지방군	4	180	0	0	20
일반우유군	1	125	10	6	7
과일군	1	50	12	0	0
총계		1,620	227	76	46

2) 운동치료

당뇨병 환자의 운동 전 혈당 범위는 100~250 mg/dL로, 운동요법의 목표는 말초조직의 인슐린 민감도를 증가시켜 약물의 사용량을 줄이고 정상범위의 혈당을 유지하는 데 목표를 둔다.

중등도의 유산소 운동을 최소 주 150분 이상 하거나 90분 이상의 고강도 유산소 운동을 권장한다. 1주일에 3일 이상 규칙적으로 하며, 매일 30분 이상 운동하는 것이 바람직하다. 다만, 합병증으로 당뇨병성 망막증이 있는 경우는 망막 박리가 될 수 있으므로 고강도의 유산소 운동은 주의하여야 하며, 운동 전후나 중간에 혈당을 측정하여 혈당 변화를 파악하고 저혈당에 대비하여 당분이 든 음식을 가지고 다니는 것이 좋다.

3) 약물치료

(1) 인슐린

인슐린은 제1형 당뇨병 환자가 주로 사용하고 제2형 당뇨병 환자 중 식사, 운동 약물요법과 경구혈당강하제로 혈당 조절이 되지 않는 경우에 사용을 고려한다. 인슐린의 종류는 작용 시간에 따라 구분되고 환자의 혈당치와 식사 등을 고려하여 투여량을 결정한다 (부록 6 참조).

(2) 경구용 혈당강하제

제2형 당뇨병 환자중 식사 조절을 해도 혈당 조절이 잘되지 않을 때 사용한다. 혈당강하제의 종류는 인슐린 분비 촉진제, 인슐린 가수성 증가제, 소화관에서의 당질 분해 흡수지연 약물로 분류하나 작용기전이 서로 달라 병합요법으로 사용된다(부록 7 참조).

4) 수술요법

당뇨병 환자의 수술요법은 췌장 이식수술에 한정되었으나 최근 비만을 동반한 제2형 당뇨병 환자의 경우 체질량지수 30 kg/m^2 이상인 환자가 혈당이 조절되지 않거나, 체질량지수 35kg/m^2 이상인 환자가 혈당 조절과 체중 감량을 위한 체중 감량 수술을 할 수 있다.

사례 연구

임상 정보

과체중인 55세 김 여사는 평소 생크림 케이크나 아이스크림을 좋아한다.

1년 전 건강검진에서 공복 시 혈당(glucose fasting)이 110 mg/dL이었으며, 평소 운동은 따로 하지 않고 가끔 산책은 한다.

최근 들어 피로감을 느끼고 갈증과 소변을 자주 보게 되어 양배추즙을 하루 1잔 마시고 식사는 평소대로 하였으나 체중이 4 kg 정도 감소하였다.

당뇨병 진단

김 여사가 병원에서 혈액검사를 해보았더니 다음과 같은 결과가 나왔다.

김 여사의 당뇨병 관련 진단은?

공복 시 혈당 135 mg/dL, 당화 혈색소 5.8%

→ 공복 시 혈당이 당뇨병인 진단 기준인 126 mg/dL보다는 높게 나와서 당뇨병으로 진단받았지만, 당화 혈색소는 6.5% 미만으로 당뇨의 기간이 비교적 오래 되지는 않은 것으로 보인다.

→ 식사 조절과 체중 조절로 1개월간 조절 후 약을 복용하기로 하였다.

저혈당 예방 및 대처법

김 여사는 1경구 혈당강하제(휴물린)를 복용하고 체중 조절을 위해 아침식사를 거르고 운동 중 식은땀이 흐르고 손발이 떨리는 증상을 동반하며 어지러움을 느꼈다.

이와 같은 증상이 일어난 이유와 대응 방안은?

→ 운동은 식후 30분 후에 실시하고 식사는 알맞은 양을 규칙적으로 섭취한다.

→ 혈당이 70 mg/dL 미만인 저혈당 증상으로 탄수화물이 15 g 포함되어 있는 가당 과일주스(1/2컵)나 설탕(1큰술) 또는 요구르트(1개) 등을 바로 섭취한다.

→ 초콜릿 등 지방이 포함된 식품의 경우 혈당 상승 속도가 지연되므로 제한한다.

임상영양치료의 목표

경구혈당강하제를 복용하고 있는 과체중 김 여사의 임상영양치료의 목표는?

→ 적절한 체중관리와 혈당, 혈압, 지질수치 개선 및 합병증의 예방

용어정리

고혈당(hyperglycemia)

인슐린 생산 장애 또는 신체의 인슐린 사용 능력 저하로 인해 비정상적으로 높은 혈당이 특징인 상태

공복혈당장애(impaired glucose tolerance, IFG)

공복혈당 100~125 mg/dL

내당능장애(impaired glucose tolerance, IGT)

75 g 경구 내당능검사(OGTT)에서 2시간 포도당 수치 140~199 mg/dL

다뇨증(polyuria)

과도하게 소변을 봄

다식증(polyphagia)

과도한 배고픔

다음증(polydipsia)

과도한 갈증

당뇨병(diabetes mellitus, DM)

탄수화물 대사에 영향을 미치는 심각한 만성 질환군

당뇨병성 케토산증(diabetic ketoacidosis)

인슐린 작용이 부족하여 포도당 대신 지방이나 단백질을 에너지원으로 사용하여 케톤체가 증가함

당부하지수(glycemic load, GL)

당지수에 식품의 1회 섭취량을 반영한 수치로 (당지수×1회 식품섭취량에 포함된 당질의 양)/100으로 계산

당신생작용(gluconeogenesis)

젖산이나 글리세롤과 같은 탄수화물이 아닌 물질로부터 포도당이 만들어지는 대사 경로

당지수(glycemic index, GI)

특정 음식을 섭취한 후 순수 포도당 섭취에 비해 혈당 수치가 얼마나 빨리 상승하는지를 나타내는 것. 식후 탄수화물의 흡수 속도를 반영하여 탄수화물을 비교할 수 있도록 수치화한 것으로 포도당의 당지수를 100으로 하고 탄수화물 50 g에 해당하는 식품을 섭취한 후 혈당 상승 정도를 나타내는 지수를 말함. 높음은 70 이상, 낮음은 55 이하이며, 소화, 흡수 속도가 빠를수록 당지수는 높고 식이섬유가 많을수록 당지수가 낮음을 의미

당화 혈색소, 당화 헤모글로빈(glycosylated hemoglobin, HbA1c)

혈당이 높으면 성숙한 혈색소(헤모글로빈)가 포도당과 결합하여 당화 혈색소(헤모글로빈)를 형성하게 되는데 정상 혈색소에 비해 산소 결합력이 낮아 혈관 퇴화의 원인이 됨. 비교적 장기간의 혈당 평가에 이용

아세톤 호흡

케톤증을 가진 사람에게서 나는 과일향의 호흡

요붕증(diabetes insipidus)

갈증이 심하고 심하게 묽은 소변이 다량으로 배설되는 항이뇨호르몬 이상

인슐린(insulin)

췌장의 랑게르한스 베타세포에서 분비되는 호르몬

인슐린 저항성(insulin resistance)

근육, 지방, 간의 세포가 인슐린에 잘 반응하지 않아 혈액에서 포도당을 쉽게 흡수하지 못하는 상태. 결과적으로 췌장은 포도당이 세포에 들어가는 것을 돕기 위해 더 많은 인슐린을 만들게 됨

저혈당(hypoglycemia)

비정상적으로 낮은 혈당을 특징으로 하는 상태

제1형 당뇨병(type 1 diabetes mellitus)

췌장 베타세포가 파괴되어 인슐린이 잘 생성되지 않는 만성 질환

제2형 당뇨병(type 2 diabetes mellitus)

신체가 인슐린을 생성하거나 이용하는 능력이 저하되어 발생하는 만성 질환

케톤증(ketosis)

체내 케톤체 농도가 증가된 상태

케톤산증(ketoacidosis)

케톤체의 과도한 생성에 의해 혈액의 pH가 낮아지는 현상

단원정리

당뇨병이란?

- 당뇨병은 혈당 수치가 오랜 기간 높게 지속되는 대사 질환으로, 혈중 포도당의 세포 내 이용이 제한되며, 고혈당 상태가 지속되면 심혈관계 질환, 신장병 등의 질환을 유발하게 된다.
- 혈당은 췌장에서 분비되는 인슐린과 글루카곤에 의해 조절되며, 인슐린은 혈당을 낮추고, 글루카곤은 혈당을 상승시키는 작용을 한다.

당뇨병의 유형

- 제1형 당뇨병은 췌장에서 인슐린이 분비되지 않거나 분비량이 부족한 경우 발병되는 자가면역 질환으로 인슐린 주사가 필요하다.
- 제2형 당뇨병은 당뇨병 환자의 80~90%에 해당되고 복부비만인 사람에게서 발병 위험도가 높으며, 인슐린 저항성을 보이고 다갈증, 다뇨증, 다식증 등이 나타난다.
- 임신성 당뇨병은 임신에 의한 대사 변화로 나타나는 질환으로 임신 16~28주에 나타나며, 임신 중독증의 위험을 높인다.

당뇨병의 진단 방법

- 당뇨병의 진단 방법으로는 위해 혈당(정상 < 100 mg/dL), 경구 포도당부하검사(oral glucose tolerance test, OGTT), 당화 혈색소(glycated hemoglobin HbA1c, 정상 < 5.7%)가 주로 사용된다.
- 혈당 100~125 mg/dL, 당화 혈색소 5.7~6.4%는 당뇨병 전단계이며, 혈당 126 mg/dL, 당화 혈색소 6.5% 이상이면 당뇨병으로 진단한다.

당뇨병에 따른 영양소 대사의 변화

- 탄수화물 대사의 경우 말초조직으로부터 포도당 유입이 감소하고, 간에서 글리코겐 합성 저하, 글리코겐 분해 및 당신생작용이 증가하게 되어 고혈당을 유발한다.
- 지질 분해가 증가하고 지방산 산화 증가로 케톤체 생성이 증가하여 케톤산증을 유발한다.
- 체단백 분해가 증가되어 고질소혈증의 우려가 있고, 신체 쇠약, 저항력 저하가 유발된다.

당뇨병의 합병증

- 급성 합병증으로는 저혈당 및 고혈당, 케톤산증, 고삼투압성 고혈당 비케톤성 증후군 등을 들 수 있다.

- 만성 합병증으로는 심혈관계 질환과 같은 대혈관합병증, 그리고 당뇨병성 신장질환, 당뇨병성 망막변증, 당뇨병성 신경병증, 당뇨병성 족부병변과 같은 미세혈관 합병증이 있다.

당뇨병 환자를 위한 적절한 영양관리

- 당뇨병의 치료는 정상 혈당 유지, 적정 체중 유지, 혈중지질, 혈압을 유지하여 합병증을 예방하는 것이다.
- 탄수화물은 총에너지의 50~60% 수준으로 당지수가 낮은 식품을 섭취하고, 단백질은 총에너지의 20% 이하, 지질은 총에너지의 20% 이내로 섭취를 권장한다.

CHAPTER 6

비만과 섭식장애

학습목표

1. 비만의 원인을 설명할 수 있다.
2. 다양한 방법으로 비만을 분류할 수 있다.
3. 비만의 진단 방법을 설명할 수 있다.
4. 비만에 따른 대사 변화와 관련 질환을 설명할 수 있다.
5. 비만의 치료 방법을 설명할 수 있다.
6. 식사장애의 원인 및 영양관리를 설명할 수 있다.

1. 비만의 원인

정상보다 체지방이 과도하게 축척된 상태로 섭취량과 소모에너지 간의 균형이 깨지면 소모되고 남은 에너지나 체지방이 정상보다 과도한 상태를 비만이라고 한다.

비만은 심혈관계 질환, 당뇨병, 고혈압, 암 등을 포함한 만성 질환의 위험 요인을 초래하여 건강 질환의 위험 요인이 된다.

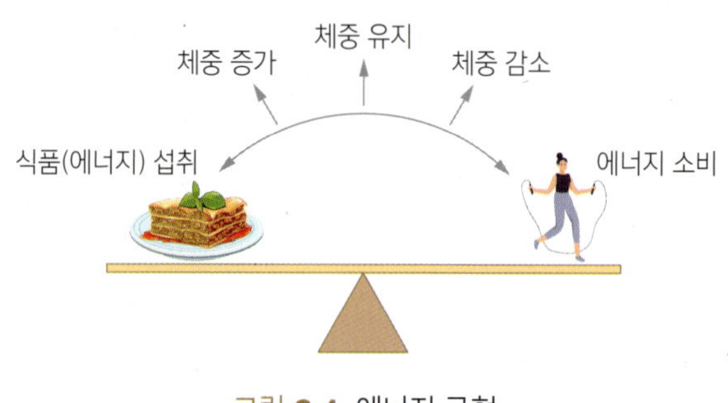

그림 **6-1** 에너지 균형

2. 비만의 분류와 진단

1) 비만의 분류

비만의 원인에 따라서는 특별한 원인 없이 에너지 섭취가 소모보다 많을 때 초래되는 단순성 비만과 쿠싱증후군, 난소기능부전, 갑상샘기능저하 등의 내분비질환, 시상하부장애, 항정신약, 부신피질호르몬제와 같은 약물에 의해 비만이 되는 증후성 비만으로 분류할 수 있다.

또한 비만의 발생 시기에 따라서는 소아 비만과 성인 비만으로 나눌 수 있으며, 지방분포 및 지방의 위치 등에 따라서도 비만을 분류할 수 있다.

표 6-1 비만의 분류

구분	분류	
원인	단순성 비만	증후성 비만
	섭취량이 소모량보다 많을 때	• 내분비성 비만 • 쿠싱증후군, 갑상샘저하증 등 • 시상하부장애 • 종양, 염증 등 • 전두엽 종양 • 약물 • 항정신약, 부신피질호르몬제
발생 시기	소아 비만(지방세포증식형)	성인 비만(지방세포비대형)
	어린 나이에 에너지의 과잉으로 발생하며, 지방세포의 크기와 수가 증가하고 성인 비만의 원인이 됨.	성인기 이후 기초대사량과 활동량 감소로 지방세포의 크기가 증가함.
체지방 분포/질병 위험도	상체 비만(사과형 비만)	하체 비만(배형 비만)
	복부에 지방이 많이 축적되어 허리가 두꺼워지는 유형의 중심형 비만으로 인슐린저항성, 지방간, 이상지질혈증 등 대사 관련 질병의 발병 위험이 높다.	허벅지나 둔부 등 하체에 지방이 많이 축적되는 유형으로 상체 비만에 비하여 대사증후군의 위험도는 낮으나 감량이 어렵다.
지방의 위치	내장형 비만	피하지방형 비만
	복강의 내장 주변에 저장	피부 아래에 일정한 두께로 지방이 저장

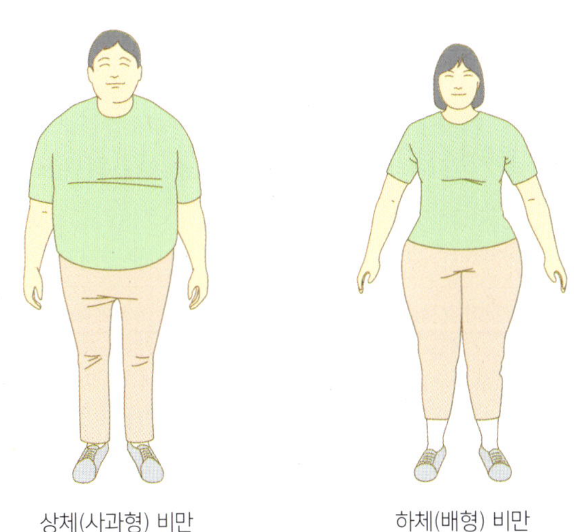

그림 6-2 상체 비만(사과형 비만)과 하체 비만(배형 비만)

2) 비만의 진단

비만은 체질량지수, 체지방비율, 체지방분포에 따라 진단하고 판정할 수 있다.

(1) 체질량지수를 이용한 비만 판정

체질량지수(body mass index, BMI)는 비만의 지표로 가장 많이 사용되며 신장(m)의 제곱값을 체중(kg)으로 나누어 계산한다.

표 6-2 체질량지수에 따른 비만도 분류

적용 방법	체질량지수(kg/㎡)	대한비만학회[1]	WHO 기준[2]
BMI=체중(kg)/[신장(m)]^2	저체중	<18.5	<18.5
	정상	18.5~22.9	18.5~24.9
	과체중	23.0~24.9	25.0~29.9
	1단계 비만(경도비만)	25.0~29.9	30.0~34.9
	2단계 비만(중증도비만)	30.0~34.9	35.0~39.9
	3단계 비만(고도비만)	≥35	≥40

자료 : [1] 대한비만학회, 비만 진료지침, 2022
[2] 세계보건기구(World Health Organization) 비만진단기준

(2) 체지방의 비율을 이용한 비만 판정

피부두겹두께(skinfold thickness) 측정법, 생체전기저항 측정법(bioelctrical impedance analysis, BIA), 수중 체중 측정법(hydrostatic weighing)을 사용하여 측정한다.

표 6-3 체지방율 비만도 평가

종류	적용 방법
피부두겹두께 측정법 (skinfold thickness)	피하지방계(skinfold calipers)를 이용하여 신체 부위의 피하지방(삼두근, 이두근, 견갑골하부, 장골하부 등) 두께를 측정한 다음 체지방율 산출 공식, 표, 도표 등을 이용하여 계산한다.
생체전기저항 측정법 (bioelctrical impedance analysis, BIA)	신체에 작은 교류 전류를 보내어 전류에 대한 신체의 저항을 특정하는 것으로 체성분 중에서 체수분이 저장되어 있는 근육은 저항이 적고, 체지방은 저항이 높은 원리를 이용한다. 전기저항값과 성별, 신장, 체중에 따른 체수분량, 체지방, 제지방량을 구한다.
수중 체중 측정법 (hydrostatic weighing)	체지방을 측정하는 간접 방법 중에서 가장 정확한 방법으로, 체지방과 제지방의 비중이 다른 것을 응용한 방법이다. 신체 구성의 지방조직과 제지방조직을 아르키메데스의 원리를 이용하여 수중과 공기 중에서의 체중 차이로 몸의 부피를 구해 전체 몸의 밀도를 알아낸다.

(3) 체지방 분포를 이용한 비만 판정

허리-엉덩이둘레 비율(waist-to-hip ratio, WHR), 허리둘레, 단층촬영법(computerized tomography, CT) 등을 이용하여 측정한다.

표 6-4 체지방 분포를 통한 비만 판정

종류	적용 방법	판정	
		범위	판정
허리-엉덩이둘레 비율 (waist-to-hip ratio, WHR)	엉덩이에 비해 허리둘레가 클수록 복부에 지방이 많음. WHR=허리둘레(㎝)/엉덩이둘레(㎝)	남자≥1.0 여자≥0.85	복부비만
허리둘레	허리둘레 측정	남자≥90 cm 여자≥85 cm	복부비만
단층촬영법(computerized tomography, CT)	CT를 이용하여 내장지방의 면적을 측정하여 피하지방형 비만 또는 내장지방형 비만을 평가함.	남자>100 cm^2 여자>70 cm^2	내장비만

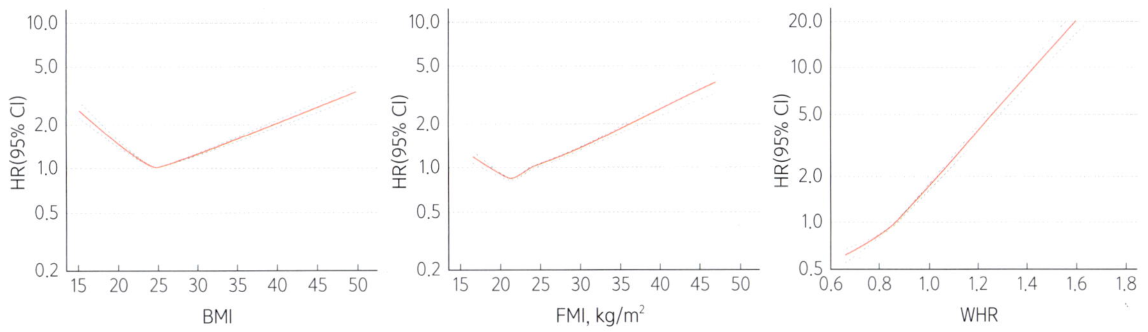

그림 6-3 체질량지수(BMI), 체지방지수(FMI), 허리-엉덩이둘레 비율(WHR)과 사망위험도의 관계

자료 : KHAN et al, JAMA, 2023

3. 비만의 대사 변화와 관련 질환

비만은 대사질환을 포함한 심혈관계 질환, 제2형 당뇨병, 암 등의 다양한 만성 질환의 위험 요인으로 잘 알려져 있고, 근골격계와 호흡계 이상, 담석이나 통풍 등의 위험 요인이 되기도 한다.

1) 비만에 의한 대사 변화

(1) 인슐린 저항성 증가

복부비만이 심한 경우 인슐린 수용체의 발현이 감소하거나 수용체 활성 저하로 혈액으로부터 세포 내로 포도당 유입이 감소하면서 혈중 포도당 농도가 높게 유지된다.

(2) 유리지방산의 증가

간으로 유입된 과도한 유리지방산은 간에서 지방 합성의 증가를 유도하여 이상지질혈증의 발병율을 증가시키고 혈중 콜레스테롤의 농도를 높여 심혈관계 질환의 위험을 높인다.

(3) 지방조직에서 사이토카인(cytokine) 분비의 변화

복부비만이 심해지면 염증성 아디포카인(adipokine)인 종양괴사인자-α(TNF-α), 인터루킨-6(IL-6) 분비가 증가되고, 아디포넥틴(adiponectine)의 생성이 감소되어 인슐린 저항성이 증가된다.

2) 비만 관련 질환

(1) 대사증후군

대사증후군(metabolic syndrome)은 복부비만, 고혈당, 이상지질혈증, 고혈압 등 대사성 질환의 위험 요인을 함께 가지고 있는 것으로 대사증후군의 진단 기준은 표 6-5에 제시되어 있다.

표 6-5 대사증후군의 진단 기준

구분	우리나라(대한가정의학회)[1]	미국(NCEP-ATP III)[2]
복부비만(허리둘레)	남자 > 90 cm, 여자 > 85 cm	남자 > 102 cm, 여자 > 88 cm
혈중 중성지방	≥150 mg/dL 또는 고중성지방혈증 치료 약물 투여 중인 상태	≥150 mg/dL
혈중 HDL-콜레스테롤	남자 < 40 mg/dL, 여자 < 50 mg/dL	남자 < 40 mg/dL, 여자 < 50 mg/dL
혈압	수축기 ≥130 및/또는 이완기 ≥85 mmHg 또는 혈압약 복용 중인 상태	수축기 ≥130 및/또는 이완기 ≥85 mmHg인 경우
혈당	공복혈당≥100 mg/dL 또는 혈당 조절 약물 복용 중인 상태	공복혈당≥100 mg/dL 또는 치료 중인 경우

위의 진단 기준 중 3개 이상에 해당될 때 대사증후군으로 진단한다.

자료 : [1] 대한가정의학회
[2] National cholesterol education program(ncep) expert panel on detection, evaluation, and treatment of high blood cholesterol in adult (adult treatment panel iii), Circulation, 2002

(2) 제2형 당뇨병

체지방 증가로 인한 인슐린 저항성의 증가는 제2형 당뇨병의 발병률과 높은 상관관계를 갖고 있다. 특히 복부 주위에 축적되는 내장지방은 혈액으로 유리지방산 등의 지질 성분과 염증 유발성 사이토카인을 분비하게 하고, 이는 인슐린 민감도를 감소시켜 혈당 조절이 잘 되지 않는 인슐린 저항성을 유발하게 된다.

(3) 심혈관계 질환과 담석증

체지방 증가와 관련된 유리지방산의 증가는 지방을 운반하는 지단백 대사에 변화를 초래하고 이상지질혈증의 위험을 증가시킨다. 또한 지방조직에 축적된 콜레스테롤 농도를 증가시켜 심혈관계 질환의 발병 위험을 높이고 담즙 내 콜레스테롤의 농도를 증가시켜 담석 형성을 촉진하므로 담석증의 발병률이 높아진다.

(4) 근골격계 질환

과도한 체중 증가는 척추, 고관절, 무릎 등의 근골격계에 부담을 증가시켜 통증을 유발시킨다. 또한 요산 생성 증가로 뼈에 요산이 축적되어 통풍 발생 위험을 증가시킨다.

3) 기타

비만인 경우 누웠을 때 기도가 좁아지게 되며 수면 무호흡증을 일으켜 수면 중 사망 원인이 되기도 한다. 비만 남성의 경우 전립선암이나 결장암, 직장암의 발생 위험이 높고 비만인 여성은 유방암, 자궁암, 담낭암 등의 발생 비율이 정상체중인 사람보다 높다.

4. 비만의 치료

합병증의 위험을 낮추고 건강을 증진할 수 있는 수준으로 체지방량을 감소시키는 것이 치료의 목표이고, 감량의 목표는 6개월 내 치료 전 체중의 5~10%를 서서히 감량하는 것이다.

1) 식사요법

(1) 에너지

1주에 0.5 kg 체중 감량을 위해 하루 500 kcal의 에너지를 감소하도록 하고 한국인 영양소 섭취기준의 권고 비율을 기본으로 한 개개인의 특성과 의학적 상태에 따라 고려되어야 한다. 일반적으로 1,500~1,600 kcal 정도를 섭취하는 것이 바람직하고, 800 kcal 미만의 초저열량 식사는 장기간 섭취가 어려우므로 의학적 관리가 가능할 경우 적용한다.

(2) 탄수화물

복합당질인 채소, 과일, 콩이나 전곡류 등의 급원식품으로 섭취하고, 단순당의 섭취는 제한하고 포만감을 증가시켜 체중 조절에 도움이 되는 식이섬유 섭취가 도움이 된다.

(3) 단백질

단백질은 체단백 소모 예방을 위해 총에너지의 15~20%에 해당하는 양을 섭취하도록 하고 동물성 단백질 식품의 경우에는 포화지방과 콜레스테롤 함량이 높기 때문에 살코기, 생선, 가금류, 콩류 등의 섭취를 권장한다.

(4) 지질

총에너지의 30%를 넘지 않도록 한다. 포화지방 섭취를 낮추고 단일 불포화지방산과 다가 불포화지방산의 함량이 높은 식물성 유지 섭취를 권장한다.

(5) 비타민과 무기질

체중 조절을 위한 저열량 식사에서 에너지를 제외한 비타민과 무기질은 권장량 수준으로 제공하여야 하고, 열량이 낮으면서 비타민과 무기질이 풍부한 채소나 과일 섭취를 권장한다.

(6) 알코올

알코올은 g당 7 kcal의 에너지를 내므로 일상적인 음주는 체내 지방 축적과 체중 증가로 비만의 위험을 높인다.

(7) 저지방 식사

열량 제한을 동반한 고탄수화물, 저지방 식사를 의미하고 전체 섭취 열량의 5% 이내로 지방을 제한한다.

식사를 통한 적정량의 탄수화물 섭취는 소화, 흡수 과정을 통해 적절한 수준의 포도당을 공급하여 케톤체의 생성을 예방하는 효과를 가진다.

저지방 식사는 식사를 통한 총섭취 열량을 감소시키면서 뇌와 적혈구, 신경계와 같이 지속적으로 포도당을 에너지원으로 사용하는 조직에서는 탄수화물을 에너지원으로 사용하고 그 외 필요한 에너지는 체지방 분해를 통하여 얻음으로써 체중 감소를 유도한다.

(8) 저탄수화물 고단백 식사

탄수화물을 전체 열량의 10~30% 수준으로 제한하고 단백질 섭취 비율을 증가시키는 식사이다.

고단백 식사는 저탄수화물 식사를 동반하므로 단백질과 지질을 주된 에너지원으로 사용한다. 이러한 경우에 지방산 산화를 증가시키게 되는데 탄수화물이 부족하면 옥살산(oxaioacetate)이 충분하지 못해 아세틸CoA가 TCA 회로에 이용되지 못하고 축합되어 케톤체가 다량 생성될 수 있다. 또한 고단백 식사로 인해 과량의 아미노산이 대사되어 요소 등의 질소 함유 산물이 다량 생성되어 소변으로 배설된다. 따라서 신장의 부담이 커지고 아미노산 대사 이후 배설 과정에서 칼슘 재흡수가 저해되어 배설이 증가하므로 장기간의 고단백 식사로 인한 골다공증의 위험이 증가할 수도 있다.

(9) 저탄수화물 고지방 식사, 키토제닉(ketogenic) 식사

탄수화물을 5~10% 이내로 제한하고 지방 섭취 비율을 70~75%, 단백질을 20~25%로 구성하는 식사이다.

단기간 내에 효과적인 것으로 알려져 있으나 체조성과 영양소 대사를 변화시킬 수 있어 성장기 어린이나 청소년에게는 주의가 필요한 식사 조절 방법이다. 또한 단백질 손실 위험이 있어 일정 수준의 단백질 섭취량을 유지해야 한다.

2) 운동요법

운동은 기초대사량을 높이고 에너지 소비량을 증가시킨다. 체중 조절을 위한 운동요법은 유산소 운동과 무산소 운동(근력 운동)을 포함한다(표 6-6).

표 6-6 운동의 종류와 효과

분류	종류	생리적 효과	건강 효과	운동 시간
유산소 운동	걷기, 조깅, 수영, 하이킹, 계단 오르내리기, 인라인 스케이트, 자전거 타기	에너지 소비량 증가 식욕 낮춤 기초대사량 상승 스트레스, 우울증 완화 HDL-콜레스테롤 증가 인슐린 민감성 개선	전신 지구력 향상 심장기능 향상 혈관기능 향상 페기능 향상	중강도로 1일 30~60분
근력 운동	100 m 전력 질주, 역도, 덤벨, 팔 굽혀 펴기, 윗몸 일으키기, 요가, 필라테스	기초대사량 상승 근육량 증가 HDL-콜레스테롤 증가 인슐린 민감성 개선	운동 능력 증가 근육의 크기 증가 근력 증가 골밀도 증가	주당 2회 이상 8~10종목으로 구성하여 1~2세트 실시

3) 행동요법

개인의 환경, 식사 섭취 방식, 활동 방식을 변화시켜 체중 조절 목표를 달성하는 방법이다.

(1) 자극 조절

먹는 속도를 늦추어 포만감을 느끼게 하거나 식사섭취량을 감소하도록 교육하여 식행동을 할 때 섭취하는 식품의 종류나 식행동의 결과를 변화시키는 전략으로 정해진 횟수만큼 씹기, 매 끼니별 충분한 시간 두기, 먹는 속도 늦추기 등의 전략을 적용한다.

(2) 문제 해결

식행동의 문제점과 해결책을 제시하고 평가하여 최선의 해결책을 선택하도록 하고 그에 따른 새로운 행동 수정과 결과를 평가한다. 필요하다면 재평가를 통해 대안 제시 등의 과정을 거쳐 체중 조절 목표를 달성하고자 하는 전략이다.

(3) 인지 재구조화

환자들이 감량된 체중 유지를 어렵게 하는 부정적인 생각을 규명하고 도전과 수정 방법을 교육한다. 인지 치료는 감정과 식행동 간의 연결성을 강조하고 그 연결을 조절하여 궁극적이고 장기간 적용할 수 있는 정신적 전략을 알려준다.

(4) 자기 모니터링

식행동의 시간과 장소를 기록하고 이에 수반되는 생각과 감정을 파악하여 식행동이 일어나는 신체적 및 감정적 상황을 규명하는 것으로 문제가 되는 식행동 유발 단서를 파악하여 이를 방지하는 것을 목표로 한다.

4) 약물요법

체질량지수가 25 kg/m^2 이상이고 다른 요법이 효과적이지 않을 때 약물요법을 고려한다. 비만 치료에 이용되는 약물은 지질의 흡수를 억제하거나 식욕 억제를 기전으로 한다 (부록 8 참조).

5. 식사장애

1) 신경성 식욕부진증

(1) 특징

신경성 식욕부진증(anorexia nervosa)은 체중 증가에 대한 두려움과 바람직한 체중과 체형에 대한 잘못된 개념으로 식사 섭취를 제한하는 질환으로, 식사 섭취 제한 유형과 식사 섭취 제한과 비우기(purging) 혼합 유형이 있다.

표 6-7 신경성 식욕부진증의 진단 기준

- 1단계 : 표준체중 유지를 거부하고 표준체중의 85% 이하이거나 성장 기간에도 체중 증가를 보이지 않으며, 체중의 85% 이하로 저하되거나 체질량지수 17.5 kg/m^2 이하
- 2단계 : 처음 체중보다 25% 이상 감소
- 저체중인데도 살찌는 것에 대한 극도의 공포심 가짐
- 자신의 체중이나 체형을 표현하는 방식이 왜곡되어 지나치게 외모나 체중을 강조하고 현재 저체중의 심각성을 거부
- 여성의 경우 무월경증 또는 연속 3번 이상 무월경증
- 감성 조절이 안 되고 기분이 변하며 자살 충동 등을 나타냄
- 신경성 식욕부진 기간에 폭식이나 탐식을 하는 행동을 보임

(2) 합병증

지속될 경우에는 전해질의 불균형, 저혈압, 빈혈, 골다공증, 저혈당 등을 유발하게 되고, 신부전, 간 손상, 심장마비까지 초래할 수 있다.

(3) 식사관리

초기에는 약 1,000~1,600 kcal를 제공하고 재급식 증후군(refeeding syndrome)이 발생할 수 있어 모니터링이 반드시 필요하다. 체중 증가 초기에는 1일 100~200 kcal씩 증가시켜 체중 증가를 유도한다. 체중 증가 후반부에는 1일 체중당 70~100 kcal의 에너지를 제공한다.

2) 신경성 폭식증

(1) 특성

신경성 폭식증(bulimia nervosa)은 체중 증가에 대한 두려움과 정상체중 및 체형에 대한 부적절한 기준을 가지고 있어 폭식과 비정상적인 보상 행동(구토나 하제 사용을 반복)을 반복적으로 하는 질환으로 치아 침식, 식도염, 충혈된 눈이나 설사, 부종 등의 증상을 보인다.

표 6-8 신경성 폭식증의 진단 기준

- 2시간 동안 계속 먹으면서 많은 양을 먹거나 자제할 수 없는 폭식 행위가 빈번함.
- 자발적 구토나 설사제, 이뇨제 등을 3개월에 주 2회 이상 쓰거나 심한 운동이나 관장 등의 행동을 자주함.
- 자신에 대한 평가가 체형이나 체중에 의해 과도하게 좌우된다고 생각함.
- 강제 배설형 : 폭식 후 구토, 설사제, 이뇨제, 배변제 등을 주기적으로 사용함.
- 비강제 배설형 : 폭식 후 과도한 운동이나 단식을 주기적으로 함.

(2) 식사관리

대사율이 정상이면 1일 2,200~2,400 kcal을 제공하고, 낮을 경우에는 1,500~1,600 kcal 제공으로 시작하여 100~200 kcal씩 증가시킨다. 체중 변화를 모니터링하고 폭식이나 비우기를 반복할 수 있으므로 저열량 식사 섭취는 바람직하지 않다.

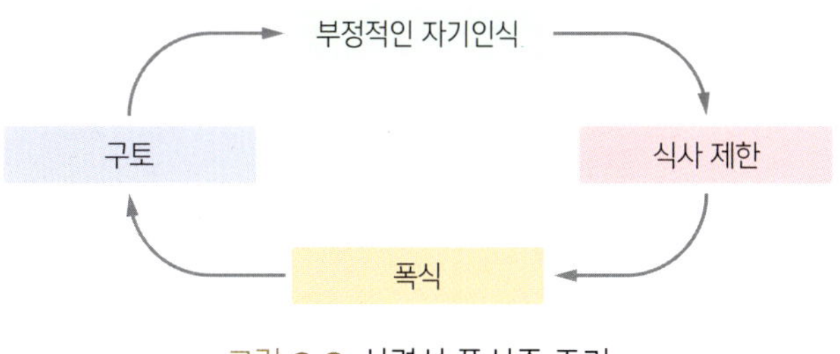

그림 **6-3** 신경성 폭식증 주기

사례 연구

임상 정보

외모에 대한 관심이 지나치게 많은 대학생 박 양은 마른 체구임에도 불구하고 빈번하게 다이어트를 하였다. 박 양은 최근 들어 쉽게 피로를 느끼고, 무월경증이 나타났다.

진단

박 양의 현재 상태는 다음과 같다.

- 체질량지수(BMI) 17 kg/m^2
- 무월경증
- 현재 저체중임을 인정하지 않음.
  → 체질량지수 17.5 kg/m^2 미만이고, 자신의 체형이나 체중을 표현하는 방식이 왜곡되어 있는 신경성 식욕부진증(anorexia nervosa)로 적절한 대처가 필요함.

신경성 식욕부진증의 합병증

박 양이 신경성 식욕부진증의 심각성을 인식하지 못하고 신경성 식욕부진증을 치료하지 않을 경우에 나타날 수 있는 증상은?

→ 박양의 신경성 식욕부진증이 지속될 경우에는 전해질의 불균형, 저혈압, 빈혈, 골다공증, 저혈당 등을 유발하게 된다.

→ 심각할 경우에는 신부전, 간 손상, 심장마비까지 초래할 수 있다.

임상영양치료의 목표

박 양의 신경성 식욕부진증 극복을 위한 임상영양치료 방법은?

→ 초기에는 약 1,000~1,600 kcal를 제공하고, 체중 증가 초기에는 1일 100~200 kcal씩 증가시켜 체중 증가를 유도하며, 체중 증가 후반부에는 1일 체중당 70~100 kcal의 에너지를 제공한다.

용어정리

내장지방(visceral fat)

내장 주변에 축적된 지방

렙틴(leptin)

소장의 지방세포와 장세포에서 주로 만들어지는 호르몬으로, 포만감을 느끼게 하여 에너지 균형을 조절하는 데 도움을 줌

세포 비대(hypertrophy)

세포 크기의 증가

세포 증식(hyperplasia)

세포수 증가

신경성 대식증, 폭식증(bulimia nervosa)

폭식 및 칼로리 제거를 위한 구토가 특징적인 섭식장애

신경성 식욕부진증(anorexia nervosa)

과도한 음식 제한과 체중 증가에 대한 비합리적인 두려움을 특징으로 하는 섭식장애

재급식 증후군(refeeding syndrome)

신경성 식욕부진증 환자의 경우와 같이 심한 영양 부족이나 영양실조 환자에게 경구나 정맥으로 영양 공급을 시작할 때 나타날 수 있는 대사적 반응으로, 심각한 경우 중대한 심혈관계, 신경계 이상 등을 유발하고 사망에도 이를 수 있음

단원정리

비만의 분류 방법

- 원인에 따라 섭취량이 소모량보다 많은 단순성 비만과 질환에 따른 증후성 비만으로 분류
- 발생 시기에 따라 지방세포증식형의 소아비만과 지방세포비대형의 성인 비만으로 분류
- 체지방의 분포에 따라 대사 관련 질병 발병 위험이 높은 사과형 상체 비만과 배형 하체 비만으로 분류
- 지방 축적 위치에 따라 복강의 내장 주변에 지방이 축적되어 대사성 질환 발병 위험이 높은 내장형 비만과 피하에 지방이 축적되는 피하지방형 비만으로 분류

비만의 진단 방법

- 체질량지수(body mass Index, BMI) kg/m^2
- 체지방 비율을 이용한 피부두겹두께(skinfold thickness), 생체전기저항측정법(bioelectrical impedance, BIA), 수중체중측정법(hydrostatic weighing)
- 체지방 분포를 이용한 허리-엉덩이둘레 비율(waist-to-hip ratio, WHR), 허리둘레, 단층촬영법(computerized tomography, CT)

비만의 문제점

- 비만의 경우 인슐린 저항성 증가, 유리지방산의 증가와 같은 대사 변화
- 비만은 대사증후군, 제2형 당뇨병, 심혈관계 질환, 담석증, 근골격계 질환, 수면무호흡증, 특정 암 질환 발생의 위험을 증가시킨다.

비만의 관리

- 식사요법 : 1주에 0.5 kg 감량을 위해 하루 500 kcal의 에너지 감소
- 운동요법 : 유산소 운동과 무산소 운동(근력 운동)의 병행
- 행동요법 : 자극조절, 문제해결, 인지 재구조화, 자기 모니터링
- 약물요법 : 체질량지수 25 kg/m^2 이상, 다른 요법이 효과적이지 않을 때 적용

지나치게 외모에 집착하여 발생하는 식사장애

- 신경성 식욕부진증(anorexia nervosa) : 저체중임에도 불구하고 살찌는 것에 극도의 공포심을 가지고 식사 섭취를 제한하는 행동으로, 전해질 불균형, 저혈압, 빈혈, 골다공증 및 심각한 경우 신부전, 간 손상, 심장마비와 같은 합병증을 유발할 수 있다.
- 신경성 폭식증(bulimia nervosa) : 체중 증가에 대한 두려움과 정상체중 및 체형에 대한 부적절한 기준으로 폭식과 구토 등을 반복하는 질환으로 치아침식, 식도염, 충혈된 눈이나 설사, 부종 등의 증상이 나타난다.

CHAPTER 7

심혈관계 질환과 영양

학습목표

1. 심혈관계의 구조를 설명할 수 있다.
2. 심장의 기능과 체순환, 폐순환 과정을 설명할 수 있다.
3. 혈압의 정의와 조절기전을 설명할 수 있다.
4. 고혈압의 원인과 진단기준을 설명할 수 있다.
5. 고혈압 환자의 치료를 위한 영양관리 원칙을 설명할 수 있다.
6. 이상지질혈증의 원인과 혈중지질의 정상범위를 설명할 수 있다.
7. 고콜레스테롤증 환자, 고중성지방혈증 환자의 치료를 위한 영양관리 원칙을 설명할 수 있다.
8. 동맥경화를 조직학적으로 설명할 수 있다.
9. 동맥경화증의 병리적인 분류를 설명할 수 있다.
10. 동맥경화증 환자의 영양관리의 원칙을 설명할 수 있다.
11. 울혈성 심질환을 정의할 수 있으며, 병리와 치료 방법을 설명할 수 있다.
12. 심장질환 시 나트륨 제한의 필요성을 설명할 수 있다.
13. 뇌졸중의 치료 방법을 설명할 수 있고, 영양관리의 원칙을 설명할 수 있다.

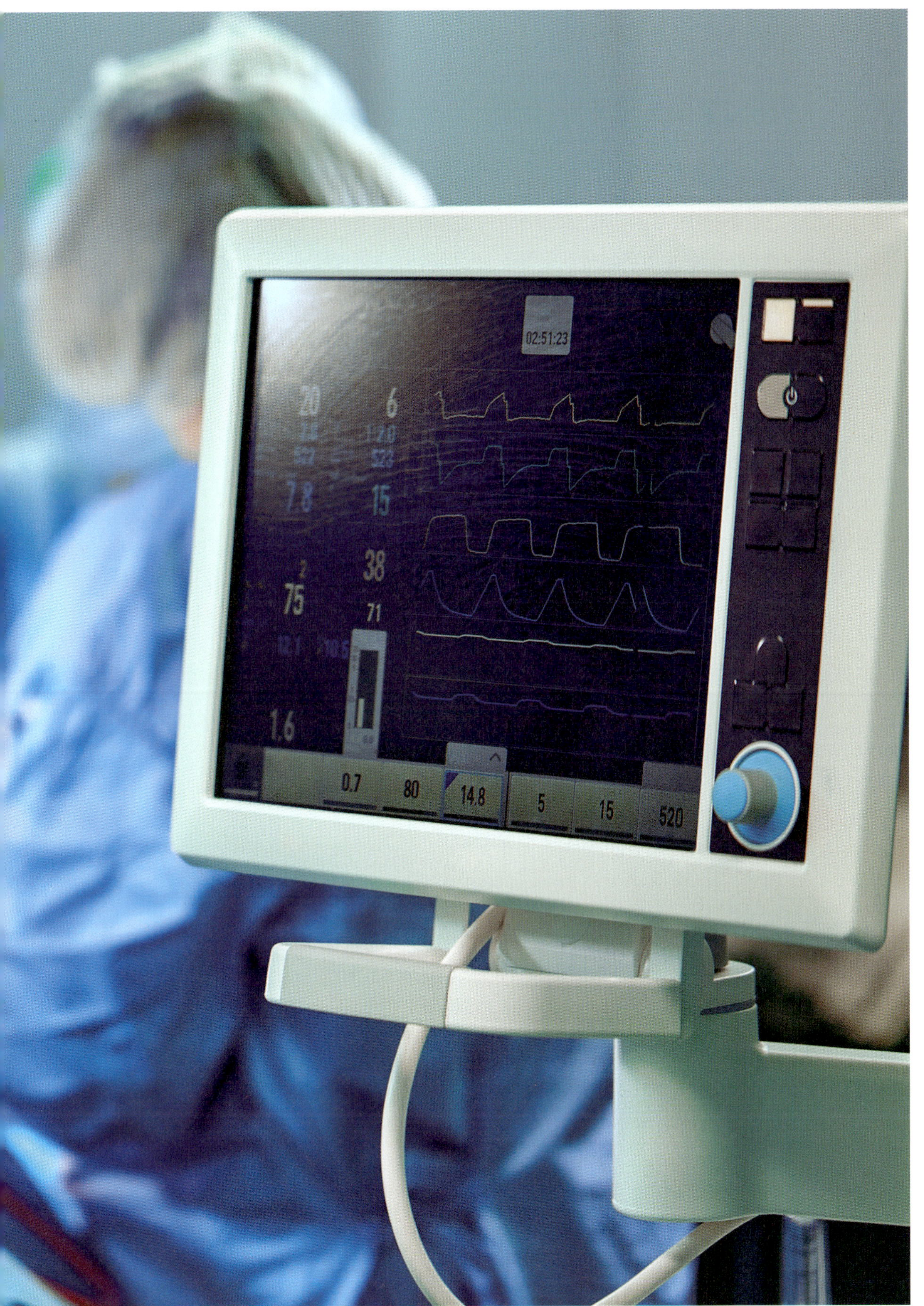
02:51:23
20
6
7.8
15
38
75
71
1.6
0.7
80
14.8
5
15
520

1. 심혈관계 구조와 기능

1) 심혈관계 구조

심혈관계는 심장과 혈관으로 이루어진 기관으로 혈액이 신체를 순환하면서 각 조직에 필요한 산소와 영양소 등의 물질을 공급하고 대사 과정에서 생성된 이산화탄소와 노폐물을 제거하는 역할을 담당한다. 심장의 크기는 약 250~300 g이고 흉강 중앙, 좌우 폐에 둘러싸여 좌심과 우심으로 나뉘며, 각각 심방과 심실로 구분되어 있다. 탄력성이 강한 심근으로 구성되어 혈관을 통해 혈액을 순환시키는 펌프 역할을 하는 장기로 1분에 70회 정도 박동을 한다.

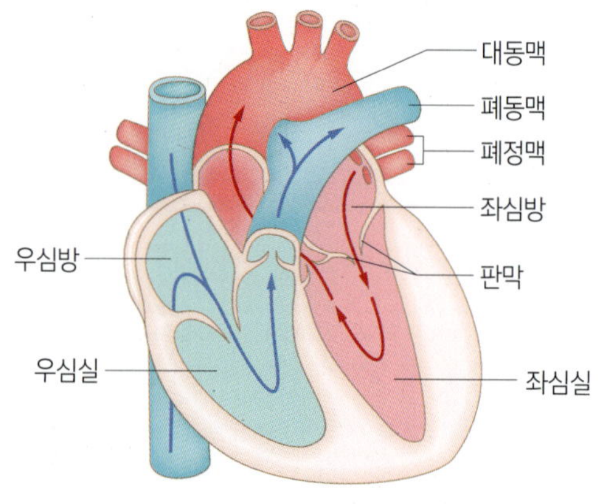

그림 7-1 심장의 구조와 혈액 흐름

2) 심혈관계 기능

심장에서 나온 혈액은 대동맥, 동맥, 세동맥을 거쳐 모세혈관에 도달한 후 혈액과 세포 사이의 물질 교환을 하고 다시 세정맥, 정맥, 대정맥을 통해 심장으로 돌아오는 순환을 거치며 이를 체순환(systemic circulation)과 폐순환(pulmonary circulation)으로 구분한다. 체순환계는 좌심실에서 대동맥으로 나간 혈액이 세동맥을 거쳐 모세혈관을 통해 온몸의 조직을 순환한 후 다시 세정맥, 정맥을 지나 하대정맥과 상대정맥을 통해 우심방에 이르는 순환을 한다. 폐순환계는 우심실에서 나간 혈액이 폐동맥, 폐 전체를 순환하는 모세혈관과 폐정맥을 거쳐 좌심방으로 돌아오는 순환계이다.

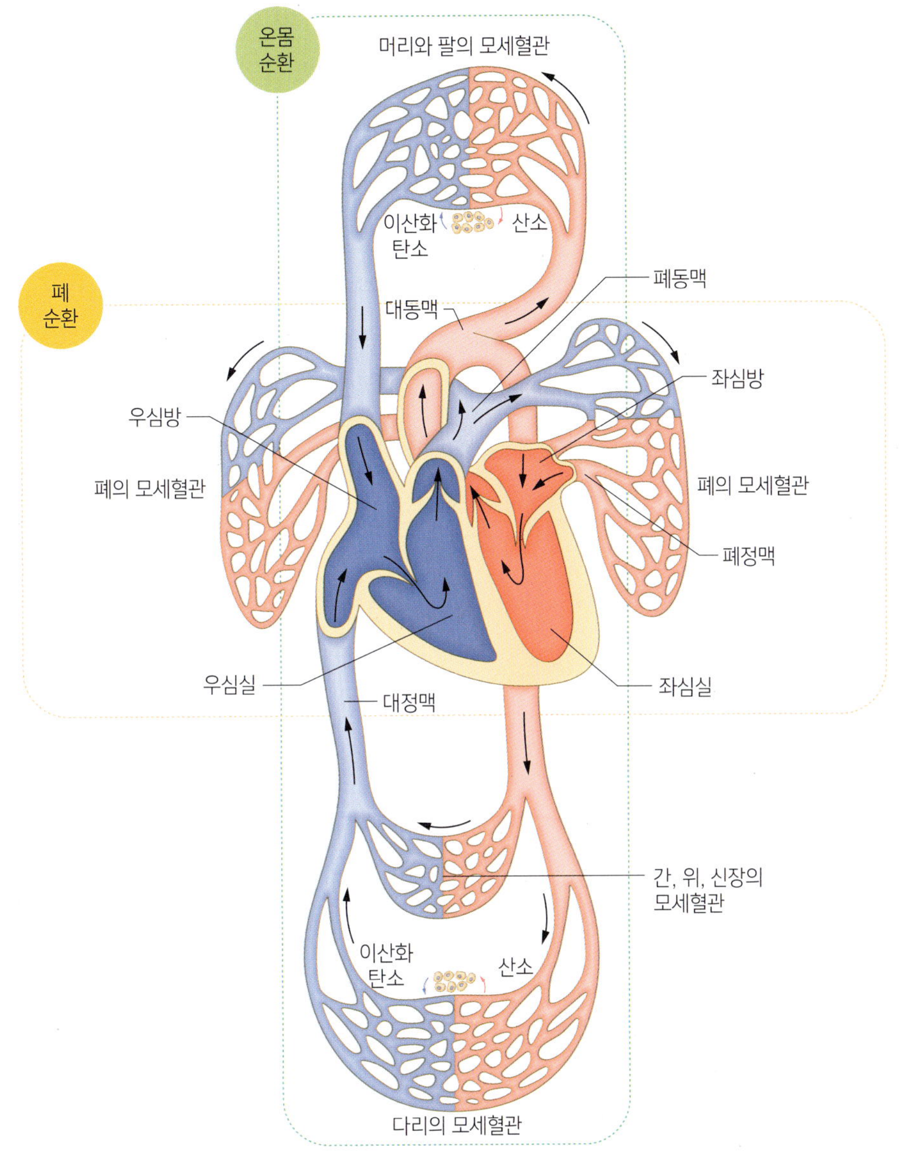

그림 7-2 체순환계와 폐순환계

2. 고혈압과 영양

고혈압은 동맥벽에 가해지는 압력이 상승하여 수축기와 이완기 혈압이 높아지는 증상을 말한다. 고혈압 상태가 지속이 되면 죽상동맥경화증과 심장혈관계 질환의 주요 위험인자가 되어 심장동맥으로 혈액을 방출하는 것을 어렵게 하고 심장근육을 약하게 하여 심장부정맥, 울혈성 심부전이 발생될 위험을 증가시킨다. 2021년 우리나라 20세 이상 성인 인구의 약 30%가 고혈압이 있는 것으로 추정되고 뇌혈관질환과 밀접한 관계가 있어 예방관리가 국민 건강 증진에 매우 중요한 문제로 인식되고 있다(고혈압 팩트시트 2023).

1) 원인과 증상

혈압은 연령, 성별, 식사, 자세, 심리 상태, 측정 부위에 따라 측정치가 다르며, 개인에서도 생물학적 변동 폭이 넓어 측정 때마다 다른 값이 나타날 수 있다. 고혈압은 원인에 따라 본태성(일차성) 고혈압과 속발성(이차성) 고혈압으로 분류한다. 전체 고혈압 환자의 85~90%를 차지하는 본태성 고혈압은 발생 원인이 명확하지 않지만 유전적 요인(가족력)을 비롯한 여러 요인에 의해 복합적으로 유발된다. 속발성 고혈압은 신장병, 심장병, 내분비호르몬 및 신경계 이상이나 임신중독증에 의해 유발되고 전체 10% 정도를 차지하며, 원인이 되는 질환을 치료하면 정상 혈압으로 돌아올 수 있다.

표 7-1 고혈압을 유발하는 요인

본태성 고혈압의 위험 인자	속발성 고혈압을 일으키는 질환	
• 가족력(유전) • 흡연/음주 • 비만/운동 부족 • 스트레스 • 고지혈증 • 에너지, 나트륨의 과다 섭취 • 칼륨, 마그네슘, 칼슘 섭취 부족 • 약물 요인 : 경구피임약, 제산제, 항염제, 식욕억제제	혈관질환	대동맥 축약
	신경계 질환	뇌압 상승 등
	내분비질환	갑상샘 항진증 및 저하증, 쿠싱증후군, 부신종양
	신장질환	신혈관 협착, 신부전, 신장염
	임신	자간증, 임신중독증

2) 고혈압의 진단

혈액의 압력은 심장이 수축하여 동맥혈관으로 혈액을 보낼 때 가장 높은데, 이때의 혈압을 수축기 혈압이라고 하고, 심장이 늘어나서 혈액을 받아들일 때를 이완기 혈압이라고 한다. 우리나라는 120/80 mmHg 미만을 정상 혈압으로 분류하고 심혈관 위험도가 가장 낮은 최적 혈압으로 진단한다. 고혈압을 방치할 경우 고혈압성 혈관질환으로 인해 심비대가 초래되고 죽상경화증을 동반할 때 허혈성 표적 장기가 손상될 수 있다.

표 7-2 고혈압의 진단 기준

혈압의 분류		수축기 혈압(mmHg)		이완기 혈압(mmHg)
정상 혈압*		<120	그리고	80 미만
주의 혈압		120~129	그리고	<80
고혈압 전단계		130~139	또는	80~89
고혈압	1기	140~159	또는	90~99
	2기	≧160	또는	≧100
수축기 단독 고혈압		≧140	그리고	<90

*심뇌혈관질환의 발생 위험이 가장 낮은 최적 혈압
자료 : 대한고혈압학회, 고혈압 진료지침, 2022

3) 고혈압의 치료

고혈압 치료는 혈압을 조절하여 심뇌혈관질환을 예방하고 사망률을 낮추는 것으로 건강한 식사습관과 운동, 금연, 금주, 절주 등의 생활요법은 혈압을 떨어뜨리는 효과가 있어 고혈압 예방에 중요하다.

(1) 영양관리

① 소금(나트륨)의 섭취량 제한

체액의 균형을 조절하는 나트륨은 수분을 보유하려는 성질이 있어 소금 섭취가 많아지면 혈액의 부피가 커지고 혈관이 압력을 많이 받아 혈압을 상승시키고 부종을 유발한다. 따라서 2022년 대한고혈압학회에서 권장하는 하루 6 g(나트륨 2,400 mg) 이하를 섭취하면 혈압을 낮추는 효과와 함께 인위적인 이뇨제 복용을 할 필요가 없으므로, 칼륨 손실을 막고 소변으로 배설되는 칼슘의 손실이 줄어 골다공증과 요로결석을 예방하는 데 도움이 된다(고혈압 진료지침, 2022).

단, 소금에 대한 감수성은 고령자, 비만자, 당뇨병 또는 고혈압의 가족력이 있는 사람에게 더욱 높다. 환자가 소금에 대한 감수성이 높을수록 적극적인 저염식을 시행하는데 이때 혈압은 더 효과적으로 낮아진다. 나트륨은 가공식품(햄, 소시지, 치즈, 버터 등)이나 절임식품, 건어물 등에 많이 함유되어 있으므로 조리 시에 추가로 소금을 사용하지 않고, 조림이나 간장을 사용한 조리법보다 굽거나 볶는 조리법이 나트륨 조절에 도움이 된다.

달걀, 우유, 치즈, 생선과 같은 동물성 단백질 식품은 나트륨 함량이 높으므로 조리 시 칼륨이 많은 채소를 곁들여 조리하도록 한다.

표 7-3 소금 1 g(나트륨 400 mg에 해당하는 식품

식품	중량(g)	식품	중량(g)
고추장, 쌈장	16	햄/소시지/베이컨	52.7
된장	9.2	짜장	12.4
국간장	7.3	라면	30
조미료	2.5	김치	73
청국장	13	어묵	57

자료 : 한국영양학회 CanPro 5.0

② DASH(dietary approaches to stop hypertension) 식단

미국에서 1990년대 후반 고혈압 예방 및 치료를 위해 개발된 식단으로 소금 섭취 감소와 칼륨, 마그네슘, 칼슘, 식이섬유 섭취 증가 시 혈압 감소 효과가 나타났다. 과일, 채소류, 저지방우유 및 유제품, 전곡류, 어류, 조류 및 견과류를 적극 활용하고 육류와 단순당은 섭취를 제한하는 식사 계획이다.

표 7-4 칼로리별 DASH의 1일 식사 계획

식품군	섭취 권장량(횟수/일)			1회 분량	중요도
	1,600 kcal/d	2,000 kcal/d	2,600 kcal/d		
곡류	6	6~8	10~11	빵 한 조각, 통곡물 28 g, 조리한 곡물(빵, 파스타, 시리얼) 1/2컵	에너지와 섬유질의 주공급원
채소류	3~4	4~5	5~6	생잎채소 1컵, 생채소 혹은 조리한 채소 1/2컵, 주스 1/2컵	칼륨, 섬유질, 마그네슘 풍부
과일류	5	4~5	5~6	중간 크기 과일 1개, 말린 과일 1/4컵, 냉동과일 1/2컵, 과일주스 1/2컵	칼륨, 섬유질, 마그네슘의 주공급원
무/저지방 우유 및 유제품	2~3	2~3	3	우유 또는 요구르트 1컵, 치즈 40 g	칼슘, 단백질의 주공급원
살코기, 가금류 및 생선	3~6	6 미만	6	조리한 살코기, 가금류, 생선 28 g, 달걀 1개	단백질, 마그네슘이 풍부한 공급원
너트, 씨앗 및 콩	3/주	4~5/주	1	견과류 40 g, 땅콩버터 2큰술, 씨앗류 14 g, 콩류 1/2컵	마그네슘, 단백질, 섬유질 에너지가 풍부한 공급원
지방과 기름	2	2~3	3	식물성 기름 1작은술, 마가린 1작은술, 마요네즈 1큰술	전체 칼로리의 27%
당류 및 첨가당	0	5 미만/주	≤2	설탕 1큰술, 젤리 또는 잼 1큰술	지방함량이 낮아야 함

③ 정상체중 유지를 위한 에너지 제한 및 건강한 식습관

고혈압은 체중과 밀접한 관계가 있어 체중을 줄이면 혈압이 감소한다. 표준체중 10% 이상 초과 시 5 kg의 체중을 감량하면 혈압 감소 효과를 얻을 수 있다. 체중을 감량해야 하는 경우 체중을 줄이는 데 필요한 식사지침은 거르지 않고 천천히 먹으며 당분이 많은 음식이나 술 등은 피하고, 빵, 과자, 청량음료 등 불필요한 간식을 하지 않는 것이다. 등 푸른생선과 과일, 채소 등 섬유소가 많은 음식을 많이 섭취하고, 기름이 많은 음식이나 기름을 많이 사용하는 조리법을 피하여 콜레스테롤과 불포화지방산을 적게 섭취하도록 한다.

④ 알코올 섭취 제한

잦은 음주는 열량 섭취를 높여 체중 증가의 원인이 되며, 과도한 음주는 혈압을 상승시키고 고혈압에 대한 저항성을 높인다. 고혈압 환자는 금주를 권장하지만 하루 음주 허용량은 알코올 기준 30 g으로, 맥주 1캔 이하, 소주 1~2잔 이하, 포도주 120 mL 정도이다.

⑤ 기타

- 칼륨 : 칼륨은 나트륨을 몸 밖으로 배설시켜 혈압 상승을 억제시킨다. 1일 3.5 g 이상의 과도한 지방 섭취는 비만이나 이상지질혈증 및 동맥경화증을 유발해 간접적으로 혈압을 높일 수 있다.

표 7-5 칼륨이 풍부한 식품

- 곡류 : 잡곡류, 통밀, 고구마, 감자
- 과일류 : 토마토, 딸기, 바나나, 오렌지, 멜론, 건포도, 밀감
- 채소류 : 시금치, 호박, 우엉, 버섯, 무청, 근대
- 어육류 : 돼지고기, 정어리, 연어, 고등어, 조개류
- 유제품 : 우유, 치즈
- 기타 : 밤, 땅콩, 호두, 커피

- 오메가지방산 : 리놀레산(18:2)이나 오메가-3계 지방산은 혈관 이완 작용을 하는 프로스타그란딘의 합성을 촉진하여 혈압을 낮추는 효과가 있다.
- 식이섬유 : 식이섬유는 체내 나트륨을 흡수하여 배설시키는 작용을 통해 혈압 상승을 억제하는 효과가 있으며, 신선한 채소나 과일, 잡곡이나 콩류, 해조류에 많이 함유되어 권장된다. 그러나 신장질환이 있는 경우 채소나 잡곡처럼 칼륨이 높은 경우

식품의 섭취에 주의가 필요하다.

(2) 약물 치료

고혈압약은 ACE억제제, 안지오텐신차단제, 베타차단제, 칼슘채널 차단제, 티아지드계나 유사 이뇨제, 기타(루프이뇨제, 알도스테론길항제, 알파차단제, 혈관확장제) 등으로 분류한다. 이들 약은 용량을 조절하면 강압 효과의 강도는 비슷하지만 부작용을 고려하여 선택하여 투여해야 한다.

표 7-6 심혈관계 치료제와 식품과의 관계

종류	기전	적응	부작용
ACE억제제/ 안지오텐신차단제	안지오텐신 I 으로부터 안지오텐신II 전환 억제, 브라디키닌(bradykinin) 분해 저해 → 혈관 이완	심부전, 당뇨병성 신증, 만성 신장병	• 피부발적, 마른기침, 혈관부종, 어지럼증
베타차단제	심장의 베타 수용체 차단 → 심장박동과 심박출량 감소	협심증 이상 증가, 말초혈관질환	• 어지럼증, 수족냉증, 서맥, 중성지방 상승, 저혈당, 천식 증상 악화
칼슘채널 차단제	칼슘채널 차단 → 혈관 이완	노인고혈압, 수축기 단독 고혈압, 협심증	• 두통, 어지럼증, 심계항진, 안면 홍조, 발목 부종 • 자몽주스와 같이 섭취 시 약물의 혈중 농도를 높여 약의 부작용 위험 증가
이뇨제	신장에서 나트륨과 수분의 재흡수 저해 → 혈액량 감소	심부전, 수축기 단독 고혈압	• 칼륨 감소로 인한 무기력감, 다리 경련 및 피로감 • 칼륨보전이뇨제의 경우 고칼륨 함유 식품 섭취 제한

4) 고혈압과 합병증

고혈압 초기에는 자각 증상이 없다가 진행되면 두통, 구토, 어지러움, 경련, 귀울림, 불면증, 피로, 손발 저림, 어깨 결림 등의 증상이 나타나고 악화되면 장기의 말초 세동맥에 동맥경화를 일으켜 심근경색, 심부전, 협심증, 뇌출혈, 뇌경색, 단백뇨, 혈뇨, 신경화, 요독증, 신부전, 시력 저하, 안저출혈 등의 합병증이 올 수 있다.

3. 이상지질혈증과 영양

소화, 흡수된 콜레스테롤, 중성지방, 인지질, 유리지방산 등의 지질과 체내에서 합성된 지질은 지단백의 형태로 혈액을 따라 이동하다 체내의 각 기관에 저장된다. 지단백 구성 성분인 아포단백은 간과 소장세포에서 합성되고, 아포단백은 라이페이스와 같이 지단백 대사에 관여하는 효소의 활성을 조절하고 지단백 특이 수용체의 인식 부위로 작용한다. 장에서 흡수된 지방은 장 점막에서 콜레스테롤 에스테르, 중성지방, 아포단백 B_{48}, 인지질, 유리콜레스테롤 등과 함께 카일로마이크론(chylomicron, 암죽미립)을 형성하여 혈액을 통해 운송된다.

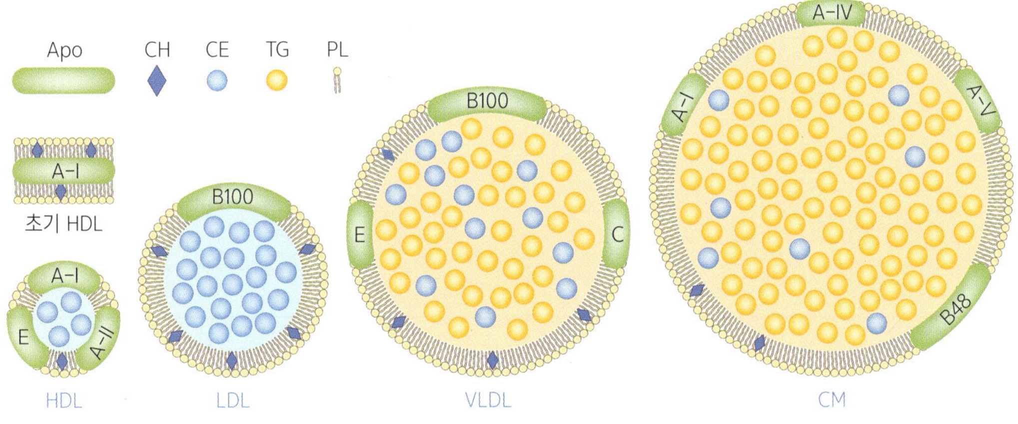

HDL : 고밀도지단백질(high density lipoprotein)
LDL : 저밀도지단백질(low density lipoprotein)
VLDL : 초저밀도지단백질(very low density lipoprotein)
CM : 암죽미립(chylomicron)

Apo : 불완전지단백질(apolipoprotein)
CH : 콜레스테롤(cholesterol)
CE : 콜레스테롤 에스터(cholesteryl ester)
TG : 중성지방(triglyceride)
PL : 인지질(phospholipid)

그림 **7-3** 지단백 구조

혈중 중성지방이나 콜레스테롤의 농도가 비정상적으로 증가한 이상지질혈증은 동맥경화증, 뇌졸중 등 심뇌혈관질환의 주요 위험 요인이다.

표 7-7 지단백의 종류와 특징

종류	근원	밀도(g/mL)	지름(nm)	주요 아포지단백	지질함유비율(%)			
					중성지방	콜레스테롤	인지질	단백질
카일로마이크론	소장	<0.95	75~1200	A, B_{48}, C	83~84	8	7	1~2
VLDL	간, 소장	0.95~1.006	30~80	B_{100}, C, E	50	22	18	10
IDL	VLDL과 카일로마이크론의 분해	1.006~1.019	25~50	B	31	29	22	18
LDL	VLDL 분해 혈류	1.019~1.063	18~28	B	8~10	46~50	21~22	25
HDL	간과 소장에서의 VLDL과 카일로마이크론의 분해	>1.063	5~15	A	4~8	30	29	33

자료 : http://anitapopescu.me/projects/Notes/12-Lipoprotein-Metabolism.html

1) 원인과 증상

이상지질혈증은 지단백의 대사이상에 의해 발생하는 질환이며, 혈액 중에 지질 또는 지방 성분이 과다하게 많이 함유된 상태를 말한다. 이는 콜레스테롤과 중성지방을 운반하는 지단백의 생합성 증가 또는 분해 감소에 의해 나타나기도 한다.

이상지질혈증 자체로 직접적으로 어떠한 증상이 나타나지는 않지만, 콜레스테롤이 혈액 내에 과다하면 동맥벽에 침착되어 혈관 내경이 좁아져 혈액이 원활하게 흐르지 못하는 상태인 동맥경화를 일으킬 수 있고, 동맥경화증이 생기면 각종 혈관질환이 발생할 위험이 높아지고 협심증, 심근경색과 같은 심혈관질환, 중풍, 뇌졸중, 뇌경색과 같은 뇌혈관질환의 유발 가능성이 증가한다.

2) 이상지질혈증의 진단과 분류

이상지질혈증의 기준은 1965년 프레드릭슨(Fredricson)이 5가지로 분류하였고 WHO에서 이를 세분화하여 6가지로 분류한 가족성 이상지질혈증으로 구분하였으나 원인에 따라 일차성과 이차성으로 분류하고, 증가된 지질 종류에 따라 고콜레스테롤혈증, 고중성지방혈증 등으로 구분할 수 있다.

표 7-8 이상지질혈증의 진단 기준

(단위 : mg/dL)

위험도 혈액지표	정상	적정	경계	높음	매우 높음
총콜레스테롤		<200	200~239	≥240	
LDL-콜레스테롤*	100~129	<100	130~159	160~189	≥190
중성지방		<150	150~199	200~499	≥500
HDL-콜레스테롤		≥60		≤40	

* Friedewald 공식 : LDL콜레스테롤 = 총콜레스테롤 − HDL콜레스테롤 − 중성지방/5

자료 : 한국지질·동맥경화학회, 이상지질혈증 진료지침 제5판, 2022

(1) 고콜레스테롤 혈증(hypercholesteriemia)

혈액에 콜레스테롤이 높은 것은 유전이나 고지방 식사가 원인이 될 수 있고 당뇨병, 갑상샘기능 저하 및 신증후군의 합병증으로 올 수도 있다. WHO 분류에 의한 이상지질혈증 중 제II형(고LDL증)이 해당된다. 총콜레스테롤과 LDL의 농도가 높아진다.

체내 콜레스테롤의 20% 정도는 음식으로 섭취한 콜레스테롤을 사용하고 80% 정도는 간이나 소장, 부신 등에서 합성된다. 인슐린은 콜레스테롤 합성을 촉진하고 고지방식, 고당질식, 고열량식은 콜레스테롤 농도를 증가시킨다. 포화지방산은 동물성 식품에 많이 들어 있고 LDL콜레스테롤 농도를 높이는 효과가 있어 총에너지 섭취량의 7% 이하가 되도록 섭취하는 것이 좋다.

(2) 고중성지방혈증(hyperglyceridemia)

WHO 분류의 제I형(고CM혈증)과 제IV형(고VLDL혈증) 및 제V형(고카일로마이크론혈증, 고VLDL혈증)이 해당된다. 중성지방 농도가 비정상적으로 증가하고 VLDL이 증가하며 총콜레스테롤과 LDL이 약간 증가한다. 비만과 단순당, 포화지방의 섭취나 운동 부족 및 당뇨병이 원인이다. 지방 섭취가 증가하면 식사성 중성지방(CM)이 증가하고 당질과 에너지를 과다하게 섭취하면 남은 에너지는 간에서 내인성 중성지방(VLDL)과 콜레스테롤 합성을 촉진한다. 지방 섭취를 제한하고 포화지방산은 중성지방 농도를 높이는 다가 불포화지방산으로 대체한다,

(3) 복합형

WHO 분류에 의한 제II형(고LDL혈증, 고VLDL혈증)과 제III형(고LDL혈증)이 속하고 콜레스테롤 농도가 230 mg/dL, 중성지방이 200 mg/dL 이상으로 증가한다.

표 7-9 이상지질혈증의 분류

분류	진단명	증가하는 지단백	증가하는 지질	원인	식사요법
Type I	가족성 고카일로마이크론혈증 (familialhyper chylomicronemia)	↑ 카일로마이크론	중성지방 (식사성)	지단백분해효소 (LPL) 결핍	지방 섭취 제한 알코올 제한
Type IIa	가족성 고콜레스테롤혈증 (familial hypercholesterolemia)	↑ LDL	콜레스테롤	LDL 수용체 이상, LDL 합성 증가	콜레스테롤 제한 지방 섭취 제한
Type IIb	가족성 결합성고지단백혈증 (familialcombined hyperlipoproteinemia)	↑ VLDL ↑ LDL	콜레스테롤 중성지방 (내인성)	LDL 수용체 이상, LDL 합성 증가	콜레스테롤 제한 지방 섭취 제한 열량, 당질, 알코올 제한
Type III	이상지단백혈증 (dysbetalipoproteinemia)	↑ IDL	콜레스테롤 중성지방	아포단백 E 이상 으로 간에서의 IDL 결합 저하	콜레스테롤 제한 당질 섭취 제한 체중 감소 양질의 단백질 섭취
Type IV	일차성 고중성지방혈증 (primaryhypertriglyceridemia)	↑ VLDL	중성지방 (내인성)	VLDL 합성 증가 VLDL 처리 장애	열량, 당질, 알코올 제한
Type V	복합고중성지방혈증 (mixedhypertriglyceridemia)	↑ 카일로마이크론 ↑ VLDL	중성지방 (식사성) 중성지방 (내인성)	VLDL 처리 장애, VLDL 합성 증가, 카일로마이크론	지방 섭취 제한 열량, 당질, 알코올 제한

3) 이상지질혈증의 치료 및 관리

이상지질혈증의 식사 조절은 가장 기본적인 치료 방법으로 과체중일 경우 열량을 제한하고 증가된 지질의 종류에 따라 지방의 양과 종류, 콜레스테롤, 당질 및 알코올의 섭취량을 조절한다. 치료 목표는 선별검사를 통한 필수검사와 혈청 지질 수치를 적절한 수준으로 유지하여 심혈관계 질환의 위험을 낮추는 것이다.

표 7-10 이상지질혈증 식사원칙

저콜레스테롤식 식사원칙	이상지질혈증식 식사원칙
• 적정 체중을 유지하기 적당한 정도로 열량 섭취를 조절한다. • 포화지방산의 섭취를 줄이고 총지방 섭취량을 줄인다. • 섬유소가 풍부한 식사를 한다.	• 콜레스테롤 : 100 mg/1,000 kcal, 200 mg/day 미만 • 열량 : 바람직한 체중을 유지할 수 있도록 조정한다. • 당질 : 총칼로리의 60% 이하, 도정이 덜 된 곡류로 섭취하는 것이 좋다. • 단백질 : 총칼로리의 15~20% • 지방 : 총칼로리의 25% • 섬유질 : 25~35/day, 수용성 섬유질의 효과가 더 좋다. • 알코올 섭취는 제한한다.

표 7-11 이상지질혈증 치료지침

내용	권고 등급	근거 수준
1. 적정 체중을 유지할 수 있는 수준의 에너지를 섭취한다.	I	A
2. 총지방 섭취량은 총에너지 섭취량의 30% 이내로, 과다하지 않도록 한다.	IIa	B
3. 포화지방산 섭취량을 총에너지의 7% 이내로 제한한다.	I	A
4. 포화지방산 섭취를 줄이기 위해 단일 또는 다가불포화지방산 섭취로 대체하는 것을 고려한다.	IIa	B
5. 트랜스지방산 섭취를 피하는 것을 권고한다.	I	A
6. 고콜레스테롤혈증인 경우 콜레스테롤 섭취량을 줄이는 것을 고려한다.	IIa	B
7. 총탄수화물 섭취량은 총에너지 섭취량의 65% 이내로 과다하지 않도록 하고, 당류 섭취를 10~20% 이내로 제한하는 것을 고려한다.	IIa	B
8. 식이섬유 섭취량이 1일 25 g 이상 될 수 있도록 식이섬유가 풍부한 식품을 섭취하는 것을 권고한다.	I	A
9. 알코올은 하루 1~2잔 이내로 제한하며, 가급적 금주할 것을 권고한다.	I	B
10. 통곡 및 잡곡, 콩류, 채소류, 생선류가 풍부한 식사를 하는 것을 권고한다. - 주식으로 통곡, 잡곡을 섭취한다. - 채소류를 충분히 섭취한다. - 콩류와 생선류를 섭취하며, 적색육과 가공육의 섭취를 줄인다. - 생과일을 적당량 섭취한다.	I	A

자료 : 한국지질동맥경화학회, 이상지질혈증 진료지침 제5판, 2022

표 7-12 이상지질혈증식의 권장식품과 주의식품

구분	권장식품/적정한 섭취	주의식품/섭취량과 횟수 많지 않게
곡류	• 잡곡밥, 통밀 • 식빵, 하드롤, 씨리얼 등	• 볶음밥, 짜장면, 라면 • 고지방 크래커, 비스킷, 칩, 버터팝콘 등 • 파이, 케이크, 도넛, 고지방 과자
어육류	• 껍질 벗긴 가금류 • 기름기 적은 살코기 • 생선 • 달걀흰자 • 콩, 두부, 콩비지, 순두부 등	• 가금류 껍질 • 갈비, 삼겹살, 육류의 내장류 • 고지방 육가공품(스팸, 소시지, 베이컨 등) • 생선알 • 새우, 전복, 오징어
지방류	• 불포화지방산(옥수수유, 면실유, 들기름, 올리브유) • 저지방/무지방 샐러드드레싱, 마가린	• 버터, 베이컨기름, 육류의 기름 • 코코넛유, 팜유, 쇼트닝, 프림 • 치즈 전유로 만든 드레싱 • 딱딱한 마가린
유제품	• 저(무)지방 우유 및 유제품 • 탈지유, 탈지분유 • 저지방 치즈	• 치즈, 크림치즈 • 아이스크림 • 생크림, 치즈드레싱, 밀크쉐이크 • 연유 및 그 제품
채소류 과일류	• 신선한 채소 및 과일	• 버터, 치즈, 크림 등이 첨가된 채소나 과일 • 가당 가공제품(과일통조림 등)
조미료	• 마늘, 파, 생강, 식초, 후추, 겨자, 레몬즙, 토마토케첩	• 마요네즈 샐러드드레싱 • 우스터소스, 바베큐소스 등
외식 시	• 비빔밥, 한정식, 생선구이 김밥, 초밥, 냉면 등	• 꼬리곰탕, 해장국, 곱창구이, 전골, 추어탕, 보신탕, 중국요리
기타	• 견과류 : 땅콩, 호두 등	• 알코올(소주, 맥주, 정종, 위스키 등) • 초콜릿, 꿀, 사탕 등 단음식 • 엿, 과자, 콜라, 사이다 등

표 7-13 주요 식품의 포화지방산과 콜레스테롤 함량

식품명	1교환단위	포화지방산	콜레스테롤(mg)	CSI/1교환단위	CSI/100 g
달걀	55	1.73	261	14.8	26.89
돼지고기(삼겹살)	40	5.8	27.4	7.17	17.93
돼지고기(등심)	40	0.7	21.8	1.79	4.48
소고기(갈비)	40	1.8	30.5	3.32	8.31
소고기(안심)	40	2.45	28	3.87	9.67
소간	40	0.37	97	5.31	13.28
닭고기(가슴살)	40	0.22	28	1.62	4.06
닭고기(날개)	40	1.57	44	3.77	9.42
오징어	50	0.18	10.5	0.71	1.41
참치(캔)	50	2.02	28	3.39	6.79
우유	200	4.34	22	5.44	2.72
치즈	30	4.81	24	6.01	20.02
새우	70	0.08	67	3.40	4.86

※ CSI=[콜레스테롤(mg/100 g 식품)×0.05]+포화지방산(g/100 g 식품)

4. 동맥경화증과 영양

1) 동맥경화증의 정의와 분류

동맥경화증은 혈관의 중간층에 퇴행성 변화로 인하여 섬유화가 진행되고 혈관의 탄성이 줄어들어 중성지방과 같은 물질이 침착되어 혈관내강이 좁아지거나 협착과 폐색을 일으키는 것을 말한다. 심해지면 뇌졸중, 심근경색, 말초혈관질환이 발생될 수 있고 이 질병들의 발생 원인을 죽상경화증이라고 한다.

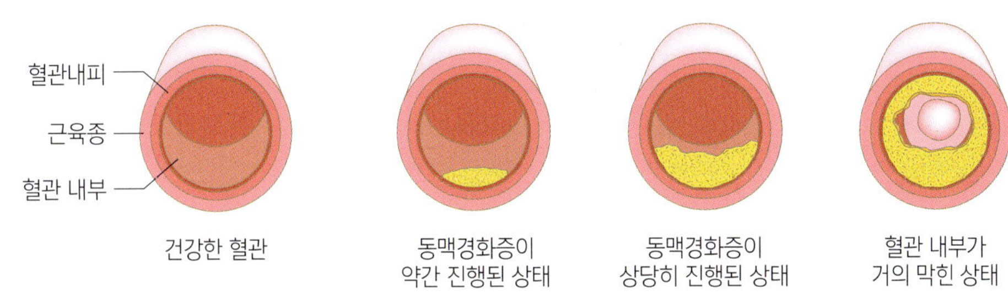

그림 7-4 동맥경화증의 진행 과정

2) 동맥경화증의 발생 위험 인자

초기에 동맥 내막이 손상을 받아 그에 대한 반응으로 인하여 혈관벽이 좁아지는 것으로 알려져 있고, 그 원인은 고혈압, 이상지질혈증, 흡연이다. 그 외에 비만, 당뇨, 가족력, 연령 및 생활습관 관련 요인이 있다.

표 7-14 동맥경화증의 병태생리

구분		내용
병인		• 흡연, 비활동성, 노화, 포화지방식, 고콜레스테롤식 • 비만, 당뇨, 고혈압 • 고호모시스테인혈증, 혈관내피의 기능장애 • 혈청 TG 증가, LDL콜레스테롤 증가, HDL콜레스테롤 감소 • 플라그 축척, NO* 생성의 감소, 산화된 LDL콜레스테롤과 대식세포의 결합, 포말세포와 지방변의 생성
병태생리	증상	• 혈청 총콜레스테롤 증가 • 혈청 중성지방 증가 • LDL콜레스테롤 증가 • HDL콜레스테롤 감소
	영양 판정	• BMI • 허리둘레, 허리-엉덩이 둘레비 • 식사 섭취 : 포화지방산, 트랜스지방산, n-3 지방산, 섬유소, 나트륨, 알코올, 정제당

관리	치료	• 담즙산 흡착제 • 혈당 조절 약제 • 경피적 관상동맥중재술	• 중성지방 감소 약제 • 니코틴산 • 관상동맥우회로술
	영양 관리	• DASH 식단 적용 • n-3 지방산 추가 섭취 • 과일, 채소 추가 섭취 • 콜레스테롤 섭취(200 mg/day) 감소	• 식이섬유는 25~30 g/day • 필요시 체중 감소 • 포화지방산으로 열량의 7% 공급

*NO : nitric oxide, 혈관을 이완시키는 물질

3) 동맥경화증의 영양관리

표준체중 유지를 위한 에너지 섭취 조절과 혈청 지질 수준을 정상 범위로 유지하기 위한 영양관리가 중요하고, 소금 섭취 제한과 DASH 식단 등 고혈압 환자의 영양관리가 필요하다.

5. 허혈성 심장질환

1) 허혈성 심장질환의 정의와 분류

허혈성 심장질환(isochemic heart disease, IHD)은 심장으로 가는 혈류량이 부족하여 발생되는 질환으로 허혈로 인해 산소 요구량과 공급량 간에 불균형이 발생하여 산소 부족에 의한 협심증(angina pectoris)과 혈액 공급이 지속적으로 중단되어 심근이 괴사된 심근경색(myocardial infarction)으로 구분할 수 있다.

(1) 협심증

협심증은 관상동맥의 경화나 협착으로 심근의 내경이 70% 막힐 때까지 별다른 증상을 느끼지 못하다가 운동, 흥분, 과식 등으로 심근이 일시적 산소 부족으로 흉통, 호흡곤란, 흉부압박 등의 증상을 협심증이라 한다. 심장근육의 산소양이 증가할 때 흉통이 발생되는 안정성 협심증(stable angina)과 관상동맥이 갑자기 좁아져 산소 공급이 감소되며 발생하는 불안정성 협심증(unstable angina), 관상동맥 경련으로 막히게 되는 변이형 협심증(variant angina)으로 나눌 수 있다.

안정형 협심증은 신체적, 감정적 스트레스 시에 흉통이 발생하며 안정을 취하면 통증

이 사라지고 호흡곤란과 피곤, 어지러움, 발한이나 실신 등의 증상이 나타난다.

불안정성 협심증은 수면이나 휴식 중에도 발생하며 증상이 더 심하고 지속시간도 길다. 돌연사의 원인이기도 하다. 변이형 협심증은 심근의 산소 공급 감소로 나타나고 새벽이나 아침에 발생되는 경우가 많다.

2) 심근경색

심근경색은 혈전증이나 혈관의 수축 등으로 심장의 혈관(관상동맥)이 급성으로 막히는 경우, 심장의 전체나 일부분에 산소와 영양 공급이 급격하게 줄어들어 심장근육의 조직이나 세포가 괴사되는 질환이다.

심근경색의 위험 요인은 고령, 흡연, 고혈압, 당뇨, 가족력이나 운동 부족과 비만 등이 있다. 가슴 통증이나 압박감이 주된 증상이며 왼쪽 어깨나 양팔, 턱 부위로 방사통이 있다.

표 7-15 **협심증과 심근경색증의 비교**

부위	협심증	심근경색증
관상동맥 상태	혈관에 이물질이 쌓여 좁아짐	혈관이 좁아져 있으며, 혈전으로 인해 완전히 막히기도 함
가슴 통증 정도	조이고 뻐근한 통증	가슴이 심하게 조이고 터질 것 같은 심각한 통증
흉통 지속시간	2~10분	30분 이상(치료를 하지 않으면 10시간 이상)
안정 시	통증이 가라앉음	통증이 가라앉지 않음
안면 창백	나타나지 않음	나타남
식은땀	가볍게 나타남	심하게 나타남
일시적 의식상실	나타나지 않음	나타남
구토	나타나지 않음	나타남

3) 허혈성 심장질환 치료

허혈성 심장질환의 증상 조절을 위해 혈압강하제(니트로글리세린, 칼슘길항제, 베타던차단제), 혈전용해제(헤파린, 아스피린) 등의 약물이 사용되고 고위험 관상동맥질환이 있는 경우는 경피적관상동맥중재술, 관상동맥우회로술 등의 수술을 통해 혈류 확보가 가능하다.

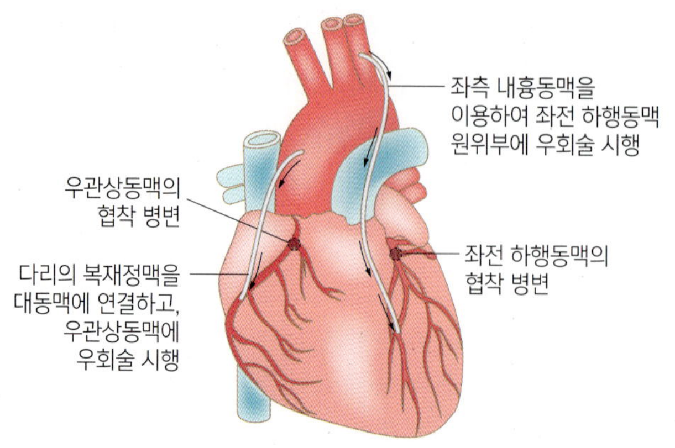

그림 7-5 관상동맥우회로술

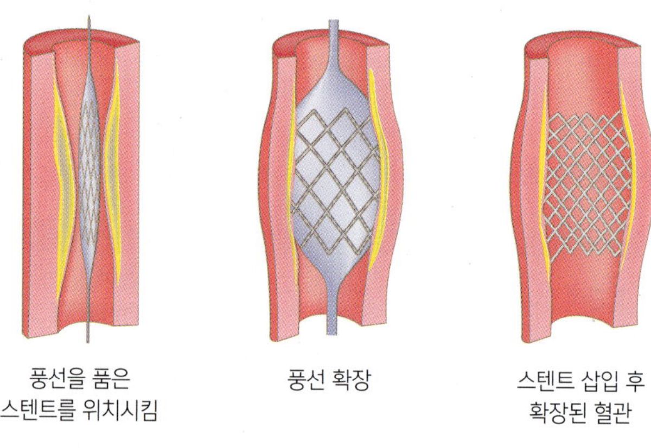

그림 7-6 스텐드삽입술

4) 허혈성 심장질환의 영양관리

심근경색 발작 직후 심장의 휴식과 통증 완화를 위해 처음 6~24시간 동안 금식을 유지하고 맑은 유동식으로 시작하여 당질 위주의 저염, 저지방, 저콜레스테롤 연식(800~1,200 kcal)을 소량씩 자주 공급한다.

(1) 과식 주의

음식물 소화 시 심장박동이나 혈압, 심박출량이 증가된다. 과식할 경우에는 혈류량이 증가되어 심근의 산소 요구량을 증가시키므로 과식을 피한다.

(2) 저지방 저콜레스테롤 섭취

포화지방산과 트랜스지방산은 심혈관질환의 유병률을 증가시키므로 트랜스지방산의 섭취를 줄이고 포화지방산은 하루 에너지 섭취량의 7% 이내로 하고 콜레스테롤은 1일 200 mg 이하로 조절한다. 식물성기름(카놀라유, 올리브유 등)과 견과류(땅콩, 아몬드 등)는 혈중 콜레스테롤 수치를 감소시키므로 적정량 사용을 권장한다.

(3) 나트륨 조절

심근경색 발생 후 환자에 따라 울혈성 심부전이 나타날 수 있어 나트륨 조절이 심장 부담을 완화하고 혈압 조절을 위해 필요하다.

(4) 탄수화물

1일 에너지 섭취량의 50~60% 정도를 섭취한다. 밥, 빵, 떡, 국수, 감자 등 과도한 탄수화물 섭취는 심혈관질환의 위험이 증가하고 과도한 열량 섭취로 체지방 축척이 될 수 있다.

(5) 섬유소

하루 25~30 g 정도를 섭취한다. 수용성 섬유소는 콜레스테롤과 담즙산의 장내 흡수를 지연시키고, 담즙산의 배설을 촉진시켜 혈청 콜레스테롤과 LDL-콜레스테롤을 낮춘다.

(6) 건강한 체중 유지

적절한 체중 유지는 심혈관질환 위험 요인을 낮추므로 주 5회, 30분 이상의 유산소 운동이 권장된다.

(7) 절주

미국심장학회에서는 남자 하루 1~2잔, 여자 하루 1잔 정도로 제한해서 마실 것을 권장한다.

6. 울혈성 심부전과 영양

1) 울혈성 심부전의 정의와 분류

심부전은 모든 심혈관계 질환의 말기에 초래되는 질병으로 심장의 구조적 기능적 이상으로 필요한 혈액을 공급하지 못하는 경우에 초래되는 질병이다. 심부전이 발생한 경우나 심장이 이완되어 심장 펌프가 제 기능을 하지 못해 신장에서 염분과 수분이 정상적으로 제거되지 못하여 폐울혈이나 말초정맥울혈을 야기하므로 울혈성 심부전(congestive heart failue, CHF)이라고 하며, 나이가 증가함에 따라 유병률은 늘어나서 고령 환자의 주요 사망 원인이기도 하다.

2) 울혈성 심부전의 원인과 증상

울혈성 심부전은 심장 수축력이 감소되어 심장의 펌프 기능이 감소되는 모든 심장질환에 의해 발생할 수 있고, 심근경색을 일으키는 관상동맥질환이나 고혈압, 심장판막질환, 심근병증 등이 가장 흔한 원인이다. 심부전의 초기에는 좌심실의 심장기능만 떨어지지만(좌심부전), 심장에 부담이 가중되면서 우심실기능의 저하(우심부전)도 발생할 수 있다. 심부전 환자의 75%가 고혈압이 동반되어 있고 심근경색 환자의 20% 정도가 5년 이내 심부전으로 진행하는 것으로 알려져 있다.

3) 울혈성 심부전의 영양관리

울혈성 심부전 환자의 영양관리는 심장의 부담을 최소로 하고 심근 수축력을 증가시키고 과잉의 체액 보유로 인한 부종을 제거해야 하므로 수분과 나트륨 제한이 필수적이다. 또한 울혈성 심부전 환자는 식욕과 식사량이 줄고 소화 흡수력 저하로 영양불량과 체조직의 소모가 나타나며, 이뇨제 사용으로 인한 수용성 비타민의 손실이 우려된다.

(1) 적절한 열량 섭취

표준체중 기준으로 1일 30 kcal/kg을 섭취하는 것이 바람직하다.

(2) 나트륨 섭취 제한

과다한 염분 섭취는 수분량 증가로 인한 부종, 복수, 호흡곤란 증세가 나타날 수 있으므로 1일 2~3 g(1/4~1/2작은술) 정도의 저염식사를 권장한다.

(3) 수분 섭취 조절

수분 축적으로 인한 부종 및 저나트륨혈증이 발생할 수 있어 1일 2 L 이내로 제한하는 것을 권장한다.

(4) 충분한 단백질, 비타민 B군, 엽산 및 리보플라빈 섭취

심부전 환자의 경우 저알부민혈증이나 근육 감소로 영양불량이 진행될 수 있어 일반인보다 많은 양의 단백질을 섭취하도록 하고 가급적 지방이 적은 살코기, 생선, 두부, 콩, 유제품 등 다양한 단백질 식품을 적정량 섭취하도록 한다. 또한 심부전 환자는 이뇨제 사용으로 인한 미량영양소의 결핍이 발생할 수 있어 균형적인 식사를 통해 고른 영양 섭취를 권장하도록 한다.

(5) 포화지방산, 트랜스 지방산, 콜레스테롤 섭취주의

과도한 지방 및 콜레스테롤 섭취는 체중 조절 방해와 관상동맥질환의 위험 요인으로 작용하므로 섭취에 주의가 필요하다.

(6) 절주, 금연

음주는 심장근육을 약화시켜 부정맥으로 진행될 가능성이 있으므로 금주나 절주를 권장하고, 흡연은 니코틴 성분이 심장박동과 혈압을 증가시켜 혈액 중 산소량을 감소시키므로 금연하도록 한다.

7. 뇌졸중과 영양

1) 뇌졸중의 정의와 분류

뇌졸중(stroke)은 뇌혈관이 막히거나 터지면서 뇌에 산소와 영양소의 공급이 부족하여 뇌조직 대사에 이상을 일으켜서 뇌의 기능에 장애가 나타나는 질환이다. 뇌의 신경세포 기능 이상으로 운동장애, 감각장애, 언어장애, 보행장애, 기억상실 등의 증상이 초래되며, 혈전 등에 의해 허혈성 뇌졸중과 출혈성 뇌졸중으로 나눌 수 있다.

표 7-16 뇌졸중의 분류

<table>
<tr><th colspan="2">구분</th><th>특징</th></tr>
<tr><td rowspan="5">허혈성 뇌졸중</td><td>일과성 뇌허혈발작</td><td>• 뇌혈류의 일시적 장애로 국소성 신경학적 결손이 갑자기 발생하였다가 24시간 내에 완전히 가역적으로 회복되는 것
• 일과성 뇌허혈발작 경험자의 1/3에서 뇌졸중 발생</td></tr>
<tr><td>큰동맥죽상경화증</td><td>• 고혈압, 당뇨, 고지혈증이나 흡연에 의해 손상된 혈관내벽에 콜레스테롤이 침착되어 뇌혈관을 좁게 만들고, 좁아진 부위의 혈전이 혈관을 막아서 생기는 증상</td></tr>
<tr><td>열공뇌졸중</td><td>• 뇌의 큰 혈관에서 분지한 작은 혈관이 고혈압 등으로 압박을 받아 혈관이 막히는 증상</td></tr>
<tr><td>심장성 색전증</td><td>• 심장판막질환이나 심방세동, 심근병 등의 심장질환이 있는 경우 심장에서 혈전이 만들어져서 뇌혈관을 막아 발생</td></tr>
<tr><td>기타</td><td>• 혈관이 찢어지는 동맥박리, 염증으로 혈관이 막히는 뇌혈관염, 유전 혈관질환인 모야모야병, 혈액응고질환인 진선적혈구 증가증 등의 원인으로 발생</td></tr>
<tr><td rowspan="2">출혈성 뇌졸중</td><td>뇌내출혈</td><td>• 죽상경화증이 있는 혈관벽은 신축성이 떨어져서 갑자기 혈압이 오르면 약한 혈관 부위가 파열하게 되는데, 이때 산소와 영양소 공급을 받던 뇌의 신경세포들은 혈류 공급이 안 되어 손상을 받게 되고 주변 세포도 터져 나온 피에 눌려 기능을 상실하게 됨</td></tr>
<tr><td>거미막하출혈</td><td>• 뇌를 싸고 있는 거미막(지주막) 아래에서 동맥류(꽈리처럼 부풀어 오름)가 파열되는 증상
• 10%가 병원에 도착하기 전에 사망할 정도로 치명적임</td></tr>
</table>

2) 위험 요인과 증상

뇌졸중의 위험 요인은 나이, 성별, 출생 시 저체중 및 유전적 요인 등의 조절할 수 없는 위험인자와 고혈압, 당뇨, 흡연, 심장질환 등의 조절 가능한 위험인자, 대사증후군, 음주, 약물남용 등의 잠재적 위험인자로 구분할 수 있다.

표 7-17 뇌졸중의 위험 요인

구분	위험인자
조절할 수 없는 위험인자	나이, 성별, 출생 시 저체중, 유전적 요인
조절 가능한 위험인자	고혈압, 당뇨, 흡연, 심방세동, 심장질환(협심증, 급성 심근경색 등), 이상지질혈증, 무증상경동맥 협착, 폐경 후 호르몬 치료, 신체활동, 비만
잠재적 위험인자	대사증후군, 음주, 약물남용, 경구용 피임제, 수면 중 호흡장애, 편두통, 고호모시스테인혈증, 과다응고증, 염증무증상열공성 병변 및 백색질 변성

3) 뇌졸중의 치료와 영양관리

(1) 약물 및 수술치료

예방이 중요한 뇌졸중은 정기검진을 통해 위험인자를 파악하여 조절하고 뇌졸중이 발생한 환자에게는 위험인자 조절과 함께 항혈소판제제나 항응고제를 복용하게 한다. 대표적 혈소판제제는 아스피린, 플라빅스, 티클리드, 플레탈 등이 있고 혈전 방지를 위해 투여한다. 항응고제는 심장질환에 의한 뇌색전증, 혈관박리 등에 의한 뇌경색은 피의 응고 저지를 위해 사용하며, 투여 중 피의 응고 상태를 적정 수준으로 맞추기 위해 여러 번 피검사를 실시하며 헤파린과 경구용 쿠마딘이 있다.

뇌동맥이 심하게 좁아진 경우는 약물요법만으로는 뇌졸중 재발을 막는 데 역부족일 수 있어 스텐트 삽입술이나 경동맥 내막절제술을 시행하기도 한다.

(2) 뇌졸중의 영양관리

① 뇌졸중 급성기에는 의식 저하나 연하곤란이 있어 관을 통한 영양 공급을 하고 삼킴 능력이 회복되면 단계별 식사로 이행한다.

② 삼키는 기능에 따라 유동식이나 연하보조식, 찬류를 다진 치아보조식, 일반식 단계로 진행하며, 질감이나 농도를 조절한다.

③ 수분 섭취는 하루에 6~8컵 정도를 섭취하고 연하곤란이 있는 경우 흡인 위험이 있어 빨대나 점도증진제로 조절한다.

④ 재발 방지를 위해 고혈압, 당뇨, 이상지질혈증, 비만 등 위험인자를 줄이고 뇌졸중 예방을 위한 식사요법을 준수한다.

사례 연구

임상 정보

과체중인 47세 박 대리는 평소 야근이 잦고 1주 1~2회 회식으로 삼겹살과 소주를 곁들인 식사를 한다. 올해 건강검진 결과 혈압이 수축기 169 ㎜Hg, 이완기 112 ㎜Hg로 나타났다. 가끔 두통이 있기는 하였으나 1개월 한 번씩 산행을 하기도 하였다.

고혈압 진단

박 대리(47세)가 내원하여 검사한 결과 신장 167 cm, 체중은 70 kg이었고, 가장 체중이 적을 때는 63 kg이었다. 건강검사 결과는 다음과 같았다.

구분	항목	결과	참고치	단위
혈액 검사	콜레스테롤(total cholesterol)	218	100~199 mg/dL	mg/dL
	중성지방(triglyceride, TG)	203	30~149 mg/dL	mg/dL
	HDL-cholesterol	48	60~100 mg/dL	mg/dL
	LDL-cholesterol	141	20~99 mg/dL	mg/dL

→ 혈액검사 결과 T-C, T-G, HDL, LDL 모두 진단 기준보다 높아 콜레스테롤 조절약과 혈압약으로 2개월간 조절 후 내원하기로 하였다.

영양판정

박 대리가 체중 감소와 HDL-cholesterol 정상 유지를 위해 1일 섭취량과 운동량을 병행하기 위한 방안은?

→ 출근 전 아파트 내 휘트니스 클럽에서 유산소 운동과 근력 운동을 병행하고 점심 식사 후 40분 이상 걷기 운동과 저녁 식사 후 운동으로 주 2 kg씩 감량 목표 설정

→ 오전 식사는 샐러드와 과일을 곁들인 식사로 전환하였고 대신 점심은 한식으로 600 kcal 정도 섭취, 저녁 식사는 오후 6시 이전 구내식당에서 500 kcal 정도의 식사로 1일 1,500 kcal로 목표 설정

→ 간식이나 커피 등 음료를 줄이고 수분을 2 L 정도 섭취

임상영양치료의 목표

콜레스테롤약과 혈압약을 복용하고 있는 과체중 박대리의 임상영양치료의 목표는?

→ 체중관리와 혈압, 지질 수치 개선 및 합병증 예방과 콜레스테롤 많은 식품, 알코올 섭취 제한

용어정리

고지혈증(hyperlipidemia)

동맥경화, 심장병, 뇌졸중의 위험인자

관상동맥질환, 관상심장병(coronary artery disease, coronary heart disease)

관상동맥을 통한 혈류 장애

뇌졸중(stroke)

뇌에 혈액 공급 장애로 인한 급격한 뇌기능 상실

동맥경화증(atherosclerosis)

콜레스테롤, 중성지방 등의 지방질이 축적되어 동맥벽이 점차 두꺼워짐

심근경색(myocardial infaction)

심장근육으로 가는 혈류가 막힌 상태

죽상경화반(plaque)

지방, 콜레스테롤, 칼슘, 피브린 등으로 이루어진 물질로 동맥벽에 축적되면 동맥을 좁혀 죽상경화증을 유발

지단백(lipoprotein)

소수성 지질인 중성지방, 콜레스테롤 에스테르 등은 친수성인 인지질, 콜레스테롤 및 아포단백으로 둘러싸여 수용성 지단백을 구성하여 혈장 내에서 이동이 가능

항이뇨호르몬(antiduretic hormone, ADH)

뇌하수체 후엽에서 분비되는 펩타이드 호르몬으로 바소프레신(vasopressin)이라고 하며, 신장에서 수분의 재흡수를 촉진하고 모세혈관을 수축시킴으로써 혈압을 높이는 작용

협심증(angina pectoris)

계속해서 오는 흉통이나 불편함. 심장의 일부가 충분한 혈액과 산소를 얻지 못할 때 발생함

DASH 다이어트(dietary approach to stop hypertension)

원래는 혈압을 낮추는 식이요법으로 개발된 다이어트

단원정리

심혈관계의 구조와 기능은?

- 심장은 흉강 중앙, 좌우 폐에 둘러싸여 좌심과 우심으로 나뉘며, 각각 심방과 심실로 구분되어 있고 탄력성이 강한 심근으로 구성되어 있다.
- 심혈관계는 심장과 혈관으로 이루어진 기관으로 혈액이 신체를 순환하면서 각 조직에 필요한 산소와 영양소 등의 물질을 공급하고 대사 과정에서 생성된 이산화탄소와 노폐물을 제거하는 역할을 담당한다.

대표적인 심장질환의 유형과 영양관리

- 고혈압 : 고혈압은 동맥벽에 가해지는 압력이 상승하는 증상을 말하며, 건강한 식사습관과 운동, 금연, 금주 등의 생활요법을 시행해야 한다. 영양적으로는 나트륨 제한, 에너지 제한과 체중 조절, 칼륨 섭취 증가 등이 효과적이다.
- 이상지질혈증 : 혈중 중성지방이나 콜레스테롤의 농도가 비정상적으로 증가한 이상지질혈증은 동맥경화증, 뇌졸중 등 심뇌혈관질환의 주요 위험요인이다. 영양관리로는 적정 체중을 유지하기 적당한 정도로 열량 섭취를 조절하고 포화지방산의 섭취를 줄이며 총지방 섭취량을 줄인다. 또한 섬유소가 풍부한 식사를 한다.
- 동맥경화증 : 동맥경화증은 혈관의 중간층에 퇴행성 변화로 인하여 섬유화가 진행되고 혈관의 탄성이 줄어들어 중성지방과 같은 물질이 침착되어 혈관내강이 좁아지거나 협착과 폐색을 일으키는 것을 말한다. 표준체중 유지를 위한 에너지 섭취 조절과 혈청지질 수준을 정상 범위로 유지하기 위한 영양관리가 중요하고 소금 섭취 제한과 DASH 식단 등 고혈압 환자의 영양관리가 필요하다.
- 허혈성 심장질환 : 허혈성 심장질환은 심장으로 가는 혈류량이 부족하여 발생되는 질환으로 허혈로 인해 산소 요구량과 공급량 간에 불균형이 발생하여 산소 부족에 의한 협심증과 혈액 공급이 지속적으로 중단되어 심근이 괴사된 상태를 말한다. 심근경색 발작 직후 심장의 휴식과 통증 완화를 위해 처음 6~24시간 동안 금식을 유지하고 맑은 유동식으로 시작하여 당질 위주의 저염, 저지방, 저콜레스테롤 연식(800~1,200 kcal)을 소량씩 자주 공급하는 것이 좋다.
- 울혈성 심부전 : 심부전은 모든 심혈관계 질환의 말기에 초래되는 질병으로 심장의 구조적 기능적 이상으로 필요한 혈액을 공급하지 못하는 경우에 초래되는 질병이다. 울혈성 심부전환자의 영양관리는 심장의 부담을 최소로 하고 심근 수축력을 증가시키고 과잉의 체액 보유로 인한 부종을 제거해야 하므로 수분과 나트륨 제한이 필수적이다.
- 뇌졸중 : 뇌졸중(stroke)은 뇌혈관이 막히거나 터지면서 뇌에 산소와 영양소의 공급이 부족하

여 뇌조직 대사에 이상을 일으키게 되어 뇌의 기능에 장애가 나타나는 질환이다. 영양적 관리는 단계적으로 적용되어야 한다. 뇌졸중 급성기에는 의식 저하나 연하곤란이 있어 관을 통한 영양 공급을 하고 삼킴 능력이 회복되면 단계별 식사로 이행하고, 삼키는 기능에 따라 유동식이나 연하보조식, 찬류를 다진 치아보조식, 일반식 단계로 진행하며, 질감이나 농도를 조절한다. 수분 섭취는 하루에 6~8컵 정도를 섭취하고 연하곤란이 있는 경우 흡인 위험이 있어 빨대나 점도증진제로 조절한다. 재발 방지를 위해 고혈압, 당뇨, 이상지질혈증, 비만 등 위험인자를 줄이고 뇌졸중 예방을 위한 식사요법을 준수한다.

CHAPTER 8

신장질환과 영양

학습목표

1. 신장의 구조와 기능을 설명할 수 있다.
2. 신장질환의 종류와 병태생리를 설명할 수 있다.
3. 다양한 신장질환에 관한 영양관리의 원칙을 설명할 수 있다.

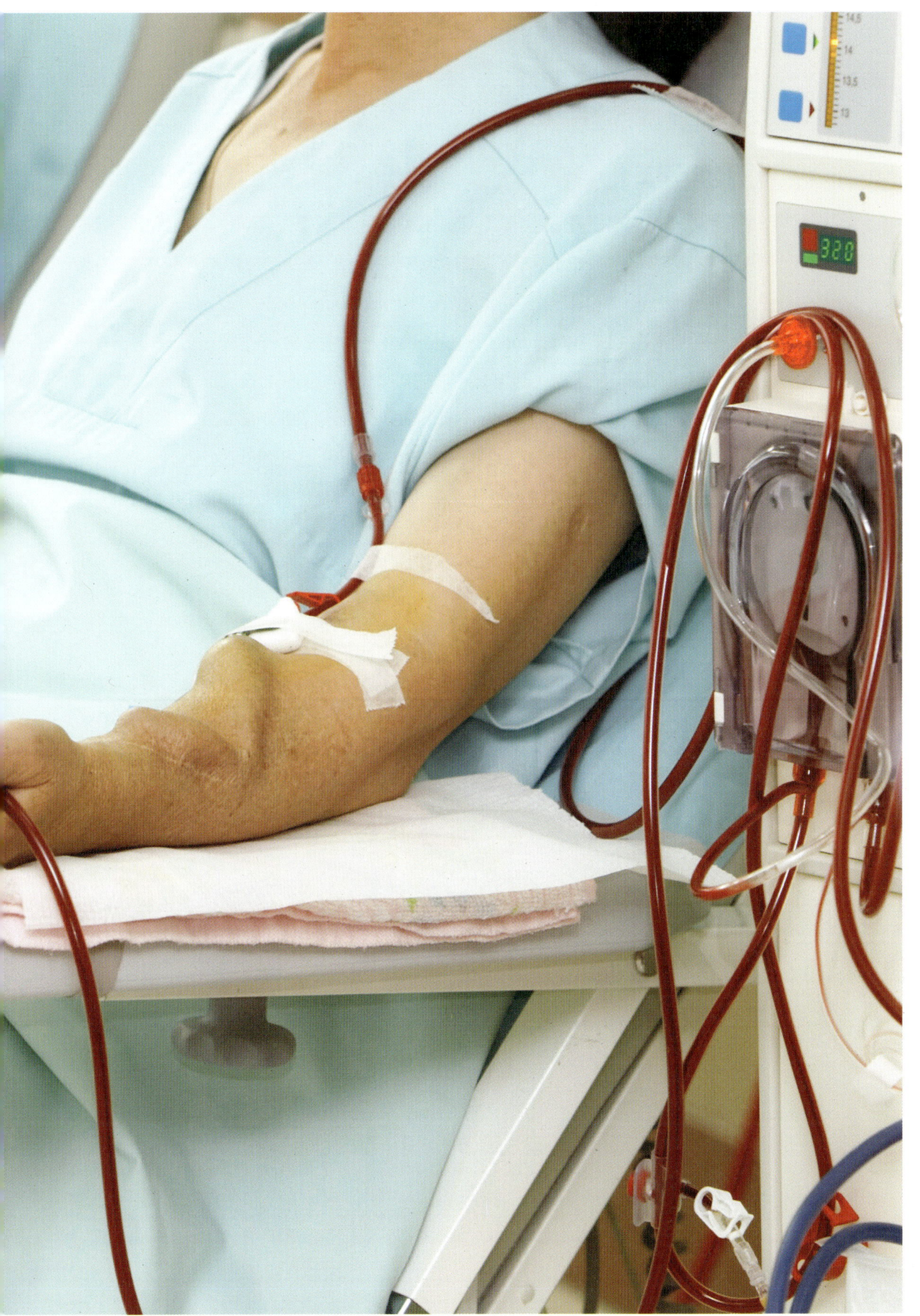
14.5
14
13.5
13
320

1. 신장의 구조와 기능

1) 신장의 구조

콩팥이라고도 불리는 신장은 혈액 내에 존재하는 노폐물을 걸러주는 여과기와 같은 기능을 하고 있다. 후복벽에 강낭콩 모양으로 좌우에 한 쌍으로 120~170 g 정도 크기로 주로 사구체(glomerulus)가 있는 피질과 세뇨관(renal tubule)이 있는 구조로 되어 있다. 신장의 기본 단위는 네프론(nephron)으로 신소체와 세뇨관으로 구성되어 있고, 신소체는 보먼주머니(Bowman's capsule)로, 세뇨관은 근위세뇨관(proximal convoluted tubule), 헨레고리(loop of henle), 원위세뇨관(distal convvoluted tubule), 집합관(collecting duct)으로 구성되어 있다. 사구체에서 혈액의 수분과 용질이 여과되어 보먼주머니로 모이면 인체에서 필요한 물질들은 세뇨관에서 모세혈관을 통해 체내로 다시 돌아가고 나머지 더 굵은 관인 집합관을 거쳐 소변으로 배출된다.

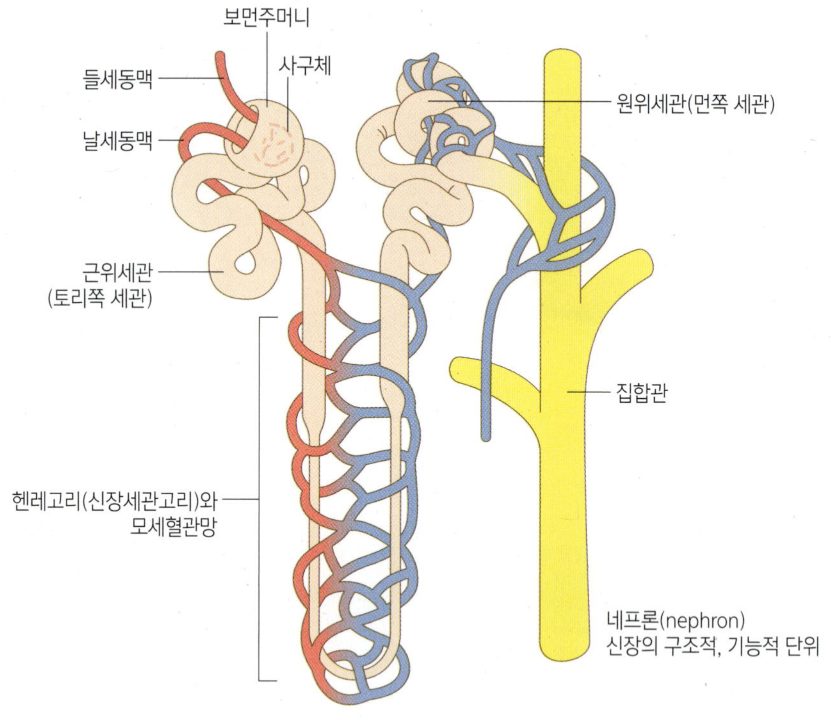

그림 8-1 신장의 구조

2) 신장의 기능

신장의 기능은 혈액을 여과하여 소변 생성과 노폐물 제거와 혈압 조절, 수분, 전해질 및 산염기 평형 조절, 조혈작용 등과 같이 중요한 대사를 조절하는 기능을 갖고 있다.

표 8-1 신장의 기능과 관련 요인

기능	관련요인
수분평형	항이뇨호르몬
전해질 조절	알도스테론
조혈작용	에리스로포이에틴
대사산물, 약물, 독소 배출	요소, 암모니아, 크레아틴
혈압 조절	레닌, 안지오텐신, 알도스테론, 항이뇨호르몬
칼슘평형유지	1,25-디하이드록시 비타민 D_3

(1) 배설 기능

심장에서 방출된 혈액은 20%가 신장에 도달하고, 신장은 매일 약 1,600 L의 혈액을 여과한다. 사구체여과율은 1분 동안 신장에 의해 생성되는 여과액의 용량으로 하루 약 180 L 정도 된다. 이렇게 생성된 뇨는 근위세뇨관, 헨렌고리, 원위세뇨관을 거치게 되고 이 과정에서 수분과 포도당, 아미노산 등은 재흡수되고 요소, 암모니아, 크레아틴등 단백질 대사산물과 독성 물질은 분비되어 하루 약 1.5 L의 소변으로 방출된다.

(2) 조혈작용

신장의 피질에서 조혈인자인 에리스로포이에틴(erythropoietin)을 생성하여 골수를 자극하고 적혈구를 분화, 증식, 성숙시킨다. 신장기능이 저하되면 에리스로포이에틴의 감소로 빈혈이 나타날 수 있다.

(3) 조절 기능

신장은 Na^+/K^+의 재흡수를 통해 혈액의 전해질 농도를 조절하고 HCO_3^-/H^+의 재흡수를 통해 산-염기 평형을 유지한다. 신장은 레닌을 분비하여 혈장에 존재하는 안지오텐시노겐(angiotensinogen)을 안지오텐신 I을 거쳐 II로 활성화한다. 안지오텐신 II는 부신피질에서 알도스테론을 분비시켜 Na^+의 재흡수를 촉진하고 레닌-안지오텐신-알도스테론

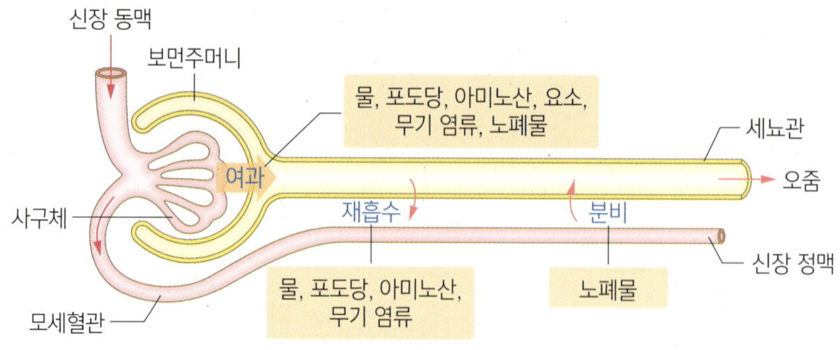

그림 **8-2** 여과, 재흡수, 분비

시스템(RAAS)이 활성화되면 혈액량이 증가되어 혈압이 올라간다. 또한 신장은 체내 대사 산물인 수소 이온을 처리하고 알칼리를 재흡수하여 체액의 산도를 일정하게 유지시킨다. 신장은 비타민 D를 활성화하여 소장 내 칼슘 흡수와 세뇨관의 칼슘 재흡수를 촉진하고 뼈에서 칼슘을 용출하여 혈중칼슘농도를 높인다, 칼시토닌(calcitonin)은 이를 억제하여 혈중칼슘농도를 일정 수준(100 mg/dL)으로 유지한다.

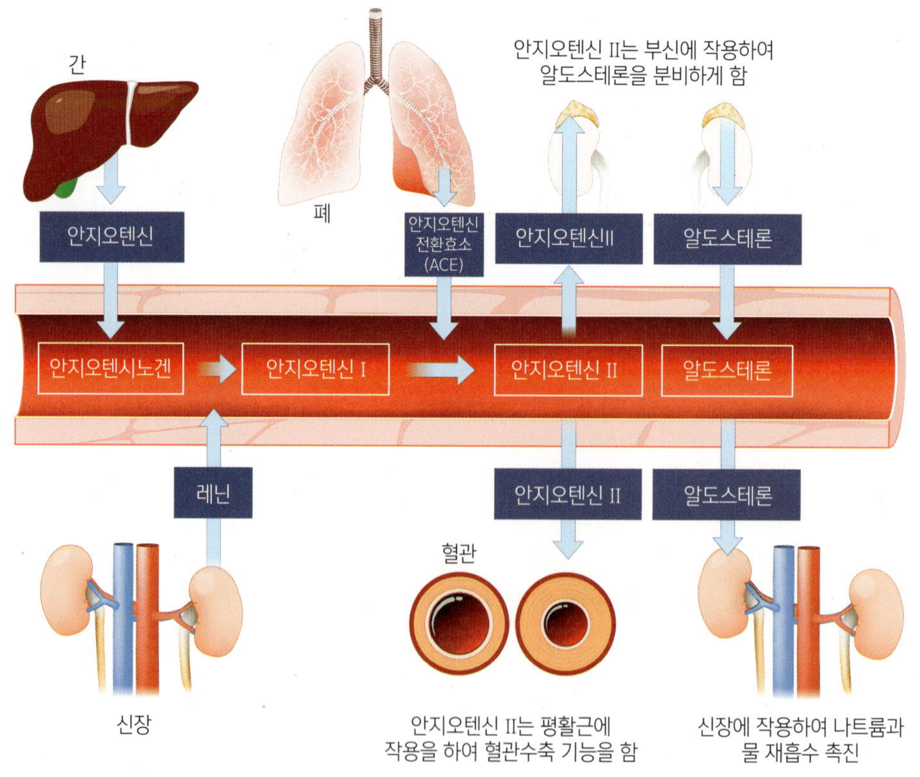

그림 **8-3** 레닌-안지오텐신-알도스테론 시스템

2. 신장기능의 지표와 검사

신장기능이 저하되면 사구체여과율이 감소하며, 혈중요소질소(blood urea, nitrogen, BUN)와 크레아티닌, 요산 농도가 증가한다. 신증후군에서는 콜레스테롤이 증가하고 알부민 농도가 감소하여 부종이 나타나며, 만성 신장병에서는 조혈작용이 감소하여 헤마토크릿과 헤모글로빈 농도가 감소한다.

신장의 기능은 신장 혈장 유량(renal plasma flow, RPF), 사구체여과율, 크레아티닌청소율 등 기능을 검사하여 종합적으로 평가한다.

표 8-2 신장질환 진단에 주로 쓰이는 지표

혈액검사지표	정상 범위	지표의 의미	신장기능에 따른 변화
혈중요소질소 (BUN)	10~25 mg/dL	• 높아진 BUN 농도는 신장기능의 저하를 의미하며, 급성 혹은 만성 신장질환을 뜻함 • 이 외에도 울혈성 심부전, 쇼크, 신장 혈류 저하, 위장관 출혈, 탈수 등의 경우에도 농도가 증가	• 기능 저하 시 증가 • 투석 시 안정적 증가 • 낮은 BUN 농도는 심한 간질환, 정상 임신, 영양실조에서 나타남
크레아티닌 (Creatinine)	0.7~1.5 mg/dL	• 신장 내의 미세 필터인 사구체는 노폐물을 제거하고 몸 안의 주요 성분들이 소실되는 것을 방지한다. 사구체여과율은 사구체에 의해 분당 걸러지는 혈액의 양 • 혈액 내 크레아티닌의 증가는 신장 내 혈관 손상, 신장의 세균 감염, 세뇨관 손상, 신장결석, 요관 폐색, 신장으로의 혈류 감소, 전립선 질환 등을 의미	급·만성 신부전 증가
사구체여과율 (GFR)	≥ 60 mLL/min/1.73 m^2	• 신장 내의 미세 필터인 사구체는 노폐물을 제거하고 몸 안의 주요 성분들이 소실되는 것을 방지 • 사구체여과율은 사구체에 의해 분당 걸러지는 혈액의 양	사구체여과율의 값에 따라 신질환 경중을 구분
CrCl (크레아티닌청소율)	75~125 mLL/min	• 신장에서 제거되는 크레아티닌의 양을 이용하여 사구체여과율을 추정하는 방법 • 사구체가 손상되거나 신장으로의 혈액순환이 감소되면 제거되는 크레아티닌이 적고 사구체가 분당 여과할 수 있는 능력 또한 감소	크레아티닌청소율을 추적, 검사함으로써 질병의 진행 상황 및 신장 투석이 필요한 시기를 파악

이 외에 신장기능을 확인할 수 있는 생화학적 지표는 다음과 같다.

표 8-3 신장질환 관련 생화학 지표

혈액검사지표	정상 범위	대사적 요인	신장기능에 따른 변화
요산	4.0~8.5 mg/dL	• 고혈압당뇨, 대사증후군은 요산 증가	신부전 시 증가 농도 증가는 통풍의 원인
총단백질	6.0~8.2 mg/dL	• 영양불량 시 감소 • 백혈병 및 감염성 질환 시 감소	신증후군 시 감소
알부민	3.5~5.0 mg/dL	• 영양불량 및 간질환 시 감소	신증후군 시 감소
콜레스테롤	150~200 mmol/L	• 이상지질혈증 시 증가	신증후군 시 증가
나트륨	136~145 mmol/L	• 탈수 및 과다 수분 섭취로 인한 증감	신장염으로 인한 감소
칼륨	3.5~5.0 mmol/L	• 조직 손상 및 소화관 출혈로 증가 • 흡수불량 및 체액 손실로 인한 감소	신증후군 시 증가
인	3.0~4.5 mg/dL	• 비타민 D 섭취 수준, 부갑상샘기능 및 뼈 질환에 따른 증감	신증후군 시 증가
칼슘	9.0~10.5 mg/dL	• 비타민 D 섭취 수준, 부갑상샘기능 및 뼈 질환에 따른 증감	인 수치 증가 시 감소

영상의학검사로는 단순 방사선촬영, 신우조형술, 초음파검사, 컴퓨터단층촬영과 자기공명영상을 통해 신장의 크기, 위치, 결석이나 낭종 등의 유무를 알 수 있고 조직검사를 통해서도 알 수 있다.

3. 신장질환의 병태생리와 영양관리

1) 신증후군

신증후군(nephrotic syndrome)은 사구체의 심각한 손상으로 인해 소변으로 단백질이 손실되어 나타나는 신장 증상으로, 단백질이 하루 3.5 g 이상 배설되는 장애를 말한다.

① 원인과 증상

신증후군은 사구체의 장애나 당뇨병성 신증, 면역질환, 감염, 약물 부작용이나 암에 의해 발생한다. 일반적으로 단백뇨나 저알부민증, 부종 등의 증상이 있고 단일 증상이 아닌 여러 증상이 나타나므로 이를 합해서 신증후군이라고 한다. 신사구체의 손상과 요독증 등으로 인한 노폐물은 혈압을 상승시키며, 피로감이 심하고 식욕부진이 동반되기도 한다. 특히 혈액응고를 예방하는 단백질의 손실로 혈전 생성 위험이 증가되고, 비타민 D 결합단백질의 손실은 뼈 건강을 위협하기도 한다.

신장질환에서 부종의 발생 원인과 과정

혈장에서 알부민 감소(1 g/dL) → 삼투압 저하 → 혈액으로부터 조직으로 수분 이동 → 혈액량 감소 → 혈압 감소 → 원위세뇨관에서 나트륨, 수분 재흡수 증가(RAAS 시스템 활성화) → 수분과 나트륨 재흡수 증가 → 부종

② 치료 및 영양관리

정확한 치료와 관리를 위해 조직검사를 시행하기도 하며, 원인 질환 치료약제와 이뇨제, 고지혈증 치료제, 안지오텐신 전환 효소억제제, 스테로이드계 항염제 등을 사용하기도 한다.

영양관리는 부종 완화를 위해 식사의 염분과 수분을 제한하며 이뇨제를 적절하게 사용한다. 또한 저알부민혈증 및 이상지질혈증 조절로 만성 신부전으로 진행되는 것을 예방한다.

표 8-4 신증후군 영양관리

영양소	내용
열량	• 1일 35 kcal/kg/day는 체중을 유지하고 단백질을 절약한다. • 건체중 감소나 감염이 있을 경우 추가적인 에너지 섭취 고려
단백질	• 고단백 식사는 소변으로 손실을 악화시키고 신장에 손상을 줄 수 있어 0.8~1.0 g/kg 표준체중/day로 조절하고 양질의 단백질로 섭취 권장
지질	• 총에너지의 7% 이내로 포화지방 섭취를 제한하고 콜레스테롤은 200 mg 이내로 제한
비타민과 무기질	• 미량영양소 공급과 결핍을 예방하기 위해 무기질 복합제제 섭취를 권장 • 칼슘은 1일 1,000~1,500 mg과 비타민 D의 보충을 권장 • 부종으로 인한 칼륨 손실 예방을 위해 풍부한 칼륨 섭취 • 부종 예방을 위해 나트륨 제한

2) 사구체신염

사구체 모세혈관에 염증이 일어나는 질환인 사구체신염은 세균이나 바이러스감염에 의해 유발되는 급성 사구체신염과 사구체가 섬유화되어 일어나는 만성 사구체신염이 있다.

① 원인과 증상

신동맥에서 나온 모세혈관들이 실타래처럼 뭉친 덩어리인 사구체는 우리 몸에서 과도한 체액, 전해질, 요독 등을 걸러주는 필터 역할을 한다. 때문에 사구체신염이 발생하면 우리 몸에 과도한 체액과 노폐물을 제거하지 못하게 될 수 있다. 사구체신염은 갑작스럽게 급성으로 나타날 수 있으며, 천천히 만성으로 나타날 수도 있다.

증상은 혈뇨가 발생하여 소변 색이 붉거나 어떤 경우 콜라색으로 진하게 나타날 수 있다. 단백뇨가 동반되어 소변에 거품이 많아질 수 있고, 종종 고혈압이 동반되거나 체액이 과도하면 얼굴이나 다리에 부종이 생길 수 있다.

② 치료 및 영양관리

영양치료와 약물치료를 병행할 수 있고 만성으로 진행되는 것을 방지하는 염증치료를 위한 적절한 항생제를 사용할 수 있다. 영양관리는 만성으로 진행되는 것을 방지하기 위해 적절한 영양관리가 필요하다.

표 8-5 사구체신염 영양관리

영양소	내용
열량	• 세포의 재생과 회복 촉진을 위해 충분한 열량 공급(35 kcal/kg/day) • 케톤증, 이상지질혈증, 체단백분해, 심장질환 예방을 위해 충분한 탄수화물 공급
단백질	• 혈중요소질소가 정상인 경우는 제한하지 않아도 된다. • 혈중요소질소 증가와 뇨가 감소할 경우는 체중당 0.6 g로 제한
나트륨	• 소변량이 감소하고 부종이나 고혈압일 경우 제한한다. • 핍뇨기 1,000 mg 이내/이뇨기 1,000~2,000 mg/회복기 2,000~3,000 mg
수분	• 핍뇨기에는 전날 소변량의 500 mL/이뇨기 1,000~1,500 mL/회복기에는 자유롭게 섭취
칼륨	• 핍뇨기에는 칼륨 배설이 제한되어 고칼륨혈증으로 심장질환이 초래될 수 있다.

3) 신부전

(1) 급성 신부전(급성 콩팥병)

신부전이란 사구체여과율의 감소나 세뇨관 손상 등으로 신기능이 저하되는 질환을 뜻하며, 급성 신부전은 신장기능이 수시간이나 수일 내에 손상되어 소변 배설량이 감소하고 질소성 노폐물이 혈액에 축적되는 질병이다.

① 원인과 증상

급성 신부전의 원인은 신장으로의 혈액 공급이 감소된 경우나 사구체질환이나 세뇨관 질환 등 신장 내부에 문제가 있는 경우, 또는 소변 배출 통로에 문제가 생기는 경우 등으로 대부분은 세뇨관 괴사가 원인이다.

표 8-6 급성 신부전의 진행 단계에 따른 증상과 특징

진행 단계	특징
핍뇨기	• 사구체여과율 감소/혈중 요소, 크레아티닌, 칼륨, 인산 농도 상승 • 핍뇨기가 1주 이상 지속 시에는 투석이 필요
이뇨기	• 세뇨관의 재흡수 능력 저하 • 다량의 수분, 전해질을 상실하므로 보충 필요
회복기	• 이뇨기 후 수주에 걸쳐 서서히 회복 • 신장기능도 완전히 정상화되는 시기

② 치료 및 영양관리

체조직의 이화 방지와 부종 예방, 혈압 조절 및 요독증 예방을 위한 영양관리가 필요하고 산혈증, 심부전, 빈혈, 골연화증 등의 합병증 예방을 위해 에너지, 단백질, 나트륨, 칼륨, 수분 등을 조절한다.

표 8-7 급성 신부전 영양관리

영양소	특징
열량	• 체단백의 이화작용을 막고 바람직한 체중 유지 및 조절을 위해 적절한 에너지가 필요하다. • 1일 60세 이하는 35 kcal/kg, 60세 이상 30 kcal/kg을 권장한다.

영양소	특징
단백질	• 요독증의 증상을 줄이고 신장병 진행을 막기 위해 단백질 제한이 필요하다. - GFR 25~55 mL/min : 0.8 g/kg 체중 - GFR < 25 mL/min : 0.6~0.7 g/kg 체중 • 필요한 단백질의 50% 이상은 생물학적 이용률이 높은 단백질 식품으로 섭취하도록 한다.
나트륨	• 체내 수분 균형 및 혈압 조절을 위해 초기에는 나트륨 1,000 mg 이하로 무염식을 진행하고 회복기에는 1,000~2,000 mg을 허용한다. • 염류 유실증이 있는 경우 나트륨 보충이 필요하다.
칼륨	• 보통 일반식에서 4,000 mg을 섭취하므로 채소, 과일, 육류, 우유 등 칼륨 함량이 높은 식품을 제한한다. • 고칼륨혈증이 있거나 1일 소변량이 1 L 이하인 경우는 1일 1 mEq/kg체중(50~80 mEq, 2,000~3,000 mg)으로 제한한다.
인	• 1일 800~1,000 mg/kg 체중 정도로 제한한다.
수분	• 일반적으로 제한하지 않으나 부종이 있거나 혈압 조절이 되지 않을 때, 울혈성 심부전이 동반된 경우에는 수분섭취량과 배설량 간의 균형이 이루어지도록 조절한다. • 핍뇨기에는 전날 소변량에 500 mL/이뇨기 1,000~1,500 mL/회복기에는 자유롭게 섭취
기타	• 칼슘 : 1일 1~1.5 g을 권장하되 2 g을 초과하지 않도록 한다. 처방에 따라 칼슘보충제가 필요하다. • 철분 : 철분 결핍인 경우 철분보충제가 필요하다. • 비타민 : 식사 제한으로 인해 일부 비타민의 섭취도 부족할 수 있다. 수용성 비타민의 보충이 권장되며 지용성 비타민 A, E, K는 결핍되지 않는 한 처방하지 않는다. 비타민 D는 Ca 수치가 낮을 때 처방될 수 있다.

(2) 만성 신부전(만성 콩팥병)

만성 신부전은 3개월 이상 지속되는 신장 손상이 있거나 신장기능이 감소하는 질병 상태를 의미한다. 급성 신부전과 달리 점진적이고 비가역적으로 신장기능이 손상되는 질환이다.

① 원인과 증상

말기 신부전질환은 당뇨병, 고혈압, 만성 사구체신염 순서로 생기고 신장의 염증이나 신결석, 급성 신부전, 면역성, 유전질환들에 의해 유발되기도 한다. 정상적 네프론의 수가 감소하면서 신장 내 혈액순환이 감소하고 사구체여과율과 요독 증상도 나타난다. 초기에는 식욕부진과 피로감, 두통, 메스꺼움, 구토, 단백뇨, 혈뇨 등이 나타나기도 하고 칼슘과 인의 비정상적인 대사에 의한 뼈 질환과, 고혈압이나 심장질환 등이 발생하기도 한다.

- 전해질과 호르몬 불균형 : 혈청칼륨농도 상승 억제를 위해 분비되는 알도스테론은 고혈압을 발생시킬 수 있고 부갑상샘호르몬 분비 증가로 신성골이영양증을 일으킨다. 또한 신장은 폐와 함께 산-염기 평형을 유지하는 기관이므로 만성 신장질환에서는 산독증이 나타난다.
- 요독증후군 : 말기 신부전 단계에서 나타나며 신기능 감소로 혈중에 질소 노폐물이 쌓여 초기에 이뇨증, 메스꺼움, 수면장애, 피로감, 소화장애 등이 나타나고, 신부전이 진행됨에 따라 부종이나 근육경련, 가려움증, 신경증이 발생한다.
- 단백질-에너지 영양불량 : 식욕부진으로 단백질-에너지 영양불량과 근육 소모가 나타나고 말기인 경우 호르몬 장애, 오심, 구토, 엄격한 식이제한과 요독증, 약물치료로 인해 더욱 악화된다. 만성 신부전은 단백질 손실을 가져오는 이화 상태가 유발되어 근육조직의 소모가 동반된다.

표 8-8 만성 신장질환의 진행 단계

단계	사구체여과율 (mL/min/1.73 ㎠)	증상	진행 과정
1	≥90 mL/min	• 네프론 수 감소 및 비대 • 요소, 크레아틴 농도 정상	
2	60~89	• 혈중 질소화합물 농도 약간 상승 • 세뇨관의 재흡수 저하(다뇨, 야뇨) • 빈혈, 고혈압	정상 수준에 비해 신기능 50% 이상 손실
3	30~59	• 핍뇨 • 고질소혈증 • 부종, 빈혈 • 산독증 • 저칼슘혈증	(전기) 신장기능 60% 이상 손실 45 mL/min (후기) 신장기능 70% 이상 손실 30 mL/min
4	15~29	• 심한 핍뇨, 무뇨 • 고질소혈증(고요소혈증, 고크레아티닌혈증) • 고칼륨혈증	신장기능 80% 이상 손실
5	<15 (또는 투석 시행)	• 신장기능 상실 • 신 대체요법 실시	신장기능 90~100% 이상 손실

※ 사구체여과율(GFR) 정상치는 1분당 약 125 mL

만성 신부전(Chronic renal failure) VS 만성 콩팥병(chronic renal disease)

만성 신부전	만성 콩팥병
• 과거 사용되었던 용어 • 초기 신기능 저하에서 말기 신부전증에 이르기까지 너무 광범위한 질병의 개념을 포함하고 있어 신질환의 진행에 따른 평가 및 적용에 어려움이 있음. • 특히 초기 신기능 감소 환자에서 너무 부정적 의미를 내포하여 만성 신기능이상(chronic renal insufficiency)이라는 개념이 모호한 진단명을 같이 사용하였음.	• 대한신장학회에서 2006년부터 세계 콩팥의 날에 맞추어 '콩팥의 날'을 제정하고 이전의 '만성 신부전'이란 진단명 대신 '만성 콩팥병'을 사용할 것을 권고하고 있으나 현재까지도 혼용되어 쓰고 있음.

② 치료 및 영양관리

식사요법은 급성 신부전의 회복기와 비슷하며, 1일 영양기준량은 표 8-9와 같다.

표 8-9 만성 신부전의 영양관리

영양소	특징
열량	• 보통 1일 2,000~2,200 kcal로 공급하고 신장에 부담이 적은 당질을 하고 지방이 적당량 포함된다. • 건체중 1 kg당 35 kcal, 60세 이상은 30~35 kcal/kg 권장한다.
단백질	• 건체중 1 kg당 1일 0.6~0.8 g을 공급하나 신부전이 악화되어 감뇨가 되면 0.6 g 미만으로 제한한다.
나트륨	• 다뇨기에는 1일 나트륨을 1,000~3,000 mg(소금 2.5~7.5 g) • 부종과 고혈압이 있는 감뇨기에는 1일 1,000 mg 미만의 나트륨을 첨가한다.
칼륨	• 1일 소변량이 1 L를 넘으면 제한하지 않지만 소변량이 감소하면 칼륨 제한이 필요하다.
수분	• 일반적으로 제한하지 않으나 감뇨기에는 갈증이 없을 정도로만 허용한다.

4) 투석

투석은 일반적으로 양쪽 신장기능이 5% 미만인 요독증 환자에게는 필수적이며, 혈액이 반투과성 막을 통과하여 확산(diffusion), 삼투(osmosis), 한외여과(ultafiltration)의 과정을 이용하여 수분과 노폐물을 제거하는 것으로 혈액투석과 복막투석 두 가지가 있다.

(1) 혈액투석

혈액투석(hemodialysis)은 반투과성 막이 있는 인공신장기를 통해 과잉의 수분과 노폐물을 제거하며, 병원 방문을 통해 1주일에 3회 3~5시간 동안 시행한다. 수분과 전해질 균형과 요독증이 호전되며 영양관리와 적절한 약물 복용이 동반된다. 투석 시간 외에는 목욕·수영·운동 등 자유로운 일상을 즐길 수 있다는 장점이 있고, 병원에 정기적으로 방문하기 때문에 의사의 진료도 더욱 자주 받게 된다.

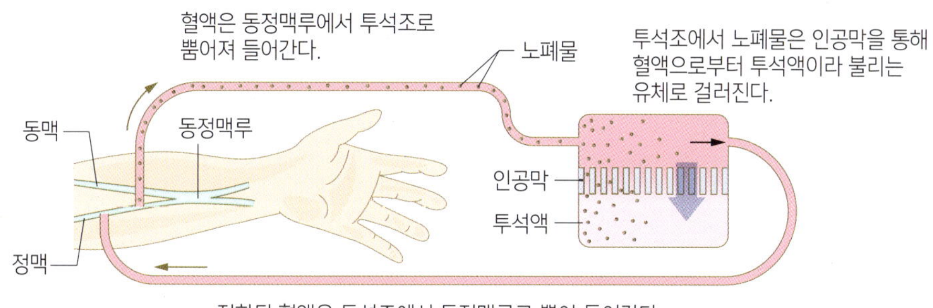

그림 **8-4** 혈액투석

(2) 복막투석

복막투석(peritoneal dilysis)은 투석액을 환자 복강에 주입하여 여과한 후 투석액을 배출하여 체내 수분과 노폐물이 제거되는 방법이다. 1일 3~4회 투석을 하고 혈압조절과 식사제한이 적은 장점이 있지만 투석액 관리를 위생적으로 해야 한다. 최근에는 자동복막투석기를 이용하여 지속적, 주기적 방법과 야간에 하는 간헐적 방법을 통해 자유롭게

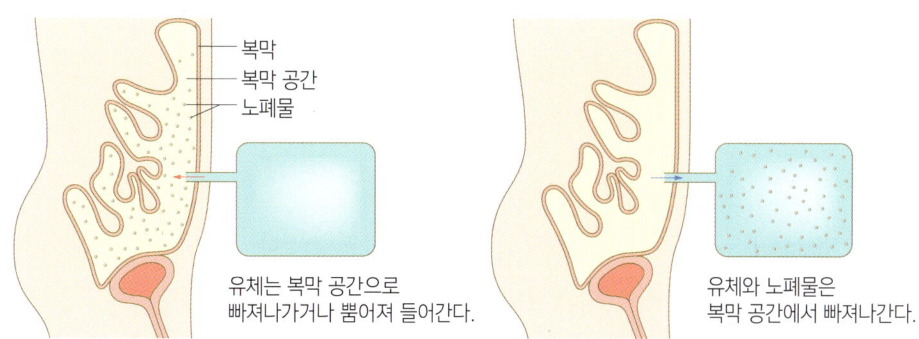

그림 **8-5** 복막투석

일상생활을 할 수 있다. 위생관리를 철저히 하지 않으면 합병증으로 복막염의 위험이 있어 자기관리를 하기 어려운 환자에게는 권하지 않는다.

(3) 투석환자의 영양관리

신장질환의 진행 정도나 합병증, 생화학지표 및 영양 상태에 따라 개별적 관리가 필요하다. 다음 표 8-10에는 투석 전의 만성 신장병 단계의 영양관리와 혈액투석, 복막투석 시 영양관리의 차이를 비교하여 제시하였다. 투석 전과 비교하였을 때 가장 차이가 나는 영양소는 체중당 단백질 권장량이다.

표 8-10 투석환자의 영양관리

영양소	투석 전	혈액투석	복막투석
열량 (kcal/kg 체중)	• 60세 미만 : 35	• 60세 이상 : 30~35	
	• 부족한 열량 보충을 위해 이용 • 에너지를 탄수화물과 지질로부터 섭취토록 권고		투석을 통해 흡수되는 열량 포함
단백질 (g/kg 체중)	50% 이상 질 높은 단백질		
	0.6~0.8	1.2~1.4	1.3~1.5
지방	정상적인 혈중지질 농도 유지가 가능한 수준으로 섭취		
나트륨 (mg/일)	2,000		
칼륨 (mg/일)	고칼륨혈증 전까지 제한하지 않음	혈중 수치에 따라 1,500~2,500	혈중 수치에 따라 2,500 내외
인(mg/일)	혈중 수치나 부갑상샘호르몬 수준에 따라 1일 800~1,000 mg/kg 체중 정도로 제한		
수분 (mL/일)	정상적인 소변 시 제한하지 않음	1일 소변량 + 500~1,000 cc	부종이 없으면 제한하지 않음
칼슘	1,000~1,500	의사 처방에 따름	의사 처방에 따름
비타민		투석으로 인한 손실 보충을 위해 공급	

※ 투석으로부터 얻는 열량＝덱스트로스 농도(g/L)×3.4 kcal×0.8×투석액량(L)

5) 신결석

신장결석(kidney stone)은 소변 성분 일부가 침전되고 결정화되어 요관 내에 형성되는 결정물로 발생률은 남자가 여자보다 3~4배 많고 나이는 20~30대가 많으며, 주로 수산칼슘(calcium oxalate) 결석이 가장 흔하고 요산(uric acid) 결석, 시스틴 결석 등이 있다.

① 원인과 증상

신결석의 원인은 소변 내 결석 구성 성분 농도 증가가 원인으로 박테리아에 의한 요도 감염이나 가족력 등도 요인이 될 수 있다. 결석이 형성되어 요관을 통과하면서 심한 통증을 유발하고 요관이 막히면 감염이나 급성 신장손상을 일으킨다.

표 8-11 신장결석 환자의 영양관리

결석의 종류	권장식이 원칙	요의 pH에 따른 식사지침
• 칼슘 - 인산 - 수산	• 저칼슘식(400 mg) - 저인식(1,000~1,200 mg) - 저수산식	산성식품
스트루비트	저인식(1,000~1,200 mg)	산성식품
요산	저퓨린식	알칼리성식품
시스틴	저메티오닌식	알칼리성식품

표 8-12 식품 중의 수산함량(100 g당)

식품군	적은 식품(2 mg)	보통 식품(2~10 mg)	많은 식품(10 mg 이상)
전분류	마카로니, 국수, 밥, 빵, 스파게티	옥수수빵, 토마토소스스파게티	과일케이크, 옥수수, 밀의 배아
어육류	달걀, 치즈, 소고기, 돼지고기, 가금류, 생선, 조개류	정어리	토마토소스가 첨가된 구운 육류 요리, 땅콩버터, 두부
채소류	알양배추, 콜리플라워, 버섯, 양파, 생완두콩, 감자, 무	아스파라거스, 브로콜리, 당근, 옥수수, 오이, 완두콩통조림, 양상추, 토마토	콩, 겨자, 사탕무, 셀러리, 파슬리, 실파, 부추, 가지, 꽃상추, 근대, 케일, 고구마, 시금치, 호박
지방류	베이컨, 마요네즈, 샐러드드레싱, 식물성유, 버터, 마가린	-	견과류, 땅콩, 아몬드, 캐슈너트, 호두
우유	전유, 저지방유, 허용된 과일을 함유한 유산균음료	-	-
과일류	사과주스, 아보카도, 바나나, 자몽, 청포도, 망고, 멜론, 수박, 포도	사과, 건포도, 오렌지, 복숭아, 배, 파인애플, 자두	블랙베리, 블루베리, 딸기, 레몬껍질, 라임껍찔, 오렌지껍질, 귤
기타	코코넛, 젤리, 소금, 후추, 설탕	-	초콜릿, 코코아, 식물성 수프, 마멀레이드, 토마토수프
음료	맥주, 콜라, 위스키, 적포도주	커피(1일 2잔)	생맥주, 차, 코코아

사례 연구

임상 정보

충주시에 거주하고 계신 68세 남성 오 씨는 56세에 고혈압과 당뇨 진단을 받고 2022년 2월부터 병원 혈액투석실에서 주 3회 투석 중으로 체중관리와 영양교육을 위해 내원하였다.

혈액검사 결과(투석 전)

오 씨의 신장은 167 cm, 건체중은 65 kg이고 투석 간 체중 증가는 3~4 kg 이상으로, 현재 처방된 약은 혈압약, 고요산혈증 치료제, 철분보충제, 이뇨제, 혈당강하제이다.

혈액검사와 소변검사는 다음과 같은 결과가 나왔다.

구분	항목	결과	참고치	단위
혈액검사	Total Protein	6.2	5.8 ~ 8.1	g/dL
	Albumin	3.4	3.8 ~ 5.3	g/dL
	Hemoglobin	10.8	12 ~ 15.5	g/dL
	Hematocrit	32.3	33 ~ 45	%
	Na	136	136 ~ 145	mEq/L
	K	4.0	3.5 ~ 5.1	mEq/L
	Cl	96	98 ~ 110	mEq/L
소변검사	Creatinine	1.30	0.5 ~ 1.1	mg/dL
	BUN	33.4	8 ~ 26	mg/dL

*혈압 : 투석 전 155/72 mmHg, 투석 후 100/55 mmHg

→ 투석 간의 체중 증가는 1일 1 kg 이내로 과체액 상태는 혈압 상승과 심혈관계 합병증과 연관됨.

영양판정과 영양중재 계획

정상수치에서 벗어난 환자의 식사습관 개선을 위해 우선적으로 해결해야 할 영양문제를 알아보고 중재계획과 식단 작성

→ potassium, phosphorus, calcium 감소를 위한 섭취량 조정과 조리 방법 제시

→ 필요한 영양처방을 하고 목표를 제시한다.

에너지 1,600 kcal, 단백질 63 g, 나트륨 2,000~3,000 mg/day, 수분 1,000 mL/day

칼륨 2,000~4,000 mg/day 이하, 인 800~1,000 mg/day

오 씨의 임상영양치료의 목표

→ 1개월 후 혈액검사를 실시하여 영양중재와 모니터링 시점을 제시하고 변화를 확인한다.

용어정리

급성 신부전(**급성 콩팥병**, acute kidney injury, acute renal failure)

신장이 갑자기 기능을 멈추고 GFR이 갑자기 멈추거나 감소하는 질환

네프론(nephron)

신장의 기본 구조 및 기능 단위

만성 신부전(**만성 콩팥병**, chronic kidney disease)

신장의 점진적인 비가역적 악화

복막염(peritonitis)

복강을 덮고 있는 막의 염증

사구체여과율(glomerular filtration rate, GFR)

신장에서 노폐물이 제거되는 속도

사구체염(glomerulonephritis)

사구체의 모세혈관에 염증

신성골이영양증(renal osteodystrophy)

만성 신부전으로 인하여 칼슘, 인, 호르몬 등 대사이상이 원인이 되어 생기는 뼈 관련 질환

신염(nephritis)

신장의 염증성 질환

신장결석(kidney stone, renal calculi, nephrolithiasis, urolithiasis)

신장 내부에서 생성되는 미네랄과 염류의 단단한 침전물, 신장결석의 종류에는 칼슘결석, 요산결석, 스트루바이트결석, 시스틴결석이 있음

신증후군(nephrotic syndrome, nephrosis)

사구체기능의 변화로 인해 혈액 내 알부민 결핍 및 요단백 배설

요독증(uremia)

만성 신장질환과 급성 신부전의 심각한 합병증

투석(dialysis)

혈액에서 대사에 의해 생성되는 과도하고 독성이 있는 노폐물 제거

핍뇨(oliguria)

낮은 GFR로 인해 성인의 경우 소변량이 하루 400 mL 미만

혈액요소질소(blood urea nitrogen, BUN)

혈액에 존재하는 요소로서 신장기능이 저하되면 수치가 높아지므로 신장기능검사에 사용됨

단원정리

신장의 구조와 기능은?

- 콩팥이라고도 불리는 신장은 혈액 내에 존재하는 노폐물을 걸러주는 여과기와 같은 기능을 하며, 신장의 기본 단위는 네프론(nephron)으로 신소체와 세뇨관으로 구성되어 있다. 신소체는 보먼주머니(bowman's capsule)로, 세뇨관은 근위세뇨관(proximal convoluted tubule), 헨레고리(loop of henle), 원위세뇨관(distal convvoluted tubule), 집합관(collecting duct)으로 구성되어 있다.
- 신장의 기능은 혈액을 여과하여 소변 생성과 노폐물 제거와 혈압조절, 수분, 전해질 및 산염기 평형조절, 조혈작용 등과 같이 중요한 대사를 조절하는 기능을 갖고 있다.
- 신장기능의 지표로는 혈중질소요소(BUN), 크레아티닌, 사구체여과율, 크레아티닌청소율 등을 검사하여 종합적으로 평가한다.

대표적인 신장질환의 유형과 영양관리

- 급성 신부전(급성 콩팥병) : 급성 신부전의 원인은 신장으로의 혈액 공급이 감소된 경우나 사구체질환이나 세뇨관질환 등 신장 내부에 문제가 있는 경우 또는 소변 배출 통로에 문제가 생기는 경우 등으로 대부분은 세뇨관 괴사가 원인이다. 체조직의 이화 방지와 부종 예방, 혈압조절 및 요독증 예방을 위한 영양관리가 필요하다.
- 만성 신부전(만성 콩팥병) : 만성 신부전은 3개월 이상 지속되는 신장 손상이 있거나 신장기능이 감소하는 질병 상태를 의미한다. 급성 신부전과 달리 점진적이고 비가역적으로 신장기능이 손상되는 질환이다. 식사요법은 급성 신부전의 회복기와 비슷하다.
- 투석 : 투석은 일반적으로 양쪽 신장기능이 5% 미만인 요독증 환자에게는 필수적이며, 혈액이 반투과성 막을 통과하여 확산(diffusion), 삼투(osmosis), 한외여과(ultafiltration)의 과정을 이용하여 수분과 노폐물을 제거하는 것으로 혈액투석과 복막투석 두 가지가 있다. 혈액투석은 인공신장기를 통해 과잉의 수분과 노폐물을 제거하며 병원 방문을 통해 1주일에 3회 3~5시간 동안 혈액을 여과하게 된다. 복막투석은 투석액을 환자 복강에 주입하여 여과한 후 투석액을 배출하여 체내 수분과 노폐물을 제거하는 방법이다. 1일 3~4회 투석을 하게 되며 혈압조절과 식사제한이 적은 장점이 있지만 투석액 관리를 위생적으로 해야 한다.

CHAPTER 9

빈혈

학습목표

1. 혈액의 구성과 기능에 대해 설명할 수 있다.
2. 빈혈의 분류와 진단에 대해 설명할 수 있다.
3. 빈혈의 치료에 따른 영양관리를 설명할 수 있다.

BLOOD TEST
BLOOD TEST
BLOOD TEST

1. 혈액의 구성과 기능

혈액은 액체 상태인 혈장(plasma)과 혈장에 함유된 혈구로 구성되어 있는 유동성 현탁액이다. 혈구는 세포 성분 형태 요소로 백혈구와 적혈구 및 혈소판으로 구성되어 있고, 성인 기준 총혈액량은 5 L 정도로 체중의 약 6~8%를 차지한다. 혈액의 약 55%는 혈장이며 45%는 세포 성분인 혈구가 차지한다. 혈액은 혈구들의 영양소 및 산소와 이산화탄소를 운반하는 역할을 하고 소화 흡수한 영양소를 기관과 조직세포로 운반하며, 이때 생성된 노폐물을 배설기관을 통해 배설시킨다. 혈액은 신체 부위별로 체열을 분포시켜 체온을 조절하고 삼투압 및 산-염기 평형을 조절하며 항상성을 유지시킨다(표 9-1).

표 9-1 혈액의 조성과 주요 기능

<table>
<tr><th colspan="2">구분</th><th colspan="3">성분</th><th>주요 기능</th></tr>
<tr><td rowspan="9">혈장</td><td>물</td><td colspan="3"></td><td>물질 운반, 혈압과 체온 조절</td></tr>
<tr><td>무기염류</td><td colspan="3">Na, K, Ca, Mg, Cl, HCO, HPO</td><td>pH와 삼투압 조절</td></tr>
<tr><td rowspan="7">유기 물질</td><td>노폐물</td><td colspan="2">요산, 요소, 크레아티닌 등</td><td>생성 장소에서 신장으로 운반</td></tr>
<tr><td colspan="3">각종 호르몬</td><td>내분비선에서 표적 장기로 운반</td></tr>
<tr><td rowspan="5">영양소</td><td colspan="2">포도당(80~100 mg/dL)</td><td>혈당 유지(뇌, 신경조직에 에너지 공급)</td></tr>
<tr><td>지단백(0.9%)</td><td>킬로마이크론</td><td>중성지방, 콜레스테롤 운반(생성 장소 → 저장이나 이용 장소)</td></tr>
<tr><td rowspan="3">단백질</td><td>알부민</td><td>삼투압 유지, 체액량 조절</td></tr>
<tr><td>글로블린</td><td>면역 기능, 영양소의 운반
(합성이나 흡수 장소→저장이나 이용 장소)</td></tr>
<tr><td>피브리노겐</td><td>혈액응고(피브린으로 전환되어 작용)</td></tr>
<tr><td rowspan="7">혈구</td><td rowspan="5">백혈구</td><td colspan="2" rowspan="3">과립백혈구</td><td>호중구</td><td>세균을 식작용으로 제거</td></tr>
<tr><td>호산구</td><td>알레르기 반응에 관여</td></tr>
<tr><td>호염기구</td><td>헤파린의 혈액응고 방지</td></tr>
<tr><td colspan="2" rowspan="2">무과립백혈구</td><td>단핵구</td><td>식작용(조직에서 대식세포로 전환되어 작용)</td></tr>
<tr><td>림프구</td><td>면역작용</td></tr>
<tr><td colspan="4">혈소판</td><td>혈전 형성, 혈액응고로 지혈작용</td></tr>
<tr><td colspan="4">적혈구</td><td>산소와 이산화탄소의 운반</td></tr>
</table>

1) 혈장

혈장(plasma)은 혈액 속의 세포 성분을 제외한 투명한 담황색의 액체로 혈액의 약 55% 정도를 차지하며, 이 중 수분 91%, 단백질 7%, 지질 1%, 탄수화물 0.1%, 무기질 성분 0.9%로 이루어져 있다. 혈장단백질은 알부민(albumin)과 글로불린(globulin)으로 분류되고 비율(A/G)은 1.5~2.2이며, 알부민은 물이 혈관을 통해 밖으로 쉽게 빠져나가지 않도록 함으로써 혈장의 삼투압 유지에 중요한 역할을 한다.

2) 적혈구

적혈구(red blood cell, erythrocyte) 속에는 약 34% 가량의 혈색소(hemoglobin)가 들어있으며, 산소 및 이산화탄소 운반과 산-염기 평형을 담당한다. 철과 미오글로빈(protoporphyrin)이 결합해서 헴(heme)이란 물질을 만들고 각종 아미노산으로부터 글로빈(globin)이 합성되어 남자는 약 16 g/100 mL, 여자는 약 14.5 g/100 mL의 혈색소를 형성한다. 전체 적혈구의 약 0.8%는 매일 소멸되고 또다시 새로운 적혈구가 골수에서 만들어진다. 적혈구의 생성에는 비타민 B_{12}, 비타민 B_6, 엽산, 철, 구리 등의 영양소가 관여한다.

적혈구는 신장에서 분비되는 호르몬 에리트로포이에틴(erythropoietin)이 골수를 자극하여 생성하여 순환계로 나온 후 기능을 수행하다가 혈류 속에서 약 120일 동안 생존한 후 주로 비장의 망상내피세포에 있는 대식세포가 오래된 적혈구를 처리한다.

3) 혈소판

혈소판(platelet)은 혈액응고작용에 관여하며, 골수 속에 있는 거대한 거대핵세포(megakaryocyte)의 세포질 일부가 떨어져 혈액으로 나와 생성된 것이다. 모양은 불규칙적인 무핵의 직경 2~4 μm 정도의 작은 크기이다. 혈액 내 20~30만/mm^3 정도 함유되어 있으며, 수명은 약 10일 정도로 간과 비장에서 파괴된다. 출혈 시 혈액 속의 혈소판이 혈장 성분 속의 피브린(fibrin)에 부착하여 지혈작용을 한다.

4) 백혈구

백혈구(white blood cell, leukocyte)는 인체의 염증을 막아주는 작용을 하며, 혈구 중 가장 크고 유일하게 핵을 가지고 있다. 백혈구는 여러 형태로 존재하는데, 과립구로 분류되는 호중구, 호산구, 호염기구, 단핵구, 임파구로 분류한다. 이 중 과립구와 단핵구는 골수에서 만들어지고 임파구는 임파절에서 만들어진다. 성인의 백혈구 수는 평균 7,500/mm^3개이고 신생아는 20,000/mm^3개다.

백혈구는 혈관 밖으로 이동이 가능하여 세균 번식 지점에 집결하여 세균과 싸워 감염을 방지한다. 이때 백혈구는 식균작용을 통해 세균에 의한 독소에 죽게 되고, 이 백혈구와 적혈구가 함께 축적된 것이 고름(pus)이다.

2. 빈혈의 정의와 진단 기준

빈혈은 적혈구의 수, 농도, 용적 등이 낮아져 혈액의 산소 운반 능력이 떨어진 상태를 말한다. 빈혈은 혈액 손실, 과다 출혈 등으로 적혈구가 감소하는 상태가 있고, 적혈구 수는 정상이지만 다른 원인에 의해 헤모글로빈 수치가 감소한 상태가 있는데 이 모든 것이 혈액의 산소 운반 능력을 떨어뜨린다. 따라서 순환 혈액 내의 적혈구 수, 혈색소량(hemoglobin), 적혈구 용적률(hematocrit)이 정상 이하로 감소되면 빈혈로 진단된다(표 9-2).

표 9-2 빈혈 지표 및 진단 기준

구분	설명	정상수준	빈혈기준
적혈구 수	• 혈액 1 μL에 들어 있는 적혈구의 수	남 400만~550만/μL 여 350만~450만/μL	남 < 350만/μL 여 < 300만/μL
헤모글로빈	• 혈액 1 dL에 들어 있는 헤모글로빈 중량	남 13~17 g/dL 여 12~15 g/dL	남 < 13.07 g/dL 여 < 12.07 g/dL 임산부 < 11.07 g/dL
헤마토크릿	• 전체 혈액 부피 중 적혈구의 비율	남 39~50% 여 36~45%	남 < 39.0% 여 < 36.0% 임산부 < 33.0%

이 외 MCV, MCH, MCHC 등의 적혈구 지수는 적혈구의 크기와 혈색소량을 평가하는 검사로 빈혈을 분류하는 데 유용하게 사용된다.

- 평균적혈구용적(mean corpuscular volume, MCV) : 적혈구 1개의 평균 부피(헤마토크릿/총적혈구 수)

- 평균적혈구헤모글로빈(mean corpuscular hemoglobin, MCH) : 적혈구 1개 내에 함유된 평균 헤모글로빈 양(헤모글로빈 농도/총적혈구 수)
- 평균적혈구헤모글로빈농도(mean corpuscular hemoglobin concentration, MCHC) : 헤마토크릿 1%당 헤모글로빈 농도(헤모글로빈 농도/헤마토크릿)

3. 빈혈의 종류와 영양관리

빈혈의 주된 원인은 정상적인 적혈구 합성에 필요한 철, 비타민 B_{12}와 엽산 등의 조혈영양소 부족이며 그 외 출혈, 유전적 이상, 만성 질환 또는 약물 독성에 의해서도 발생할 수 있다. 영양소 부족에 의한 빈혈은 철 결핍성 빈혈과 거대적아구성 빈혈로 구분된다.

1) 철 결핍성 빈혈

(1) 원인과 증상

철 섭취량의 부족, 위 절제, 무산증, 흡수불량 증후군 등의 철의 흡수장애나 임신, 수유, 월경 등에 의한 철의 필요량 증가에 의해 발생하는 빈혈이다. 출혈에 의한 혈액 손실 등이 원인이 되기도 한다. 혈청 철이 감소하여 철 소실에 인한 혈색소의 합성이 늦어지는 증상이 지속되면 저색소성, 소혈구성, 기형 등의 철 결핍성 빈혈을 보인다. 이 증상이 계속되면 손톱 모양이 달라지는 스푼형 손톱 기형이 생기거나 구각염, 구강점막 위축 등이 나타난다. 조직으로 이동하는 산소량 또한 감소하여 쉽게 피로감을 느끼고 호흡곤란 등을 느끼게 된다.

(2) 영양관리

철 결핍성 빈혈은 헤모글로빈 구성 성분인 철과 단백질 및 조혈작용에 관여하는 구리, 비타민 B_6, 비타민 B_{12}, 엽산 및 비타민 C 등이 풍부한 식품을 많이 섭취하는 것이 중요하다. 또한 고열량식, 동물성 고단백질을 섭취하고 비타민을 섭취하여 철분 공급이 원활하게 이루어질 수 있도록 도와준다. 대표적으로 간, 굴, 생선류, 달걀노른자, 소고기, 닭고기 등 육류 위주의 식품이 좋다. 녹색채소와 해조류는 철 함량은 많지만 수산과 섬유소가 많아 흡수율이 낮고, 견과류에도 많이 포함되어 있으나 지방함량이 높아 섭취 시 주의해야 한다.

표 9-3 철 결핍성 빈혈 치료를 위한 영양소 및 식품 성분과 작용

		영양소	작용
권장	헤모글로빈 구성	단백질	글로빈의 성분
		철	헴의 성분
	조혈 촉진	비타민 B_6	단백질 대사의 조효소
		엽산	단일 탄소 대사의 조효소로 적혈구 성숙
		비타민 B_{12}	엽산 대사의 조효소
		구리	철의 운반
제한		탄닌, 식이섬유	철의 흡수 저해

2) 거대적아구성 빈혈

(1) 원인과 증상

거대적아구성 빈혈(megaloblastic anemia)은 비타민 B_{12}나 엽산 결핍으로 인해 적혈구의 DNA 합성장애가 발생하여 세포의 거대화를 초래하는 질환이다. 거대적아구성 빈혈은 정상 적혈구보다 큰 크기인 거대적아구성 세포로 인한 평균적혈구용적(MCV)과 평균적혈구헤모글로빈농도(MCHC)의 증가로 진단된다. 비타민 B_{12} 결핍은 비타민 B_{12} 섭취 부족, 흡수 및 이용 불량, 체내 필요량의 증가 외에도 비타민 B_{12} 흡수와 관련 있는 내인 인자(intrinsic factor, IF) 부족과 관련되어 위 절제 수술 후 환자에게 나타날 수 있다. 엽산 결핍은 엽산의 부족한 섭취, 흡수 및 이용이 불량하거나 임신 또는 성장으로 인해 체내 필요량이 증가될 때, 일부 약제(항경련제, 바르비투르산염, 시클로세린, 술파살라진, 메트포르민) 및 알코올에 의한 엽산 흡수 저해 등에 의해 나타난다. 거대적아구성 빈혈의 증상은 어지러움증·두통·무력감 등의 빈혈 증세와 혓바닥에 염증이 생기거나 거대혀, 체중 감소 등이 나타난다. 특히 비타민 B_{12} 결핍증에 의한 경우일 때에는 말초신경증이나 척수·뇌신경 등의 이상을 초래하는 신경 증세가 나타난다.

(2) 영양관리

비타민 B_{12} 결핍은 거의 예외 없이 흡수장애로 이어지기 때문에 일주일 동안 매일 하루 50~100 μg의 용량으로 근육이나 피하로 주사하여 치료한다. 엽산 결핍의 경우 하루에 엽산 1~2 mg을 경구로 투여를 권장하나 흡수장애로 엽산이 결핍될 경우 5 mg 이상의 고용량을 투여할 수 있다. 보충된 엽산 저장량 유지를 위해 매일 50~100 μg을 식품

이나 보충제로 섭취한다.

비타민 B_{12}는 소간, 돼지간, 굴, 조개류 등에 많이 포함되어 있으며, 식물성 식품에는 거의 없다. 엽산의 함량이 높은 식품은 대두, 녹두 등의 두류, 시금치, 쑥갓 등의 푸른잎채소, 마른 김, 말린 다시마 등의 해조류, 딸기, 참외 등의 과일이다. 엽산은 열에 의해 쉽게 파괴될 수 있기 때문에 신선한 과일과 녹색채소 또는 채소나 과일주스를 매일 1잔 마시도록 한다. 특히 임신 준비 중이거나 임신 초기 여성은 충분한 엽산을 섭취하도록 한다. 비타민 B_{12}와 엽산의 주요 급원식품 및 함량은 표 9-4와 같고 혈액의 재생산을 위해 충분한 열량과 단백질을 포함한 식사가 권장된다.

표 9-4 각 식품의 비타민 B_{12}와 엽산 함량

식품군	식품명	1교환량(g)	비타민 B_{12}(μg)	엽산(μg)
곡류	녹두(마른 것)	30	0.0	138.0
	대두	20	-	114.6
	백미	30	0.0	3.6
육류	소고기	40	1.3	3.2
	닭고기		2.8	2.8
	돼지고기		0.8	0.8
	소고기 부산물(간, 날것)		21.2	286.4
	조기	50	-	84.1
	고등어	50	5.3	4.8
	굴	70	19.7	80.5
우유류	우유	200	0.6	4.0
	치즈	30	1.0	8.1
견과류	참깨(말린 것)	8	0.0	18.9
	해바라기씨(말린 것)		0.0	18.2
채소류	브로콜리	70	0.0	147.0
	쑥갓		0.0	133.0
	미나리		0.0	77.0
	콩나물		0.0	74.0
	시금치		0.0	137.3
	부추		0.0	70.0
과일류	딸기	150	0.0	171.6
	오렌지	100	0.0	65.4
	망고	70	0.0	58.8

용어정리

거대적아구성 빈혈(megaloblastic anemia)

골수에 크고 미성숙한 비정상적인 적혈구 전구물질인 엽산 또는 비타민 B_{12} 결핍이 특징인 빈혈의 한 형태

내인 인자(intrinsic factor)

위 점막에서 분비되는 당단백질이며, 비타민 B_{12}와 결합하여 비타민 B_{12}의 장관 흡수에 필요한 인자

악성빈혈(pernicious anemia)

내인 인자의 분비장애에 의한 빈혈

조혈작용(erythropoiesis)

적혈구 생성 과정

트랜스페린(transferrin)

철분과 결합하여 철을 운반하는 혈액의 주요 단백질

트랜스페린 포화도(transferrin saturation, TS)

체내 철 저장 상태를 반영하는 지표

평균적혈구용적(mean corpuscular volume, MCV)

적혈구 1개의 평균 부피

평균적혈구헤모글로빈(mean corpuscular hemoglobin, MCH)

적혈구 1개 내에 함유된 평균 헤모글로빈 양

평균적혈구헤모글로빈농도(mean corpuscular hemoglobin concentration, MCHC)

헤마트크릿 1%당 헤모글로빈 농도

헤마토크릿(hematocrit)

전체 혈액에 대한 적혈구의 용적률로 빈혈이 있는 경우 수치 저하

혈색소 또는 헤모글로빈(hemoglobin)

적혈구의 주요 성분으로 산소를 운반하는 단백질

혈청 페리틴(ferritin)

철 저장 단백질이며 혈장 또는 혈청의 농도는 철 저장을 반영

단원정리

혈액의 구성과 기능

- 혈액은 액체 상태인 혈장(plasma)과 혈장에 함유된 혈구로 구성되어 있는 유동성 현탁액이다. 혈구는 세포 성분 형태 요소로 백혈구와 적혈구 및 혈소판으로 구성되어 있고 성인 기준 총혈액량은 5 L 정도로 체중의 약 6~8%를 차지한다. 혈액의 약 55%는 혈장이며, 45%는 세포 성분인 혈구가 차지한다.
- 혈액은 혈구들의 영양소 및 산소와 이산화탄소를 운반하는 역할을 하고 소화 흡수한 영양소를 기관과 조직세포로 운반하고 이때 생성된 노폐물을 배설기관을 통해 배설시킨다. 혈액은 신체 부위별로 체열을 분포시켜 체온을 조절하고 삼투압 및 산-염기 평형을 조절하며 항상성을 유지시킨다.

빈혈의 정의와 진단 기준

- 빈혈은 적혈구의 수, 농도, 용적 등이 낮아져 혈액의 산소 운반 능력이 떨어진 상태를 말한다.
- 순환 혈액 내의 적혈구 수, 혈색소량(hemoglobin), 적혈구 용적률(hematocrit) 및 적혈구 지수(MCV, MCH, MCHC)가 정상 이하로 감소되면 빈혈로 진단한다.

빈혈의 종류와 영양관리

- 빈혈은 철 부족에 의한 철 결핍성 빈혈, 비타민 B_{12}와 엽산 부족에 의한 거대적아구성 빈혈 등으로 구분된다.
- 철 결핍성 빈혈의 영양관리는 헤모글로빈 구성 성분인 철과 단백질 및 조혈작용에 관여하는 구리, 비타민 B_6, 비타민 B_{12}, 엽산 및 비타민 C 등이 풍부한 식품을 많이 섭취하는 것이 중요하다.
- 비타민 B_{12}와 엽산 결핍 치료를 위해 경구 또는 주사로 고용량 투여를 할 수 있으며, 비타민 B_{12}가 풍부한 식품(소간, 돼지간, 굴, 조개류 등)과 엽산의 함량이 높은 식품(두류, 푸른잎채소류, 마른 해조류 및 과일류 등)을 섭취하도록 한다. 특히 임신 준비 중이거나 임신 초기 여성은 충분한 엽산을 섭취하도록 한다.

CHAPTER 10

골격계 및 신경계 질환

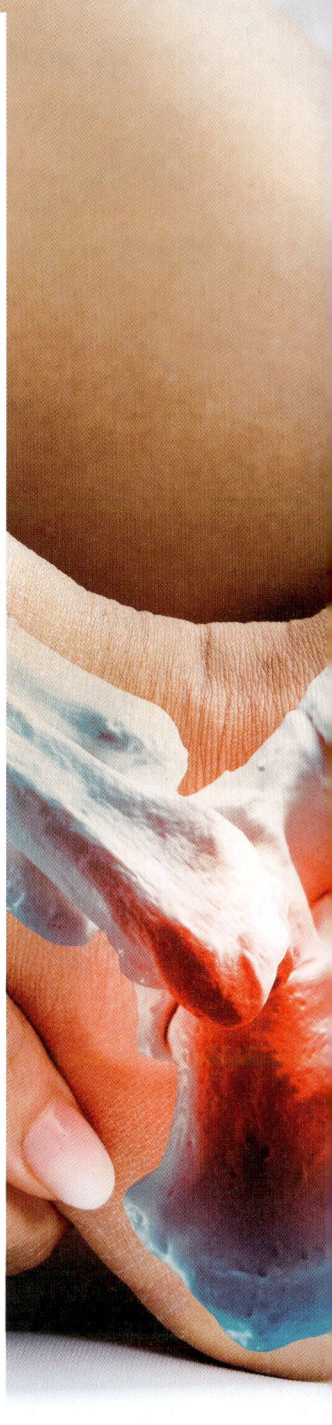

학습목표

1. 골격의 구조와 기능에 대해 설명할 수 있다.
2. 골격계 질환(골다공증, 관절염, 통풍)의 병태생리를 설명할 수 있다.
3. 골격계 질환의 영양관리 원칙을 설명할 수 있다.
4. 신경계 질환(치매, 파킨슨병, 뇌전증, 다발성 경화증, 중증근무력증)의 병태생리를 설명할 수 있다.
5. 신경계 질환의 영양관리 원칙을 설명할 수 있다.

1. 골격계 질환

골밀도는 성장기에는 뼈의 길이와 질량이 지속적으로 증가하지만 30대 초반에 뼈의 최대 골질량에 도달한 후 나이가 들어감에 따라 서서히 감소한다. 골밀도 감소는 노인기 골절의 주요 원인으로, 특히 골다공증은 골절의 위험을 증가시키고 사망 위험에까지 영향을 미치는 질환이며, 50대 폐경기 여성에게서 발병율이 높고 남성의 경우 70세 이후 이환률이 높아진다.

1) 골격의 구조와 기능

성인의 골격은 206개의 뼈로 구성되어 있으며, 뼈의 겉 부분은 치밀골(cortical bone), 안쪽 부분은 해면골(trabecular bone)로 이루어져 있다. 팔, 다리 등의 긴뼈는 피질골로 손목, 발목뼈, 척추 등 짧은뼈는 해면골을 많이 포함한다. 뼈세포는 뼈조직을 형성하고 칼슘과 인의 침착을 돕는 조골세포와 무기질의 분해와 재흡수 역할을 하는 파골세포, 뼈의 구성세포인 골세포 세 가지로 분류할 수 있다.

뼈의 35%는 유기질 기질로 이루어져 있고, 기질은 90%가 콜라겐으로, 65%는 칼슘, 인, 마그네슘 등의 무기질로 이루어져 있다.

뼈는 신체의 지주가 되는 기관으로 몸의 형태를 유지하고, 근(muscle)과 건(tendon)을 연결하여 근에는 운동성을 준다. 또한 심장이나 폐 등의 주요 기관을 보호하는 역할을 하며 무기질의 저장 및 산-알칼리 균형을 유지하는 역할을 한다. 뼈의 내부조직인 골수는 조혈 기능을 한다.

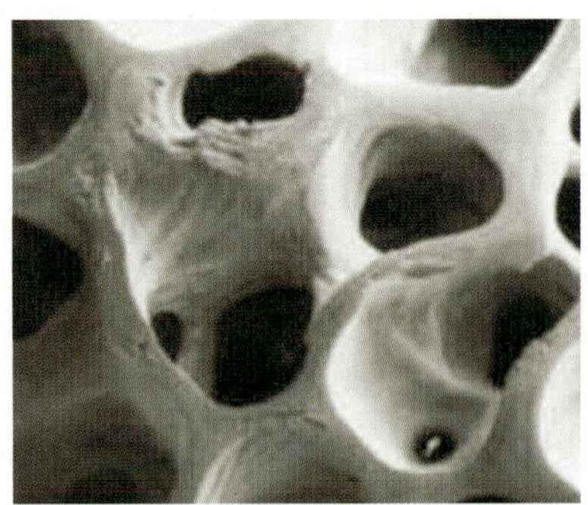
정상뼈

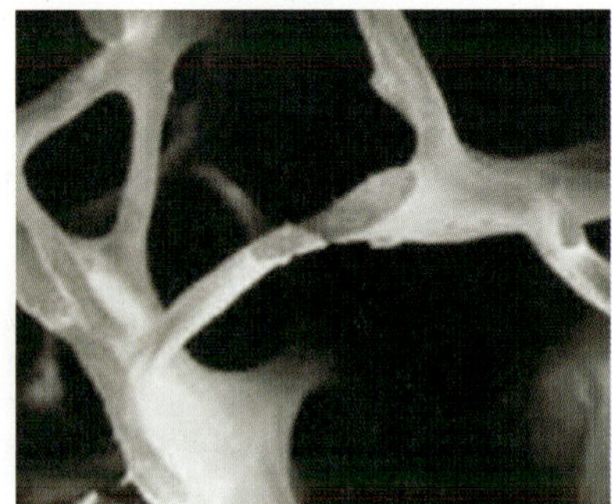
골다공증뼈

그림 10-1 정상인과 골다공증 환자의 골밀도 비교

자료 : https://www.ncbi.nlm.nih.gov/core/lw/2.0/html/tileshop_pmc/tileshop_pmc_inline.html?title=Figure%20 2-5.%20Normal%20vs.%20Osteoporotic%20Bone.&p=BOOKS&id=45504_ch2f2-5.jpg

표 10-1 골격 대사에 영향을 미치는 호르몬

호르몬	기능
비타민 D	• 소장에서 칼슘과 인의 흡수 증가 • 뼈에서의 칼슘 용출 촉진 • 신장에서 칼슘, 인의 재흡수 촉진
부갑상샘호르몬 (PTH)	• 소장에서 칼슘 흡수 증가 • 신장에서 콜레칼시페롤(비타민 D_3)이 1-수산화를 촉진 • 뼈에서의 칼슘 용출 촉진 • 신장에서 인의 재흡수 감소 • 콜라겐 합성 방해
갑상샘호르몬	• 뼈의 칼슘 용출 촉진
칼시토닌	• 비타민 D의 활성화 저해 • 신장에서의 칼슘, 인의 재흡수 저해 • 소장에서 칼슘 흡수 제한 • 뼈에서의 칼슘 용출 억제
에스트로겐	• 부족 시 뼈에서의 칼슘 용출 촉진, 골다공증 유발
성장호르몬	• 비타민 D 생성과 소장에서 칼슘 흡수 증가 • 연골과 콜라겐 합성 촉진
인슐린	• 부족 시 성장과 골 질량 저해 • 조골세포에 의한 콜라겐 합성 촉진

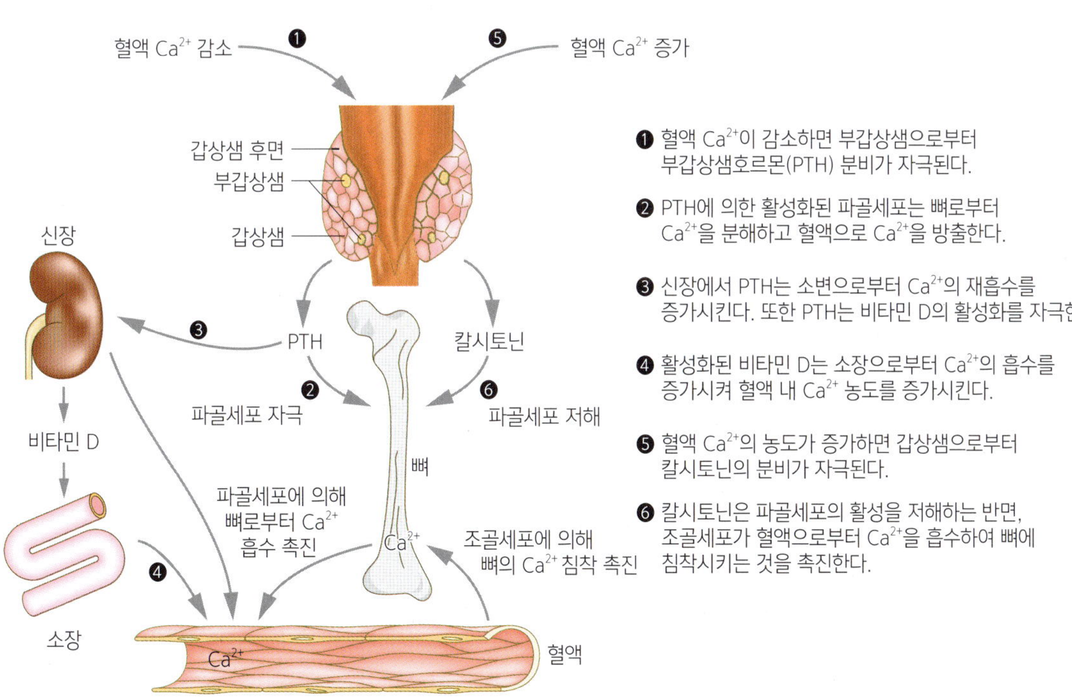

그림 10-2 인체의 혈액 칼슘 농도 조절

자료 : https://www.brainkart.com/article/Bone-and-calcium-homeostasis_21782/

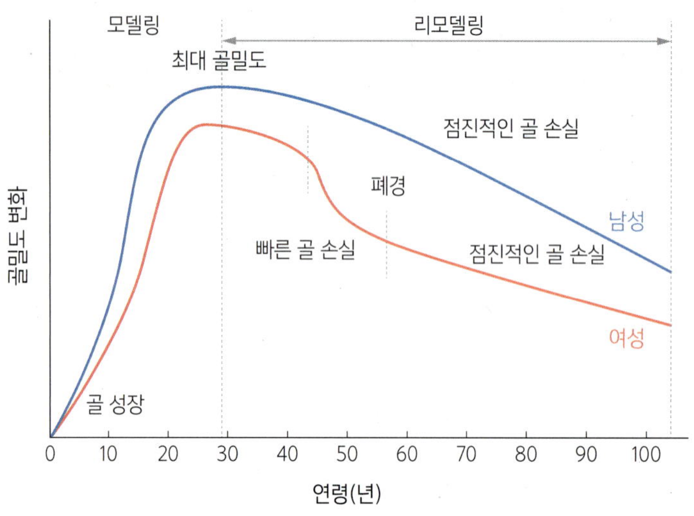

그림 **10-3** 연령에 따른 골밀도와 골질량
자료 : https://www.corkmenopauseclinic.com/osteoporosis/

2) 골다공증

(1) 골다공증의 분류와 발생 요인

골밀도가 정상인의 뼈보다 낮은 상태를 골감소증(osteopenia)이라 하고, 그 정도가 심해지면 골다공증(osteoporosis)이 된다. 골다공증은 1차성 골다공증(폐경기성 골다공증과 노인성 골다공증)과 2차성 골다공증(약제 또는 질병에 의해 발생한 골다공증)으로 분류된다.

폐경기성 골다공증은 폐경 후 10~15년 경과한 여성에게서 주로 나타나고 해면골에서 발생하는데, 등이 굽어 척추 압박과 키의 감소가 나타나고 통증이 있다. 노인성 골다공증은 70세 이상의 남녀에게서 발생하며 1,25-디하이드록시 비타민 D(1,25-dehydroxy vitamin D)의 합성 감소와 부갑상샘호르몬 활성 증가, 손상된 골 형성 등이 주요 원인이다.

2차성 골다공증은 갑상샘항진증, 부갑상샘항진증, 백혈병 등의 치료를 위한 약물인 헤파린, 코르티코스테로이드 등에 의해 골 질량 감소를 유발하여 발생할 수 있다.

표 10-2 골다공증 위험 요인

• 여성 • 저체중 • 나이 : 60세 이상 • 흡연 • 일부 약물의 복용 - 알루미늄 함유 제산제 - 테트라사이클린 - 갑상샘호르몬 - 항경련제 - 헤파린	• 몸의 칼슘을 저하시키고 골다공증을 유발하는 상태 - 갑상샘항진증 - 당뇨병 - 만성신부전 - 부갑상샘항진증 - 신체활동 부족	• 칼슘, 비타민 D 섭취 부족 • 알코올, 식이섬유, 커피의 과다 섭취 • 낮은 에스트로겐 수준 - 폐경 - 조기난소절제

(2) 골다공증 진단과 증상

골다공증 진단은 X-선 촬영이나 이중에너지X-선(dual energy X-ray absorptiometry, DEXA)으로 진단하거나 혈액과 소변에서 골 대사에 관련된 생화학적 지표를 사용한다.

폐경 이후 여성과 50세 이상 남성은 T-score를 이용하고, 소아, 청소년, 폐경 전 여성과 50세 미만 남성은 Z-score를 이용하여 진단하는데, T-score가 -2.5 이하면 골다공증으로, T-score가 -1.0~-2.5이면 골감소증으로 진단한다. T-score가 1만큼 감소함에 따라 정상인에 비해 2~3배 골절 위험이 증가한다.

(3) 골다공증의 영양관리

골다공증은 치료보다 예방이 더 중요하므로 성장기부터 칼슘과 비타민 D를 섭취하고, 운동으로 최대의 골 질량을 형성하여 골 손실을 막는 것이 중요하다.

① 칼슘

칼슘의 1일 섭취량은 19세 이상 성인 기준 700~800 mg이며, 50세 이후 성인은 800~1,000 mg이 권장된다. 대부분의 한국인은 평균필요량의 60~70% 수준으로 섭취하고 있으며, 충분한 칼슘 섭취를 위해서는 우유 및 유제품, 뼈째 먹는 생선류, 해조류, 녹황색채소 등이 효과적이다.

골다공증의 식사 원칙

- 균형 있는 식사 섭취 : 지나친 단백질 섭취를 피한다.
- 칼슘이 많은 식품을 먹는다.
- 과도한 알코올의 섭취를 금한다.
- 짠 음식을 제한하고 음식의 간은 싱겁게 한다.
- 커피, 탄산음료의 과다한 섭취를 피한다.
- 담배를 끊는다.
- 적당한 운동을 규칙적으로 한다.

칼슘보충제 사용 시 식사 요령

- 칼슘보충제 복용 시 우유나 발효유와 함께 먹으면 좋다.
- 식사 중간에 복용한다. 특히 노인의 경우는 칼슘보충제로 구연산칼슘염을 이용하는 것이 유익하다.
- 칼슘보충제는 식품으로 같은 양의 칼슘을 섭취할 때에 비해 변비가 되기 쉬우므로 적당한 섬유소와 충분한 수분을 섭취해야 한다.

표 10-3 칼슘 함량이 높은 식품 (mg/식품 100 g)

식품명		어림치	칼슘 함량	식품명		어림치	칼슘 함량
유제품	우유	1/2컵	100	어육류군	뱅어포	7장	1,056
	고형요구르트	1/2컵	131		중멸치	1¼컵	1,290
	요구르트	1/2컵	120		동태	소 2토막	233
	아이스크림(콘)	1스푼	130		홍어	소 2토막	305
	치즈	5장	613		참치	소 2토막	235
곡류	쌀밥	1공기(210 g)	3		참게	중 1마리	359
	우유식빵	1쪽(30 g)	11		대하	4마리	234
채소류	고춧잎	생것 2컵	1,223		꽁치통조림	2/3컵	277
	무말랭이	불려서 3⅓컵	364		정어리통조림	2/3컵	241
	돌나물	익혀서 1/2컵	368		순두부	1/2컵	120
	들깻잎	잎넓이 10 cm, 4장	258		두부	1/4모	181
	케일	잎넓이 30 cm, 2장	215		깨소금	1컵	181

② 비타민 D

비타민 D는 간과 신장에서 활성화되어 칼슘과 인의 흡수를 돕고 골밀도를 증가시키는 역할을 한다. 동물의 간, 생선류, 달걀, 버섯, 유제품 등이 있으며, 활성형은 콜레칼시페롤(cholecalciferol)이다.

③ 기타 영양소

비타민 K는 오스테오칼신(osteocalcin)의 합성과 골기질의 칼슘화에 필요하며, 불소는 조골세포를 자극하여 뼈의 형성을 촉진한다. 서당, 과당, 자일로스, 포도당, 유당 등의 당분은 장관 내 칼슘 흡수를 촉진하는 것으로 보고되었다. 반면, 인, 동물성 단백질, 나트륨, 식이섬유, 카페인, 알코올의 과량 섭취는 칼슘의 체내 이용을 감소시키거나, 칼슘 배설을 증가시킨다.

3) 관절염

관절염(arthritis)은 관절에 염증이 생기거나 외상에 의해서 연골이나 뼈의 손상을 초래하는 질병이다. 류마티스 관절염(rheumatoid arthritis)과 국소적인 골 관절염(osteoarthritis)이 있다.

(1) 류마티스 관절염

류마티스 관절염은 관절의 활액막이 감염되어 염증과 통증을 일으키는 만성적 자가면역질환이다. 여성이 남성보다 3배 정도 많다. 상태가 진행되면 연골을 파괴하고 관절의 변형을 가져오며, 다른 장기까지 침범할 수 있다.

치료는 비스테로이드성 소염제로 아스피린, 부루펜 등이 사용되고 항류마티스 약제로 설파살라진, 페니실라민 등을 사용하기도 한다. 식욕 감퇴나 연하곤란에 의한 영양불량 예방을 위해 균형 잡힌 적절한 식사가 필요하다.

류마티스 관절염의 영양관리

- 다양한 식품 섭취
- 잡곡, 채소, 과일, 견과, 종자류의 섭취 비율 증가
- 저지방 고칼슘 식품 권장
- 적당량의 지방을 섭취하되 콜레스테롤, 포화지방과 트랜스지방이 많은 식품 제한
- 가공식품이나 단 음식을 통한 단순당 과다 섭취 주의
- 알코올 섭취는 과다하지 않도록 주의

(2) 골 관절염

퇴행성 관절염을 말하며, 무릎, 엉덩이, 발목 등 자주 사용하는 관절연골의 손실에 따라 통증과 변형을 초래한다. 유전적 요인, 연령, 관절의 과다 사용, 비만 등의 영향으로 여성이 남성보다 발생률이 높다. 보통 서서히 진행되고 국부적 증상과 변형을 나타내기도 한다.

치료의 목적은 통증을 줄이고 관절기능의 손상을 최소화하여 질환의 진행 속도를 늦추는 데 있다. 살리실레이트, 코르티코스테로이드 등의 진통제나 비스테로이드성 항염증제를 사용한다. 영양치료는 균형 있는 식사와 오메가-3 지방산, 칼슘, 비타민 D의 섭취가 필요하다.

4) 통풍

통풍(gout)은 체내의 퓨린체 대사이상으로 요산(uric acid)의 혈중 농도가 증가하여 발생한다. 요산의 과잉 생성은 고퓨린식 섭취, 선천적 퓨린 대사이상, 과음, 비만, 심한 운동 등에 의해 발생될 수 있다. 요산의 정상치는 3~6 mg/dL로 알코올 섭취는 요산 생성을 증가시키고 과식, 과로, 스트레스 등에 의해 요산 배설이 감소되거나 유전적 요인에 의해서 통풍이 발생될 수 있다. 대부분 요산 통풍은 엄지발가락의 염증이 가장 많이 발생하고 팔꿈치나 발목, 무릎 등 하지 관절에 흔히 발생된다.

통풍의 치료는 약물치료가 우선이지만 저퓨린 식이요법을 통해 대사적 부담을 줄일 필요가 있다. 정상인은 1일 평균 600~1,000 mg 퓨린 함유 식사를 하지만 통풍환자는 100~150 mg으로 제한한다. 요산 배설을 돕기 위해 1일 3 L 정도의 충분한 수분을 섭취하도록 한다.

표 10-4 저퓨린식의 권장식품과 주의식품

구분	권장식품	보통식품 (9~100 mg/100 g)	주의식품 (100~1,000 mg/100 g)
곡류군	곡류	전곡류, 오트밀(1주일에 2번 정도)	-
어육류군	달걀, 치즈	소고기, 돼지고기, 닭고기, 생선류·조개류(하루 160 g)	진한 육즙, 육류의 내장, 멸치, 청어, 정어리, 고등어, 가리비 등
채소군	주의식품 이외 전부	-	버섯류(양송이 제외), 시금치, 콜리플라워, 아스파라거스 등

구분	권장식품	보통식품 (9~100 mg/100 g)	주의식품 (100~1,000 mg/100 g)
지방군	버터, 마가린, 기름	땅콩, 호두, 잣(체중 조절 시 제한)	-
우유군	우유, 두유 등	-	-
과일군	모든 과일	-	-
기타	유제품, 홍차, 탄산음료, 커피, 아이스크림	이스트	알코올

2. 신경계 질환

사회가 고령화되고 평균 수명이 길어짐에 따라 퇴행성 신경계 질환인 뇌졸중, 치매, 파킨슨병, 다발성 신경염 등이 사회적 건강문제로 대두되고 있다. 특히 신경계 질환자는 독립적 일상생활과 식사를 할 수 없는 경우가 많아 연하곤란 등 영양불량이 발생될 수 있다.

1) 치매

치매(dementia)는 뇌기능 저하로 인해 지적 능력과 기억력이 후천적으로 저하되는 상태로 알츠하이머성 치매(Alzheimer's disease)와 혈관성 치매(vascular dementia)로 분류할 수 있다.

(1) 알츠하이머성 치매

비정상적인 베타-아밀로이드(β-amyloid) 단백질이 과도하게 만들어져 뇌에 침착되면서 뇌세포에 유해한 영향을 주는 것이 발병의 핵심 기전으로 알려져 있으나 타우 단백질(tau protein)의 과인산화, 염증 반응, 산화적 손상 등도 뇌세포 손상에 기여하여 발병에 영향을 미치는 것으로 보인다.

초기에는 주로 최근 일에 대한 기억력에서 문제를 보이다가 진행되면서 언어 기능, 판단력 등 인지 기능의 이상을 동반하게 되고 점차 일상생활 기능을 상실하게 된다.

알츠하이머병은 그 진행 과정에서 인지 기능 저하뿐만 아니라 성격 변화, 초조한 행동, 우울증, 망상, 환각, 공격성 증가, 수면장애 등의 정신 행동 증상이 동반되며 말기에 이르면 경직, 보행 이상 등의 신경학적 장애 또는 대소변 실금, 감염, 욕창 등 신체적인 합병증까지 나타나게 된다. 근본적인 치료 방법은 아직 개발되지 않았지만 증상을 완화시키고 진행을 지연시킬 수 있는 약물이 임상 현장에서 사용되고 있다.

(2) 혈관성 치매

혈관성 치매는 뇌혈관질환으로 인해 뇌조직의 손상이 초래되어 나타나는 치매이다. 뇌혈관질환은 발생 기전에 따라서는 뇌혈관이 막혀 발생하는 허혈성 뇌혈관질환(뇌경색 또는 뇌허혈 상태)과 뇌혈관이 터져서 생기는 출혈성 뇌혈관질환(뇌출혈)으로 나눌 수 있다.

혈관성 치매는 초기부터 한쪽 마비, 구음장애, 안면마비, 연하곤란, 한쪽 시력 상실, 시야장애, 보행장애, 소변 실금 등 신경학적 증상을 동반하는 경우가 많다.

치료는 고혈압, 당뇨, 고지혈증, 비만, 흡연, 심장질환 등 뇌혈관질환의 발생 또는 악화에 기여할 수 있는 혈관성 위험 요인에 대한 관리가 중요하고, 뇌혈관질환의 재발이나 악화를 방지하기 위해 아스피린 등의 혈소판 응집억제제나 와파린 등의 항응고제, 혈류순환개선제 등을 투여한다. 인지 기능 저하 증상 개선을 위해 아세틸콜린 분해 효소 억제제, NMDA 수용체 길항제가 사용된다.

표 10-5 알츠하이머성 치매와 혈관성 치매 비교

임상 증상	알츠하이머성 치매	혈관성 치매
증상	점차적 악화	점차적이거나 갑자기 나타남
보행	정상	한쪽의 마비나 걸음걸이 불편
기억력	초기부터 장애 최근의 기억장애가 심함	초기에는 경미
일상생활	서서히 장애가 시작	초기부터 장애가 두드러지게 나타남

3) 치매의 영양관리

치매 진행 경과에 따라 적절한 영양관리가 필요하다. 질병이 진행됨에 따라 체중 감소가 많이 나타나는데, 치매 환자는 인지 기능 장애로 연하곤란이나 갈증, 배고픔, 포만감을 느끼지 못하므로 영양밀도가 높은 보충영양식과 간식을 자주 제공하여 체중 감소를 막아준다. 또한 탈수 방지를 위해 2시간마다 물을 1컵씩 마시게 한다. 인지 능력 향상을 위해 항산화 물질이 도움이 될 수 있으므로 오메가-3 지방산, 비타민 C, 비타민 E, 아연, 철, 구리, 셀레늄 등의 영양소를 충분히 공급하도록 한다.

세 가지 권하는 것

- 일주일 3번 이상 걷기
- 부지런히 읽고 쓰기
- 생선과 채소 골고루 먹기

세 가지 금하는 것

- 술 적게 마시기
- 담배 피우지 않기
- 머리 다치지 않도록 조심하기

세 가지 행해야 할 것

- 정기적으로 건강검진 받기
- 가족, 친구들과 자주 소통하기
- 매년 치매 조기 검진 받기

그림 **10-4** 치매 예방 수칙 3.3.3

자료 : 보건복지부

2) 파킨슨병

파킨슨병(Parkinson's disease)은 중뇌에 위치한 흑질이라는 뇌의 특정 부위에서 도파민을 분비하는 신경세포가 원인 모르게 서서히 소실되어 가는 질환으로, 아주 서서히 진행되기 때문에 언제부터 병이 시작됐는지 정확하게 알기 어렵다. 파킨슨 환자들에게서는 운동 능력 감소와 경직, 떨림, 근육 강직, 자세 불안정 등의 증상이 발생한다.

치료 약물은 파킨슨병을 완치하거나 파킨슨병의 진행을 중단시키는 것이 아니라, 부족한 도파민을 보충해 주어 환자가 일상생활을 잘 할 수 있도록 하는 약물로 도파민의 전구물질인 레보도파(levodopa)를 처방한다. 이는 위장관에서 흡수되어 뇌로 이동한 뒤 도파민으로 변환되어 혈액 뇌 장벽을 통과할 수 있도록 하기 위한 것으로, 부작용으로 구토나 변비, 입안건조증이 오기도 한다.

고단백 식사는 레보도파 약물 흡수가 방해되어 혈액이나 뇌로 흡수되는 것을 지연시키므로 0.5~0.8 g/kg으로 제한한다. 또한 비타민 B_6가 과도하게 존재하면 도파민 대사에 방해가 되므로 피리독신이 함유된 비타민제는 먹지 않도록 주의한다. 변비 완화를 위해 식이섬유와 수분을 충분히 섭취하도록 한다.

3) 뇌전증

뇌전증(epilepsy, 간질)은 뇌 신경세포가 일시적으로 이상을 일으켜 과도한 흥분 상태를 유발함으로써 나타나는 의식 소실, 발작, 행동 변화 등과 같은 뇌기능의 일시적 마비 증상이 만성적, 반복적으로 발생하는 뇌질환이다. 정확한 원인은 알 수 없지만 유전이나 선천성 질환, 두부 외상, 감염, 종양, 뇌졸중, 뇌의 퇴행성 변화 등이 원인이 될 수 있다.

뇌전증(간질)을 유발하는 대표적인 질환

① 영아기 : 주산기 뇌 손상, 선천성 기형, 저칼슘증, 저혈당증, 대사성 질환, 뇌막염, 뇌염
② 유아기 : 열성 경련, 주산기 뇌 손상, 감염
③ 학동기 : 특발성, 주산기 뇌 손상, 외상, 감염
④ 청장년기 : 외상, 종양, 특발성, 감염, 뇌졸중
⑤ 노년기 : 뇌졸중, 뇌 외상, 종양, 퇴행성 질환

치료는 페니토인(phenytoin), 페노바비탈(phenobarbital), 프리미돈(primidone) 등의 약물로 치료될 수 있으나 이러한 항경련제의 경우 간에서 비타민 D 대사를 변화시켜 장에서의 칼슘 흡수를 방해한다.

약물 치료로 되지 않는 소아 경련은 케톤식(ketogenic diet)을 사용할 수 있다. 케톤식은 경련제와 같이 신경전달을 방해하며 부작용이 적고 경제적인 장점이 있다. 탄수화물을 줄이고 에너지의 75%를 지방으로 공급하고 MCT(oil)를 사용한다.

4) 다발성 경화증

다발성 경화증(multiple sclerosis)은 뇌, 척수, 그리고 시신경을 포함하는 중추신경계에 발생하는 만성 신경면역계 질환으로 원인은 정확하게 알려지지 않았지만 신경을 둘러싸고 있는 수초가 손상되어 뇌로부터 신체의 여러 부분으로 가는 신경자극의 전달이 방해되어 나타난다. 증상은 시각장애나 손실, 감각운동장애, 배뇨, 배변장애 등이 나타날 수 있고, 고도가 높은 곳이나 햇빛 노출에 의한 비타민 D의 흡수량 부족으로 위험률이 증가될 수 있다.

치료는 스테로이드 제제를 단기간에 사용하지만 식욕 증가나 신경과민, 불면증 등의 부작용이 나타날 수 있고, 혈액 중 비타민 B_{12}나 엽산 감소 등도 문제가 될 수 있다. 장기적 치료제로는 인터페론베타(interferon beta), 글라티라머 아세테이트(glatiramer acetate), 미토산트론(mitoxantrone) 등을 사용한다. 적정한 체중 유지와 균형 잡힌 식사가 중요하다.

5) 중증 근무력증

중증 근무력증(myasthenia gravis)은 신경근육접합부의 신경 전달 장애에 의해 발생하며, 변동성 근력 약화 및 근육의 피로감을 주된 증상으로 하는 자가면역질환이다. 근육

이 접촉하는 부위의 신경세포에서는 아세틸콜린이 배출되는데 이것이 아세틸콜린 수용체에 결합하여 근육을 수축시키지만 중증 근육무력증 환자의 경우에는 항체가 생성되어 근육 수축이 잘 일어나지 않고 쉽게 피로해지는 증상이 나타난다.

약물치료는 아세틸콜린 에스터레이스를 저해하는 항콜린에스터레이스가 사용되며, 흉선절제술이나 혈장교환술도 시행될 수 있다.

연하곤란으로 저작과 삼킴이 어려운 경우 영양밀도가 높고 부드러운 식품을 섭취하도록 하고 소량씩 자주 섭취하도록 한다.

용어정리

골감소증(osteopenia)

골밀도가 정상보다 낮은 골다공증 전 단계

골관절염(osteoarthritis)

관절염의 가장 흔한 형태. 하중을 받는 관절연골 소실 및 염증 발생

골다공증(osteoporosis)

뼈의 무기질과 유기기질의 감소로 뼈가 약해져서 골절과 통증에 취약한 질환

골연화증(osteomalacia)

무기질 침착 장애로 인해 뼈가 제대로 형성되지 않아 뼈가 물러지고 쉽게 골절이 발생하는 질환

구루병(rickets)

어린이의 뼈의 불충분한 성숙 및 무기화

류마티스 관절염(rheumatoid arthritis)

만성 염증성 질환. 활막에 염증이 생겨 부종, 경직, 통증, 운동 범위 제한, 관절 기형, 장애

신경수초(myelin sheath)

신경섬유 주위를 초상으로 둘러싸는 통 모양의 피막

알츠하이머성 치매(Alzheimer's disease)

뇌에 신경반(노인반)과 신경원섬유가 비정상적으로 축척되어 뇌기능이 손상되어 착란, 성격, 행동 변화, 판단장애를 일으키는 질병

오스테오칼신(osteocalcin)

뼈의 비콜라겐성 단백질에 많이 존재하고 뼈의 대사에 중요한 역할을 하는 호르몬

조골세포(osteoblast)

척추동물의 경골을 만드는 세포로서 골아세포라고도 함

케톤식(ketogenic diet)

뇌세포가 포도당을 에너지원으로 사용하지 않고 지방으로부터 공급되는 케톤체를 에너지원으로 사용하게 하는 항경련 효과를 내는 식사

파골세포(osteoclast)

척추동물에서 뼈의 성장에 수반되어 불필요하게 된 뼈조직을 파괴, 흡수하는 다핵세포

피질골(cortical bone)

뼈에서 치밀뼈로 이루어진 표면의 얇은 층

해면골(trabecular bone)

몸을 효과적으로 지탱할 수 있게 골소주로 이루어진 뼈의 안쪽 부분

활액막(synovial membrane)

관절과 관절을 연결해 주는 부분에서의 관절 내부를 둘러싸는 얇은 막

혈관성 치매(vascular dementia)

뇌의 혈관이 막히거나 좁아져서 뇌조직의 손상이 초래되어 나타나는 치매

단원정리

골격의 구조와 기능

- 뼈의 겉 부분은 치밀골(cortical bone)과 안쪽 부분은 해면골(trabecular bone)로 나뉜다.
- 뼈세포는 조골세포와 파골세포, 골세포 세 가지로 분류된다.
- 뼈의 35%는 유기질 기질로 이루어져 있고 기질은 90%가 콜라겐으로 65%는 칼슘, 인, 마그네슘 등의 무기질로 이루어져 있다.
- 뼈는 몸의 형태 유지, 주요 장기 보호, 무기질의 저장, 산-알칼리균형 유지, 조혈기능을 한다.

골격계 질환의 병태생리와 영양관리

- 골다공증은 골밀도 저하로 인해 골절 위험이 증가하는 질환으로, 1차성 골다공증(폐경기성 골다공증과 노인성 골다공증)과 2차성 골다공증(약제 또는 질병에 의해 발생한 골다공증)으로 분류된다. 골다공증은 치료보다 예방이 더 중요하고 성장기부터 칼슘과 비타민 D를 섭취하고 운동으로 최대의 골질량을 형성하여 골 손실을 막는 것이 중요하다.
- 관절염은 관절에 염증이 생기거나 외상에 의해서 연골이나 뼈의 손상을 초래하는 질병으로 류마티스 관절염과 골관절염이 있다. 균형 있는 식사와 오메가-3 지방산, 칼슘, 비타민 D의 섭취가 권장된다.
- 통풍은 체내의 퓨린체의 대사이상으로 최종산물인 요산의 혈중 농도가 증가하고 요산일나트륨 결정으로 축적되어 염증이 발생하는 질병이다. 통풍의 치료는 약물치료가 우선이지만 저퓨린 식이요법(100~150 mg)을 통해 요산 생성을 낮출 수 있다.

신경계 질환의 병태생리와 영양관리

- 치매는 기억력 손실을 동반하는 인지 기능 저하를 보이는 질환으로 알츠하이머성 치매와 혈관성 치매가 있다. 치매 진행 경과에 따른 적절한 영양관리가 필요하다.
- 파킨슨병은 도파민 분비 신경세포가 서서히 소실되어 뇌기능의 이상을 일으키는 질환으로, 치

료제로 도파민의 전구체인 레보도파를 처방한다. 고단백, 고비타민 B_6제는 도파민 대사에 방해가 되므로 피하고 변비 완화를 위해 식이섬유와 수분은 충분히 섭취한다.

- 뇌전증은 뇌 신경세포 이상으로 인해 뇌기능의 일시적 마비 증상이 만성적, 반복적으로 발생하는 뇌질환이다. 난치성 소아 환자의 경우 케톤식으로 경련을 억제할 수 있다.
- 다발성 경화증은 중추신경계에 발생하는 만성 신경면역계 질환으로 적정한 체중 유지와 균형 잡힌 식사가 중요하다.
- 중증 근무력증은 근력 약화 및 근육 피로감, 연하곤란, 호흡곤란 등을 주 증상으로 나타나는 자가면역질환이다. 연하곤란으로 저작과 삼킴이 어려운 경우 영양밀도가 높고 부드러운 식품을 섭취하도록 하고 소량씩 자주 섭취하도록 한다.

CHAPTER 11

암과 영양

학습목표

1. 암의 발생과 진단에 대해 설명할 수 있다.
2. 암과 영양소 대사에 대해 설명할 수 있다.
3. 암의 치료에 따른 영양관리를 설명할 수 있다.

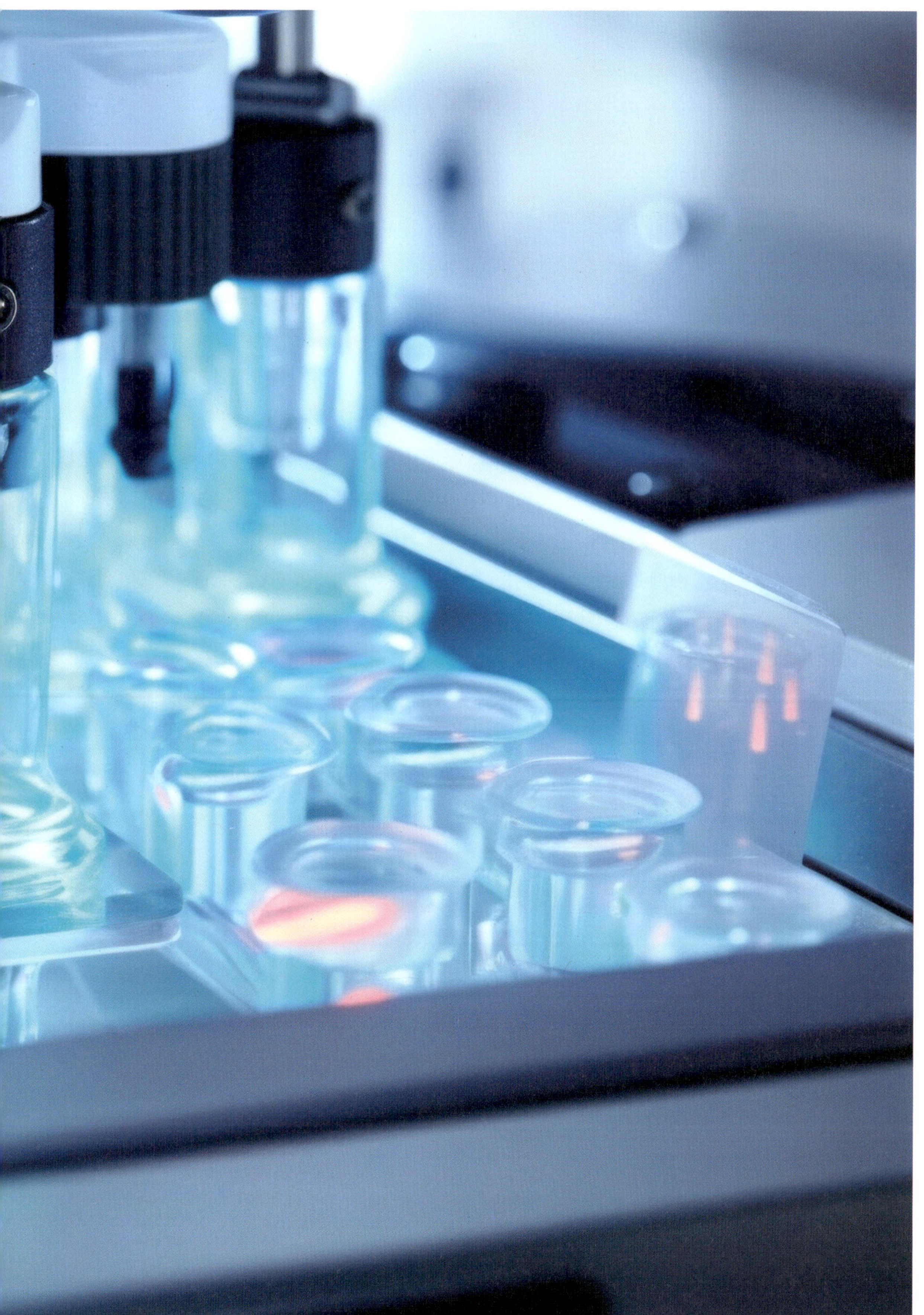

1. 암의 발생과 진단

1) 암의 발생

암은 우리나라 사망 원인의 1위를 차지하고 있으며, 우리나라 국민들이 기대수명(83세)까지 생존할 경우 암에 걸릴 확률은 37.9%로, 남자(80세)는 5명 중 2명(39.9%), 여자(87세)는 3명 중 1명(35.8%)에서 암이 발생할 것으로 추정되었다. 보건복지부는 중앙암등록본부 및 지역암등록본부를 지정·운영하여 우리나라에서 진행되는 모든 암 등록 사업 자료를 통합한 국가 암 발생 데이터베이스를 구축하였으며, 이 중 1999년 이후 악성암(이하 암) 등록자에 대한 발생 통계를 산출하고 있다. 2020년 가장 많이 발생한 암은 갑상샘암으로, 이어서 폐암, 대장암, 위암, 유방암, 전립선암, 간암의 순으로 많이 발생하는 것으로 나타났다. 남녀별로는 남자는 폐암, 위암, 전립선암, 대장암, 간암 순이었고, 여자는 유방암, 갑상샘암, 대장암, 폐암, 위암 순이었다(그림 11-1).

암은 비정상 세포들이 과다 증식하여 주위 조직 및 장기에 침입하여 종괴를 형성하고 기존의 구조를 파괴하거나 변형시키는 상태를 말한다. 악성종양 또는 악성 신생물이라고

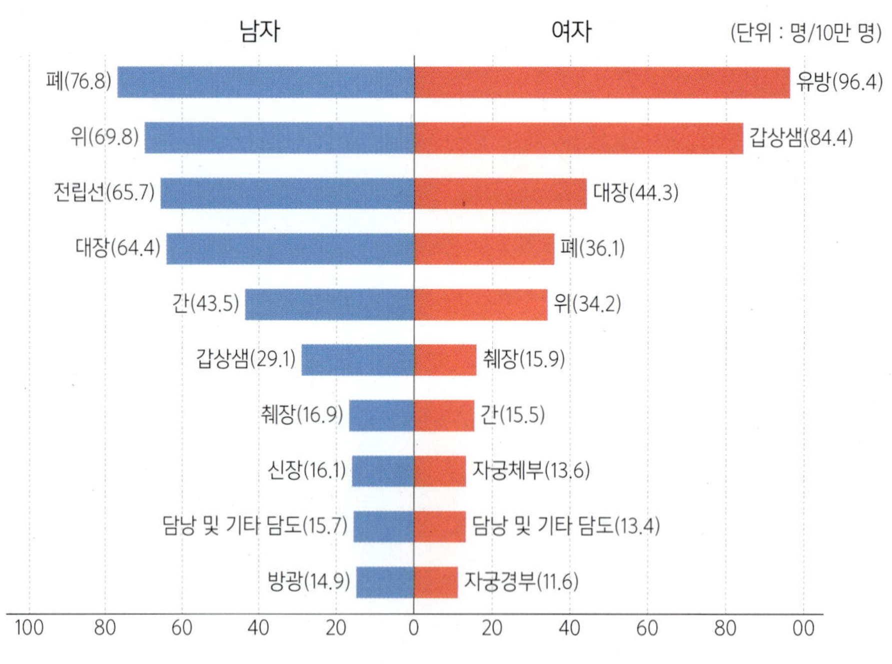

그림 11-1 2020년 주요 암발생률

자료 : 국가암정보센터

불리며, 정확한 원인은 알려져 있지 않으나 유전적 요인, 환경적 발암 물질, 영양적 요인, 스트레스 등 다양한 요인이 있다.

암 발생 과정은 개시, 촉진, 진행 및 전이 단계로 구분된다. 첫째, 초기 단계는 스스로 발생하거나 발암 물질 노출로 유도되는 유전자의 변형, 변화 또는 돌연변이를 포함한다. 유전학적 변화는 세포의 증식, 생존 및 분화와 관련된 생화학적 신호 경로의 무질서를 유발할 수 있으며, 발암 물질의 대사 속도와 유형, DNA 수리 기능의 반응을 포함한 여러 요인에 영향을 받을 수 있다. 둘째, 촉진 단계는 활발하게 증식하는 전종양세포(preneoplastic cell)가 누적되는 상대적으로 긴 시간 동안의 역 과정으로 간주된다. 셋째, 진행은 전암 병변과 침습성 암의 발달 사이의 단계이다. 진행은 암의 유전적 및 표현형적 변화 및 세포 증식이 발생하는 종말 단계이다. 이는 종양 크기의 급격한 증가를 포함하며, 세포는 침습성 및 전이력을 갖는 추가 돌연변이를 겪을 수 있다.

넷째, 전이는 암세포가 원발 부위에서 다른 부위로 이동하고 집락화되는 과정이다(그림 11-2).

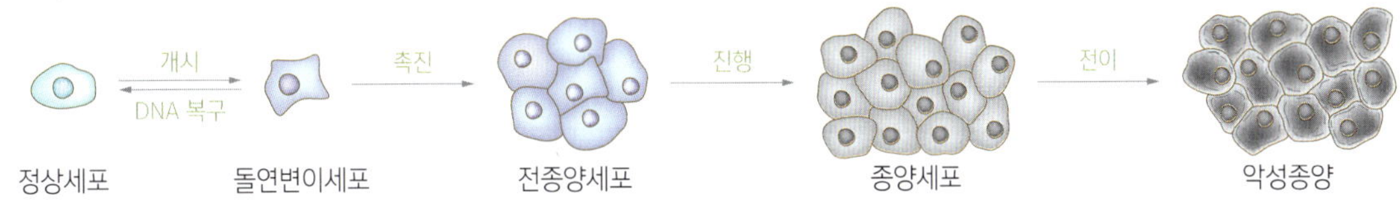

그림 **11-2** 발암 단계

2) 암의 증상과 진단

초기에는 특이 징후가 나타나지 않아 조기 진단이 어려우나 진행에 따라 종양의 종류, 위치, 크기 등에 따라 발열, 피로, 통증, 피부 변화, 체중 감소 등의 증상이 나타날 수 있다. 암은 표 11-1과 같이 의사의 진찰, 내시경검사 및 영상진단검사로 진단하며, 암의 병기를 표시하는 방법은 일반적으로 TNM법[Tumor(종양), Node(림프절), Metastasis(전이)]을 많이 사용하고 1기, 2기, 3기, 4기로 요약할 수 있다.

표 11-1 암의 진단 방법

<table>
<tr><th colspan="2">진단 방법</th><th>내용</th></tr>
<tr><td colspan="2">진찰</td><td>• 체계별로 신체 부위 상담과 검진
• 진찰, 유방과 갑상샘 등의 촉진검사, 직장수지검사</td></tr>
<tr><td colspan="2">내시경검사</td><td>• 내시경을 통한 병변의 크기, 모양, 위치, 조직검사
• 위내시경, 대장내시경, 방광경</td></tr>
<tr><td rowspan="9">영상진단검사</td><td>방사선영상</td><td>• 가장 많이 사용
• 방사선이 인체를 통과할 때 조직과 뼈의 영상검사
• 폐, 유방, 뼈</td></tr>
<tr><td>투시검사</td><td>• 내부 장기검사로 수술 시 절제 범위 결정에 유용함
• 상부위장조영술(UG), 대장이중조영검사, 대장투시검사, 내시경적 역행성 담췌관조영술(ERCP)</td></tr>
<tr><td>전산화단층촬영(C-T)</td><td>• X선을 이용한 해부학적 단층 촬영
• 악성·양성 구별 가능, 인접 장기, 간, 폐, 림프절로의 전이 여부
• 중추신경계, 머리와 목, 복부 장기</td></tr>
<tr><td>초음파검사</td><td>• 음파를 이용하여 비침습적으로 쉽게 검사
• 낭성종괴, 고형종물 구별, 종양 내부 구조 확인
• 주변 장기 침범, 림프절이나 다른 장기로 전이 검사
• 복부 장기, 갑상샘, 유방, 골반내의 난소, 자궁, 전립선, 심장검사</td></tr>
<tr><td>자기공명영상(MRI)</td><td>• 여러 방면의 단층상을 인체 측면과 종면으로 제공
• 여러 조직 형태를 인식하여 종양을 구분
• 병기 전이 여부 구분
• 뇌, 척수, 유방, 근골격계, 복부 장기</td></tr>
<tr><td>핵의학검사</td><td>• 양전자방출단층촬영술(PET), 골스캔, 갑상샘스캔
• 방사능표지물질을 정맥주사하여 종양이 있거나 이상이 있는 부위에 농축되는 기전에 이용
• 전이위치를 알기 어렵거나 다른 검사로 암과 감별이 어려운 경우에 유용</td></tr>
<tr><td>종양포지자검사</td><td>• 암세포가 만드는 물질 또는 정상세포에 영향을 주어 나오는 혈액이나 조직, 배설물 검사
• 암의 유무, 암세포 특징, 수술 후 잔류암, 재발 등의 조사</td></tr>
<tr><td>조직·세포병리검사</td><td>• 암세포 진단과 확진, 세포검사를 통한 암세포 종류 확인
• 직접 생검, 미세침 흡인 생검검사 등
• 내시경을 통한 조직검사, 정맥 채취, 골수검사, 자궁경부세포채취, 소변·가래·뇌척수액 등 검사</td></tr>
</table>

자료 : 국가암정보센터

2. 암과 영양소 대사

암 환자는 기초대사량 및 에너지 요구량이 증가하고 암조직 증대로 인한 식욕부진이나 당신생을 위한 체조직 및 지방조직 분해와 체중 감소 등이 나타난다. 또한 말기 암 환자에 나타나는 암악액질(cancer cachexia)은 극도의 영양실조와 쇠약 상태를 말한다. 이는 암조직 증대에 따른 에너지 필요량의 증가와 이에 따른 체조직 손실, 신체가 필요한 단백질 합성 불량 등에 기인한다. 암악액질이 진행되면 지방과 근육이 손실되고 뼈의 무기질도 감소하면서 전신 허약이 된다(표 11-2).

표 11-2 암 환자의 영양소 대사 변화

구분	변화
에너지 대사	• 암조직 증대로 인한 기초대사량 증가 • 조직세포의 비효율적 열량영양소 이용 • 저장 글리코겐 분해 활용보다 체단백질 및 지방조직 분해 증가
탄수화물 대사	• 코리회로(cori cycle) 활성 증가 • 인슐린 민감성(insulin sensitivity) 감소와 저항성(insulin resistance) 증가 • 코리회로 활성화로 인한 포도당 신생 증가 • 당불내증 증가 • 혈당 농도 증가
단백질 대사	• 체단백질 분해 증가 • 근육단백질 합성 감소 • 골격근 분해로 아미노산을 이용한 포도당 신생 증가 • 효소, 호르몬 및 면역 단백질 합성 저하 • 음의 질소 평형
지질 대사	• 체지방 분해(lipolysis) 증가 • 지방합성(lipogenesis) 감소

자료 : 임상영양관리 지침서

3. 암의 치료에 따른 영양관리

암 치료 방법에는 수술요법, 방사선요법(국소적 치료법), 항암제 화학요법(내과적, 전신적)이 주로 이용되어 왔으며, 면역요법, 줄기세포치료법(골수이식), 호르몬요법 및 표적 치료법 등이 활용되고 있다.

암 환자의 주요 영양문제는 식욕부진으로 항암제나 방사선조사 같은 치료 과정에 의해서도 생긴다. 암 환자의 식욕부진의 대표적 증상은 메스꺼움과 구토이다. 이를 예방하기 위해서 천천히 자주 먹고, 뜨거운 음식은 구토를 유발하므로 차거나 실온 정도의 음식을 제공한다. 또한 부족한 에너지 급원을 위해서 소량의 간식을 자주 섭취한다(표 11-3).

표 11-3 암 환자 영양문제와 식사지침

영양문제	식사지침	권장식품	제한식품
식욕부진	• 소량씩 자주 공급 • 고열량 및 고단백 간식 • 맛, 향기, 식사 분위기 조성	• 아이스크림, 밀크세이크 • 과일주스, 요구르트 • 고열량, 고단백	• 고지방식품
구토, 메스꺼움	• 식사 중 수분 공급 제한 • 식후 바로 눕지 않기	• 맑고 찬 음료 • 지방이 적은 음식 • 과자, 크래커	• 단 음식 • 고지방 자극성 식품 • 뜨겁거나 향이 강한 음식
연하곤란 및 저작곤란	• 씹고 삼키기 쉬운 식품 • 입안 헹구기 • 빨대 사용	• 부드러운 음식, 요구르트 • 죽, 미음, 으깬 채소 • 차거나 실온 음식	• 거칠고 굵고 건조한 식품 • 자극적 음식 • 뜨거운 음식
구강 건조증	• 물을 조금씩 자주 마심 • 식욕 촉진 음식	• 달거나 신 음식 • 부드러운 음식 • 국물 음식 • 차거나 실온 음식	• 딱딱하고 마른 음식 • 뜨거운 음식 • 카페인, 고당도 음식
미각·후각 장애	• 차거나 상온 음식 • 식욕 촉진 음식	• 육류 대신 닭고기, 생선 • 양파, 아몬드 등 • 레몬, 식초, 향신료	• 강한 냄새 나는 육류나 생선 • 초콜릿, 커피
조기 만복감	• 식사는 소량씩 자주 공급 • 식후에 수분 섭취	• 고에너지 식품	• 식사 중 음료수 섭취 제한
설사	• 소량씩 자주 식사 • 충분한 수분 섭취 • 맑은 유동식	• Na, K 함유 식품(육수, 바나나, 감자, 스포츠음료-전해질 보충)	• 너무 차거나 뜨거운 음식 • 유당 함유 식품 • 카페인 음료
변비	• 수분 및 섬유소 식품 제공	• 수분, 과일주스 • 익힌 채소 및 과일	• 탄닌 함유 식품 • 술, 알코올음료
면역 기능 저하	• 식사 및 조리 전 손 씻기 • 음식은 익혀서 섭취 • 식기구 소독	• 멸균우유, 분유, 두유 • 통조림, 캔주스	• 생채소, 생과일, 우유 • 발효식품(치즈, 요구르트)

'암 예방 수칙 및 권고안' 바로 알기

세계암연구기금(World Cancer Research Fund, WCRF)과 미국암연구협회(American Institute for Cancer Research, AICR)(2018)에서 암을 예방하기 위한 10가지 권고안을 연구 결과와 고찰 보고서를 바탕으로 다음과 같이 제시하였다.

암 예방을 위한 식사, 영양, 신체활동 지침 10가지

1. 건강 체중을 유지하자.
2. 신체적으로 활발한 활동을 하자.
3. 전곡류, 채소, 과일, 콩류가 풍부한 식사를 하자.
4. '패스트푸드'와 지방, 전분이나 당류가 많은 가공식품 섭취를 제한하자.
5. 붉은색의 육류와 가공육의 섭취를 제한하자.
6. 가당음료수의 섭취를 제한하자.
7. 알코올 섭취를 제한하자.
8. 암 예방을 위해 보충제 섭취를 하지 말자.
9. 수유부의 경우 가능한 한 모유 수유를 하자
10. 암 진단을 받은 후에도 가능한 한 이 권고안을 따르자.

자료 : 세계암연구재단, 미국암연구소, 2018

한편, 우리나라에서도 보건복지가족부와 국립암센터에서 각 분야 전문가와 함께 우리나라 상황에 맞는 '국민 암예방 수칙'을 2006년 10월 다음과 같이 제정·공표한 바 있으며, 각 수칙 항목 실천을 위한 방법을 국가암정보센터 홈페이지(www.cancer.go.kr)를 통하여 제공하고 있다.

국민 암예방 수칙

담배를 피우지 말고, 남이 피우는 담배 연기도 피하기
채소와 과일을 충분하게 먹고, 다채로운 식단으로 균형 잡힌 식사하기
음식을 짜지 않게 먹고, 탄 음식을 먹지 않기
술은 하루 두 잔 이내로만 마시기
주 5회 이상, 하루 30분 이상, 땀이 날 정도로 걷거나 운동하기
자신의 체격에 맞는 건강 체중 유지하기
예방접종 지침에 따라 B형 간염 예방접종 받기
성 매개 감염병에 걸리지 않도록 안전한 성생활하기
발암성 물질에 노출되지 않도록 작업장에서 안전 보건 수칙 지키기
암 조기 검진 지침에 따라 검진을 빠짐없이 받기

용어정리

림프종(lymphoma)

림프계 암(림프암)

무미각증(ageusia)

혀의 미각 기능 상실, 특히 단맛, 신맛, 쓴맛, 짠맛, 감칠맛을 감지하지 못함

방사선요법(radiation therapy)

고에너지의 방사선을 이용하여 암세포를 죽이거나 암 종양 크기를 줄이는 치료법. 국소적 암 치료법

백혈병(leukemia)

골수암

사이토카인(cytokines)

면역세포나 지방세포에서 분비되어 세포 간 신호 전달, 세포의 행동 조절, 면역 반응 조절 등에 관여하는 인자

신경교종(glioma)

중추신경계의 아교세포에서 발생하는 암

악성종양(malignant tumor)

성장 속도가 빠르고 주위 조직으로 침윤하여 성장하면서 전이가 일어나는 종양

암악액질(cancer cachexia)

거식증, 식욕부진, 조직 소모, 골격근 위축, 면역기능장애를 특징으로 하는 복합 다인성 증후군

양성종양(benign tumor)

성장이 느리고 전이가 없는 종양

육종(sarcoma)

결합조직암

종괴(mass)

상피조직암

화학요법(chemotherapy)

종양의 성장을 억제하는 화학적 약물치료

단원정리

암의 발생과 진단

- 암은 세포가 비정상적으로 성장의 제한을 받지 않고 자라며, 근처의 조직으로 퍼져나가는 질병이다.
- 암의 발생 원인은 유전적 요인, 바이러스, 환경적 발암 물질, 영양적 요인, 스트레스 등 다양하다.
- 식사와 생활 습관은 암 발생의 위험과 암 예방에도 영향을 준다.

암과 영양소 대사

- 악액질은 암의 영향으로 인한 지속적 체중 감소, 식욕부진, 지방조직 및 근육의 쇠퇴, 영양학적 대사 불균형을 초래하는 암 환자에 자주 나타나는 증후군이다.
- 암세포는 비정상적인 영양소 대사를 하며, 특히 에너지, 탄수화물, 단백질, 지방 대사가 일반 세포와 다르게 비효율적으로 일어난다.

암의 치료에 따른 영양관리

- 암 환자의 영양관리를 위해서는 체중과 근육조직의 감소, 면역 저하의 예방을 위하여 영양 부족이 생기지 않도록 지속적인 모니터링이 중요하다.

CHAPTER 12

면역질환과 감염 및 호흡기질환

학습목표

1. 면역체계의 정의를 알고 선천면역체계와 적응면역체계에 대해 설명할 수 있다.
2. 면역 기능 유지에 관여하는 영양소에 대해 설명할 수 있다.
3. 면역과 관련된 질환의 특성을 이해하고 적절한 영양관리에 대해 설명할 수 있다.
4. 감염과 염증의 차이를 이해하고 기본적인 영양관리 원칙을 설명할 수 있다.
5. 호흡기질환의 특성을 이해하고 적절한 영양관리에 대해 설명할 수 있다.

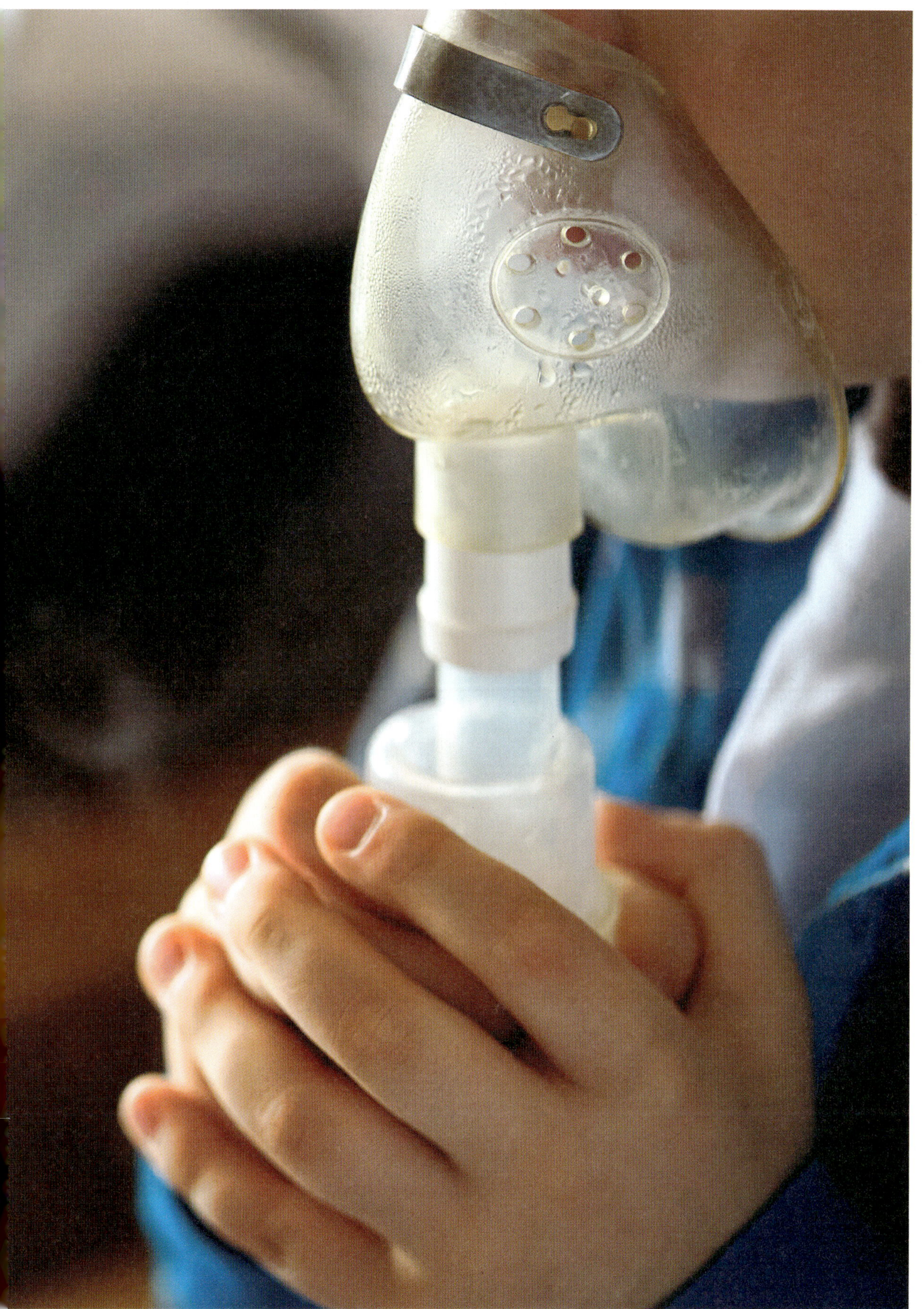

1. 면역체계의 정의와 분류

외부로부터 체내로 유입되는 물질을 인식하고 방어함으로써 질병으로부터 우리 몸을 보호하는 인체의 생물학적 메커니즘을 면역체계라고 한다.

면역체계는 작동 방식에 따라 선천면역체계와 적응면역체계로 나눌 수 있으며, 이 둘은 상호 협력적으로 작용한다. 면역체계는 여러 단계의 방어 메커니즘을 통해 인체를 감염으로부터 보호한다(그림 12-1).

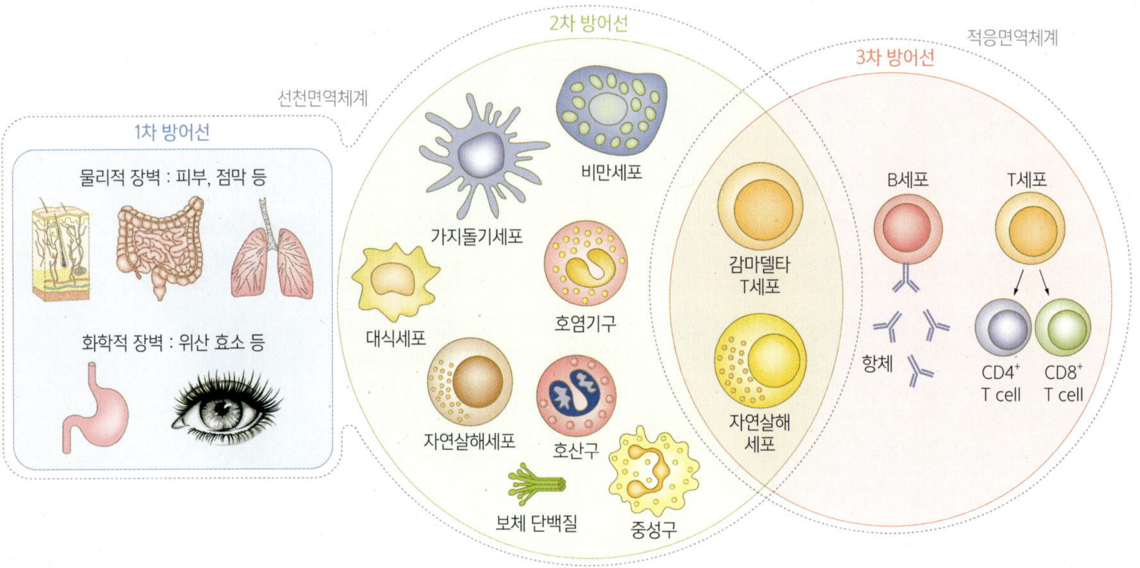

그림 **12-1** 인체의 면역체계

1) 선천면역체계

선천면역체계는 비특이면역체계라고도 하며, 초기에 즉각적 반응을 통해 감염을 통제하는 중요한 역할을 한다. 선천면역체계에는 물리·화학적 장벽, 보체계(complement system), 대식세포(macrophage) 등의 세포작용이 있다.

피부, 점막, 기침, 재채기, 타액, 눈물, 호흡기·소화기 점액 등의 물리적 장벽과 타액, 눈물, 점액에 함유된 효소, 위산 등의 화학적 장벽은 최초 방어를 담당한다.

감염원이 물리·화학적 장벽을 뚫고 침입하면, 보체단백질(complement protein)에 의해 항체와 대식세포 기능이 증진되고 염증 반응이 촉진되며, 병원체 세포막이 용해되는 등의 보체계가 작동한다.

단핵구(monocyte)/대식세포, 가지돌기세포(dendritic cell), 중성구(neutrophil), 비만세포(mast cell), 호산구(eosinophil), 호염기구(basophil) 등의 세포는 침입한 감염원과 직접 상호작용하거나 사이토카인(cytokine)을 형성한다. 항원 특이성이 없는 림프구인 감마델타 T세포와 자연살해세포(natural killer cell)는 선천면역체계와 적응면역체계의 특성을 모두 가지고 있다.

2) 적응면역체계

적응면역체계는 특이면역체계 또는 획득면역체계라고도 하며, 외부 물질이나 병원균에 대해 특이성을 가지고 있고 면역기억을 통해 작동한다. 적응면역체계는 흉선의 T세포에 의한 세포매개면역과 골수의 B세포에 의한 체액면역으로 분류할 수 있다.

세포매개면역은 표적에 직접 작용하는 면역 반응으로 바이러스 감염 세포 제거에 가장 효과적이며, 진균, 원생동물, 암 및 세포 내 박테리아에 대한 방어와 이식 거부 반응 등의 역할을 한다. 도움T세포(T helper cell, $CD4^+$세포)는 사이토카인을 분비함으로써 대식세포를 활성화하고 면역 반응을 증폭시키며, 세포독성T세포(cytotoxic T cell, $CD8^+$세포)는 감염된 표적세포를 사멸시킨다.

체액면역은 B세포에 의해 생성된 항체와 보체단백질 및 항균 펩타이드 등에 의해 일어나는 면역작용이다. B세포의 분화와 증식은 도움T세포에 의해서 촉진된다.

2. 면역 기능과 영양소

면역 기능을 증대시킬 수 있는 영양소에는 비타민 B_6, B_{12}, C, A, D, E, 엽산 등 비타민과, 아연, 셀레늄, 철, 구리 등 무기질 및 필수아미노산, 필수지방산, 오메가-3 지방산 등이 알려져 있다.

1) 비타민

수용성 비타민인 비타민 B_6, B_{12}와 엽산은 자연살해세포와 세포독성T세포 활동에 관여한다. 비타민 C는 콜라겐 생합성에 관여함으로써 상피조직의 완전성에 기여하는 동시에

백혈구의 이동, 포식작용, 세균 사멸, 자연살해세포와 세포독성T세포의 기능, 항체 생성 등 다양한 면역 과정에 관여함으로써 면역 기능 향상에 도움이 된다.

지용성 비타민인 비타민 D는 상피조직 완전성에 필수적이며, 단핵구가 대식세포로 분화되는 과정을 촉진하는 등 선천면역체계에 관여하는 동시에, T세포 증식을 억제하고 도움T세포에 의한 사이토카인 생성과 B세포에 의한 항체 생성을 억제하는 것으로 알려져 있다. 비타민 E는 가지돌기세포와 도움T세포 사이의 상호작용을 촉진함으로써 면역에 관여한다. 비타민 A도 유전자 발현의 조절을 통해 면역세포의 성숙과 분화에 관여한다.

2) 무기질

엽산과 함께 철, 아연 등의 미량무기질은 뉴클레오티드와 핵산 합성에 관여하는데 특히 아연은 T세포와 B세포 수준 유지에 중요하다.

선천면역에서는 반응산소종(reactive oxygen species) 생성을 통한 산화 촉진 메커니즘이 이용되기도 하는데, 이 과정에서 산화스트레스(oxidative stress)로부터 신체를 보호하기 위해 비타민 C와 E 등 항산화 비타민과 망간, 구리, 아연, 철, 셀레늄을 함유한 항산화 효소가 필요하다.

3) 필수지방산과 필수아미노산

면역 반응의 활성화 과정에 프로스타글란딘(prostaglandin) 및 류코트라이엔(leukotriene)과 같은 지질 유도 물질과 면역글로불린(immunoglobulin), 케모카인(chemokine), 사이토카인, 사이토카인수용체, 세포부착분자(cell adhesion molecule), 급성기단백질(acute-phase protein) 등 여러 유형의 단백질이 관여한다. 따라서 면역 기능 유지를 위해서는 필수지방산, 오메가-3 지방산 및 필수아미노산을 충분히 섭취해야 한다. 한편, 다량영양소인 지질은 면역 관련 물질의 세포 내 생합성을 위한 기질일 뿐 아니라 면역 기능 수행을 위한 에너지원으로 이용된다.

3. 면역 관련 질환

1) 후천면역결핍증후군

사람면역결핍바이러스(human immunodeficiency virus, HIV)는 감염 직후 가볍고 비특이적인 증상이 일반적이며, 그 이후 무증상 잠복기가 길게 이어진다.

HIV는 도움T세포, 대식세포, 가지돌기세포 등 면역체계의 중요 구성 요소들을 감염시키고 궁극적으로는 도움T세포를 직간접적으로 파괴함으로써 세포매개면역 기능을 상실시킨다. 따라서 HIV 감염 후기에 이르면 도움T세포 감소에 의한 면역 기능 저하로 세균, 바이러스, 곰팡이, 기생충에 의한 기회감염(opportunistic infection) 및 바이러스 유도에 의한 암이 발생하게 되는데 이러한 상태를 후천면역결핍증후군(acquired immune deficiency syndrome, AIDS)이라고 한다. 하지만 모든 HIV 감염자가 AIDS로 발전하는 것은 아니다.

HIV 감염 영양관리의 기본 원칙은 면역 기능 저하를 지연시키고, 약물 사용에 따른 부작용과 합병증을 완화시키며, 기회감염으로 인한 질병을 예방하는 것이다. HIV 감염은 글루코코티코이드(glucocorticoid) 분비 증가 등 내분비계 변화를 초래하여 포도당신생성(gluconeogenesis)과 당원생성(glycogenesis)을 촉진하므로 체중 감소와 체단백질 손실을 초래할 수 있다. 따라서 충분한 수준의 에너지와 단백질 보충 등 영양지원을 통해 체중 감소와 체단백질 손실에 따른 면역 기능의 저하와 이에 의한 기회감염의 가능성을 낮추도록 해야 한다. 또한 설사는 AIDS 환자에서 흔히 나타나는 매우 흔한 현상이므로 AIDS 발현 시에는 소화기질환에 의한 상태를 고려하여 단백질을 포함한 다량영양소와 미량영양소 및 수분이 적절히 공급될 수 있도록 한다.

2) 과민성

과민성(hypersensitivity)이란 면역체계의 과잉 반응을 의미하는데, 과민성에 의해 장기 손상이나 합병증 또는 불편감이 유발될 수 있다. 젤 및 쿠움스 분류법은 과민성을 분류하는 가장 보편적인 방법으로 제1형은 즉시형, 제4형은 지연형이라고도 한다(표 12-1).

표 12-1 젤 및 쿠움스 방법에 의한 과민성의 분류

유형	반응 시간	항체 또는 세포 매개체	반응 메커니즘	질병 예
제1형 (즉시형)	24시간 이내	IgE	IgE 항체와 여기에 결합하는 알레르기 항원에 의해 매개됨	알레르기, 처그-스트로스증후군
제2형		IgM, IgG, 보체, 보체막공격복합체	세포 표면 항원에 IgG 또는 IgM 항체가 결합한 후 보체계를 활성화하여 세포막에 구멍을 형성하거나 항체의존세포 매개세포 독성에 의한 세포 파괴 반응을 일으킴	자가면역용혈빈혈, 류마틱심장병, 혈소판감소증, 태아적혈모구증, 굿패스처증후군, 바제도갑상샘종, 중증근무력증, 보통물집증
제3형		IgG, 보체, 호중구	면역복합체가 보체 활성 및 염증 반응 유도함	혈청병, 류마티스관절염, 아르튀스반응, 사슬알균감염후사구체신염, 막신장병증, 반응관절염, 루푸스신염, 전신홍반루푸스, 외인알레르기폐포염(과민폐렴증)
제4형 (지연형)	12시간 이후, 최대 48~72 시간 이내	T세포	T세포에서 분비된 사이토카인에 의해 대식세포가 활성화되어 반응이 일어남. 따라서 반응까지 시간이 소요됨	접촉피부염, 투베르쿨린검사, 만성 이식거부반응, 다발경화증, 복강병, 하시모토갑상샘염, 고리육아종

제1형 과민성은 일반적으로 알레르기라고 부르는데 E면역글로불린(immunoglobulin E, IgE) 항체에 의해 발생한다. 항원 노출 후 수분 이내에 즉각적인 반응이 발생하며 4~12시간 이상 증상이 지속된다. 종류에는 식품알레르기, 건초열, 아토피피부염, 알레르기천식, 급성중증과민증(anaphylaxis) 등이 있다. 급성중증과민증은 급성중증과민반응쇼크(anaphylactic shock)를 동반할 수 있는 중증 전신 알레르기 반응으로서 빠른 진단과 응급조치가 중요하다. 특징적인 증상은 두드러기, 입술과 구강 점막 부위의 부종, 호흡곤란, 복통, 구토, 혈압 강하, 의식소실 등이며, 소아·청소년에서는 식품이 가장 중요한 원인으로 알려져 있다.

제2형 과민성은 조직 항원에 대해 G면역글로불린(immunoglobulin G, IgG) 및 M면역글로불린(immunoglobulin M, IgM) 항체와 보체가 결합하여 표적세포를 파괴시키는 반응이다.

제3형 과민성은 주로 IgG 항체에 의해 발생한다. 용해성 면역복합체, 즉 항원-항체 복합물에 의해 보체가 활성화되어 염증과 조직 손상이 일어나며 면역복합체병(immune complex diseases)으로 진행될 수 있다.

제4형 과민성은 T세포에 의한 지연형 반응으로 항체와는 관련이 없다. 접촉피부염이 대표 질환이며, 결핵균에서 분리한 단백질을 피내주사하여 생성되는 피부 병변 크기로 결핵균의 잠복감염 여부를 확인하는 투베르쿨린검사(tuberculin test)는 제4형 과민성을 이용한 검사 방법이다.

3) 식품알레르기

식품알레르기는 항원에 대한 면역체계의 과잉 반응으로 일어나는 제1형 과민성 중 하나로 알레르기를 일으키는 항원, 즉 알레르겐(allergen)이 식품인 경우를 특별히 식품알레르기로 분류한다.

식품알레르기는 일반적인 알레르기 증상인 안구 충혈, 콧물, 재채기, 두드러기, 발진, 가려움, 혈관 부종, 기도 및 기관지 수축으로 인한 호흡곤란뿐 아니라, 입술과 구강 점막 부위의 가려움 및 부종, 삼킴곤란, 설사, 복통, 위경련, 메스꺼움, 구토 등 위장 관계 증상이 함께 발생할 수 있다.

식품알레르기와 증상은 비슷하지만, 식품에 대한 유해반응(adverse reaction), 불내성(intolerance), 식중독, 특이체질(idiosyncrasy), 약리작용(pharmacologic action) 등은 면역반응으로 인해 발생하는 것이 아니므로 식품알레르기와 구분되어야 한다.

일반적으로 식품알레르기의 원인 물질은 식품 중 함유된 단백질이다. 식품의약품안전처(「식품 등의 표시·광고에 관한 법률 시행규칙」)는 표시대상 식품 알레르겐으로서 알류, 우유, 메밀, 땅콩, 대두, 밀, 고등어, 게, 새우, 돼지고기, 복숭아, 토마토, 아황산류, 호두, 닭고기, 소고기, 오징어, 조개류, 잣 등을 고지하고 있다(그림 12-2).

알레르겐 식품을 반복 섭취하면 해당 식품에 대한 알레르기가 고착될 가능성이 커지기 때문에 원인 식품을 정확히 규명하고 섭취하지 않도록 주의를 기울이는 것이 가장 확실하고 중요한 예방법이자 치료법이다.

그러나 알레르겐 식품을 제한하게 되면 해당 식품을 통해 얻게 되는 영양소 섭취가 감소하므로 대체식품의 섭취를 고려해야 한다. 예를 들어, 우유를 제한하는 경우 칼슘, 비타민 등 영양소 섭취를 보완할 수 있는 가수분해 우유나 아미노산 조제분유 등의 대체식품을 섭취할 수 있도록 한다.

특정 알레르겐과 화학구조가 유사한 물질에 대해 알레르기 반응이 나타나는 현상을

그림 12-2 표시대상 알레르기 유발 식품 19종

자료 : 「식품 등의 표시·광고에 관한 법률 시행규칙」

교차 반응이라고 하는데, 특정 식품알레르기가 있는 경우에는 교차 반응 위험 식품의 섭취에도 주의해야 한다(표 12-2).

표 12-2 알레르기 교차 반응

알레르기 유발 음식	알레르기 교차 반응 위험 식품
호두	캐슈넛/헤이즐넛
새우	게/바닷가재
자작나무	사과/배
복숭아	사과/체리
라텍스 장갑	키위/아보카도

4. 감염과 염증

1) 감염

인체의 면역체계에도 불구하고 바이러스, 세균, 곰팡이 등 병원체가 조직에 침입하여 증식한 상태를 감염(infection)이라고 한다. 노화, 영양불량, 스트레스, 수면 부족, 흡연 등은 인체의 면역 기능을 저하시킴으로써 감염 위험을 높이는 요인이다.

인체의 감염 시 면역체계는 사이토카인 형성을 촉진함으로써 시상하부-뇌하수체-부신축(hypothalamic-pituitary-adrenal axis)을 활성화시키고 그 결과 글루코코티코이드의 합성과 분비를 증가시킨다(그림 12-3). 또한 교감신경계가 활성화되면서 성장호르몬과 프로락틴 등 호르몬의 분비도 증가된다.

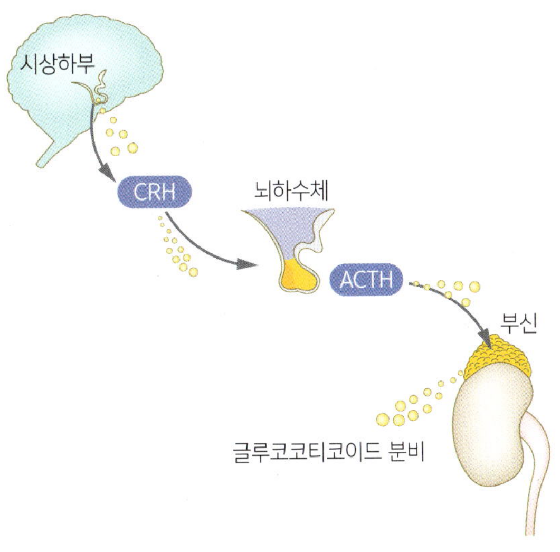

그림 **12-3** 시상하부-뇌하수체-부신축

감염 시에는 발열, 식은땀, 오한, 피로, 근육통, 식욕부진, 체중 감소 등의 전신 증상 또는 피부 발진, 기침, 콧물 등의 국소 증상이 발생하게 되는데, 전신 증상과 국소 증상, 두 가지가 함께 나타나기도 하며 증상이 없는 경우도 있다. 일반적으로 전신 증상은 바이러스 감염 시 동반되며, 국소 증상은 세균 감염의 전형적 현상이다. 예를 들어 세균성 감염에 의한 인후통은 한쪽 목구멍의 통증이 더 강한 특징을 보인다.

감염은 바이러스, 세균, 바이로이드, 곰팡이, 기생충, 절지동물, 프라이온 등 감염체에 의해서 발생한다. 바이러스와 세균에 의한 감염은 시간에 따른 감염체의 양과 증상에 따라 급성, 만성, 잠복, 지연 감염으로 나눌 수 있다(표 12-3).

표 12-3 시간에 따른 감염의 분류

유형	특징	감염원의 예
급성감염	• 인체의 면역 반응이 최대에 이르기 전에 급격히 증식 • 바이러스 감염 후 증식과 제거까지 일반적으로 2주 정도의 기간이 소요되며, 염증 반응은 그 이후에도 지속 가능	코로나19, 사스, 메르스, 인플루엔자 등 바이러스
만성감염	• 바이러스가 조직 내에서 만성적으로 증식하는 동안 무증상이거나 증상이 뚜렷하지 않으므로 자각하지 못한 상태에서 질병이 진행하는 경우가 대부분임	C형 간염 바이러스, HIV, 사람T세포림프친화바이러스, 거대세포바이러스
잠복감염	• 바이러스의 경우 잠복기 동안 유전체는 남아 있지만 입자 증식은 중단된 상태이므로 검출되지 않다가, 면역체계의 기능의 저하된 때에 재활성화되어 질병 유발 • 결핵균은 면역체계에 의해 증식이 억제되는 동안에는 증상 및 전염이 없다가 면역 기능이 저하할 때 재증식하면서 발병	단순포진바이러스, 수두대상포진바이러스, 홍역바이러스, 결핵균
지연감염	• 수개월에서 수년에 걸친 긴 잠복기 • 주로 중추신경계를 침범하므로 매우 높은 사망률	홍역바이러스(아급성경화범뇌염), 사람폴리오마바이러스2(진행다초점백질뇌병증)

2) 염증

병원체 감염뿐 아니라 화상, 동상, 독소, 화학 물질, 알코올 등 다양한 물리적·화학적 원인에 의해 신체조직이 자극 또는 손상되었을 때 일으키는 생물학적 반응을 염증(inflammation)이라고 한다. 염증은 면역세포, 혈관, 분자 매개체가 관여하는 선천면역체계에 의한 반응의 일종으로서 주요 증상은 열(calor), 통증(dolor), 발적(rubor), 부기(tumor), 기능상실(functio laesa) 등 다섯 가지이다.

염증은 영향받은 부위의 크기나 지속성에 따라 급성과 만성으로 분류할 수 있다. 급성염증은 세포 손상 원인 제거, 죽은 세포 제거, 조직 재생 등 세 단계에 걸려 반응이 일어난다. 만성염증은 급성염증에서 원인이 제거되지 않거나, 정상조직을 공격하는 자가면역질환이 발생하거나, 장기간 저농도의 자극제에 노출될 때 발생하며 수개월에서 수년 지속되기도 한다.

3) 감염 및 염증의 영양관리

영양불량은 면역 기능 저하로 인한 감염 위험을 높인다. 따라서 면역 기능 유지와 감염으로 인한 합병증 예방을 위해서는 적절한 수준의 영양 섭취가 필요하다.

감염의 전신 증상 중 하나인 발열은 기초대사량을 증가시키고 수분과 전해질 손실을 유발하므로 발열 시에는 에너지와 수분 보충 등 적절한 영양관리가 이루어져야 한다.

감염 시 분비가 증가하는 글루코코티코이드는 포도당신생성과 당원생성을 촉진함으로 인해 근육단백질 분해를 유발할 수 있다. 체단백질의 감소는 면역 기능 저하로 이어질 수 있기 때문에 식사로 섭취한 질소량과 질소 손실량이 균형을 이룰 수 있도록 단백질 공급에 유의해야 한다. 또한 단백질 절약작용과 케토시스 예방을 위해 적절한 수준의 탄수화물 섭취도 이루어져야 한다.

염증 환자에게 충분한 에너지와 단백질, 수분, 무기질, 비타민 등을 공급하는 것은 면역 기능 유지를 통한 감염 예방에 도움이 되며, 회복 단계 조직 재생에도 필요하다.

4) 폐결핵

결핵균에 감염되면 일반적으로 발열, 무력증, 식욕부진, 체중 감소 등의 증상이 발생한다. 하지만 침범 장기에 따라 특징적인 증상도 나타나는데, 신장에 침범하게 되면 혈뇨, 배뇨 곤란, 빈뇨의 증상이 있고, 척추에 침범하면 허리 통증이 있으며, 뇌수막에 침범하게 되면 두통, 구토, 혼돈, 혼미, 혼수 증상을 보이게 된다. 만일 결핵균이 폐에 침범하게 되면 기침, 가래, 피가래, 호흡곤란, 흉통 등 호흡계 증상이 특징적으로 나타난다. 폐결핵은 한국표준질병사인분류(Korean Standard Classification of Diseases, KCD)에 따라 호흡기 질환이 아닌 감염성 질환으로 분류한다.

대부분의 결핵약은 간에서 대사되므로 결핵약 복용 시에는 간에 추가적 부담을 줄 수 있는 건강기능식품, 알코올 등의 섭취에 특히 주의해야 한다. 또한 결핵균 감염 시 일반적으로 나타나는 증상인 체중 감소와 체조직 소모를 방지하기 위해서는 식사량을 충분하게 유지하고 어육류, 달걀 등 질이 좋은 단백질을 섭취하도록 해야 한다.

5. 호흡기질환

호흡기질환은 급성 상기도감염(upper respiratory infection), 급성 하기도감염(lower respiratory infection), 만성 하부호흡기질환(lower respiratory disease) 등으로 분류할 수 있다. 감기는 바이러스에 의한 급성 상기도감염을 말하며, 폐렴은 급성 하기도감염을 의미한다. 만성 하부호흡기질환에는 천식과 폐기종, 만성 폐쇄성폐질환 등이 있다.

1) 호흡계 구조

호흡계(respiratory system)는 해부학적으로 기도, 폐, 호흡근, 흉곽(thorax)으로 나눌 수 있다(그림 12-4). 호흡계의 기능은 공기 중 산소를 받아들이고 대사 과정에서 형성된 이산화탄소를 배출하는 기능인데, 이 같은 기체 교환 과정은 산-염기 평형과 체온 조절의 기능도 가진다.

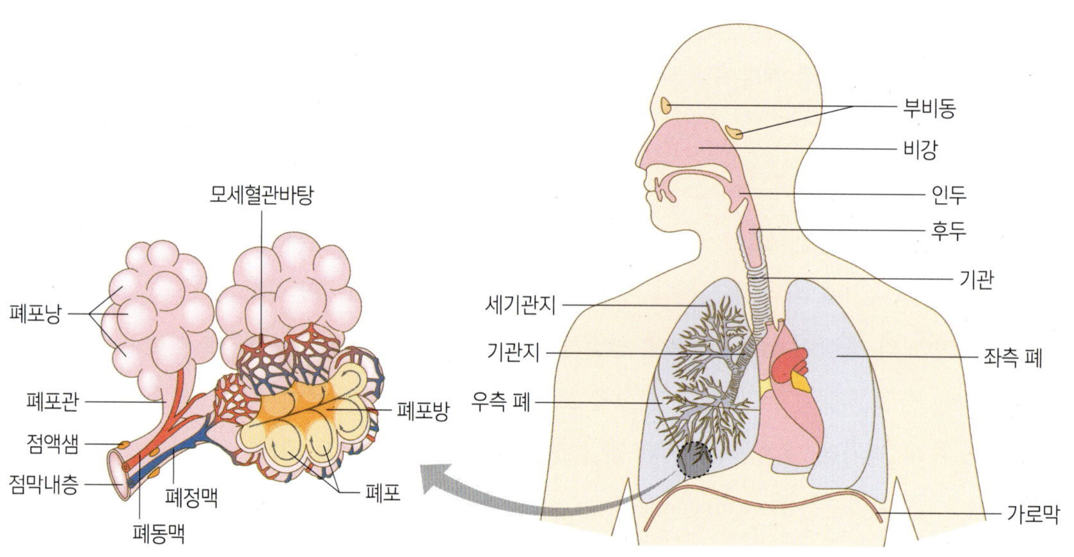

그림 12-4 호흡계와 폐포의 구조

공기가 입과 코를 지나 폐에 도달하는 통로를 기도라고 하는데, 비강에서 인두까지를 상기도라 하고 후두에서 기관과 기관지로 이어지는 부분은 하기도라 한다.

폐는 가슴 중앙에 위치하며, 우측 폐는 세 개의 엽(lobe)으로 구성되고 좌측 폐는 두 개의 엽으로 구성된다. 폐의 구성 단위인 폐포는 단층편평상피(simple squamous epithelium)

로 이루어진 지름 0.1~0.2 mm의 공기주머니로, 성인은 3~5억 개를 가지고 있으며 표면적은 50~100 m^2에 이른다. 폐의 기체 교환은 폐포 모세혈관막에서 분압차에 의해 이루어진다.

2) 호흡기질환의 영양관리

호흡기질환의 영양관리는 영양소 요구량을 충족시키고 호흡기 기능을 유지하도록 돕는 데 목적이 있다. 영양 부족에 의한 영양불량은 호흡근의 기능을 감소시키고 면역 기능 저하에 따른 감염 위험을 높일 수 있기 때문이다. 반면, 과도한 에너지 섭취는 이산화탄소 생산 증가와 횡경막 상승으로 인해 호흡곤란의 증상을 악화시킬 수 있다. 따라서 영양소 요구량을 정확히 판단하여 적절한 섭취가 이루어지도록 관리하는 것은 호흡기질환에서 중요하다.

3) 폐렴

폐렴은 세균, 바이러스, 곰팡이 등 병원체뿐 아니라 화학 물질, 구토물, 가스 등의 흡인, 방사선치료 등 다양한 원인에 의해 발생할 수 있다. 전체 폐렴의 대부분은 세균이나 바이러스에 의하며, 폐렴구균이 가장 흔한 병원체이다.

염증이 폐포 등 말초 호흡기계에서 시작하여 흉막까지 침범하게 되면 기침, 화농성 가래 또는 피가래, 호흡곤란, 흉통 등으로 발전하며, 오심, 구토, 설사, 발열, 두통, 피로감, 근육통, 관절통 등 전신 증상이 동반되기도 한다.

폐렴은 단순한 인후염이나 감기와는 달리, 호흡 수 증가와 고열로 인해 기초대사량이 증가하고 수분 및 전해질 손실이 일어나므로 에너지와 단백질 및 수분 보충에 유의해야 한다. 충분한 수분 섭취는 가래 등 분비물 배출에도 도움이 된다. 또한 폐의 부담을 덜기 위해 소량씩 자주 식사하는 것이 권장된다.

4) 천식

기관지천식은 기도 과민증과 함께 가역적인 기도폐쇄가 나타나는 만성 기도 염증 질환으로서 일시적으로 급성 천식 발작이 일어날 수 있다. 기관지에 염증이 유발되어 점막이 부어오르고 근육이 경련을 일으키면서 기관지가 좁아져 공기 출입이 어려워지게 되면 기침, 천명(숨 쉴 때 쌕쌕거림), 호흡곤란, 흉부 압박감 등 주요 증상이 나타난다.

천식을 유발하는 원인 인자에는 집먼지진드기, 꽃가루, 약물, 식품 등 알레르겐과 작업 환경 노출 물질 등이 있으며, 증상을 심화시키는 악화 인자에는 기후 변화, 대기오염, 담배 연기, 냄새, 감기, 운동, 스트레스 등이 있다.

특정 식품이나 식품첨가물이 천식의 원인 또는 악화 인자로 확인된 경우에는, 완화제와 조절제 등 약물 사용량을 줄이는 동시에 증상을 조절하기 위하여 해당 식품에 대한 철저한 회피가 필요하다. 또한 한꺼번에 많은 양의 음식물 섭취는 위를 팽창시켜 횡격막을 상승시킴으로써 호흡곤란을 악화시킬 수 있으므로 과식은 피해야 한다.

천식으로 인한 신체활동의 제한과 천식치료 약물 중 하나인 흡입형 코티코스테로이드는 비만 위험을 높일 수 있다. 역으로, 비만은 천식의 중요한 위험 인자이며 천식 증상을 악화시키는데, 비만한 천식 환자들은 정상체중인 천식 환자보다 폐기능이 더 떨어져 있는 것으로 알려져 있다. 따라서 천식 환자는 평상시 식사요법과 운동요법을 통해 적정체중을 유지하도록 관리할 필요가 있다.

5) 만성 폐쇄성폐질환

만성 폐쇄성폐질환(chronic obstructive pulmonary disease, COPD)은 지속적인 흡연, 대기오염, 유해 물질 노출 등의 요인에 의한 만성적 염증으로 기도와 폐포가 손상되고 구조적 변형이 일어나 공기의 흐름이 제한되거나 폐쇄가 나타나는 질환이다. 따라서 COPD 환자는 만성 기관지염과 폐기종 등 증상을 보이는데, 수년에 걸쳐 진행되는 호흡곤란, 기침, 가래 등이 특징적으로 나타나며 천명, 흉부 압박감, 무기력증 등이 동반되기도 한다.

COPD 환자는 호흡근 운동량 증가로 인한 에너지 대사 증가와 함께 조기 포만감, 식사 중 호흡곤란 등으로 인해 식사량이 감소하여 체중 감소가 흔히 발생한다. 또한 특히 노년층에서는 근육량 감소도 두드러진다. 근육량과 근력의 감소는 활동성 저하로 인한 사망률 증가와도 연관되어 있다. 따라서 에너지 보충을 통한 적정체중 유지와 근육량 유지를 위한 양질의 단백질 섭취는 COPD 환자에서 매우 중요한 의미가 있다. 영양관리와 함께 적절한 유산소 운동과 호흡 재활도 환자의 증상을 완화하는 데 효과적이다. 한편, 과량의 지질 섭취는 위 비우는 시간을 지연시키고 탄산음료는 가스를 생성시키기 때문에 복부 팽만감을 유발할 수 있으므로 유의해야 하고, 과식은 횡격막을 밀어 올려 호흡에 영향을 줄 수 있으므로 여러 번에 나누어 식사하는 것이 바람직하다.

사례 연구

임상 정보

김 여사의 나이는 60세이고 30여 년간 흡연해 왔다. 지난 몇 년간 가슴이나 목에서 숨을 쉴 때마다 쌕쌕거리는 소리가 나고 가슴이 답답하다. 최근 호흡곤란 증상이 생겼는데 움직일 때 더 심하며 기침, 가래도 있다. 쉽게 피곤하고 지난 1년간 체중이 3 kg 정도 줄어들었다.

만성 폐쇄성폐질환 진단

흉부 X선 검사 이상 소견이 없었으며, 추가로 폐활량, 폐용적, 폐확산능 등 폐기능검사를 실시한 결과 만성 폐쇄성폐질환 진단을 받았다. 치료 방법을 모색하기 위해 산소포화도를 측정하고 동맥혈 가스 검사를 실시하였다.

이상 증세 및 대처법

만성 폐쇄성폐질환은 호흡곤란, 무기력증을 동반한다. 만성적인 전신 염증 반응과 호흡근 운동량 증가로 에너지 대사가 증가하는 반면, 조기 포만감, 식사 중 호흡곤란, 피로감, 약물 부작용으로 인해 식사량이 줄어들어 체중 감소가 흔히 나타난다.

영양불량은 호흡기 근육의 힘과 지구력을 약화시키고, 면역 기능을 떨어뜨려 감염을 유발할 수 있기 때문에 체중을 유지할 수 있도록 충분한 에너지 섭취량을 유지하면서 양질의 단백질을 섭취하도록 한다. 또한 면역 기능을 향상시킬 수 있는 비타민과 무기질이 풍부한 식품의 섭취에도 신경 쓴다.

치료 목표

현재까지 개발된 어떤 약제도 장기간에 걸쳐 폐기능이 저하하는 것을 완화시킬 수는 없다. 약물 치료는 현재의 증상을 완화하고 이차적으로 발생하는 합병증을 예방하는 데 목적이 있다. 증상 완화를 위해 다양한 종류의 기관지 확장제가 사용된다.

반드시 금연해야 하며, 체중과 근육량 유지를 위해 양질의 단백질을 공급할 수 있는 기름기를 제거한 육류, 생선, 달걀, 두부를 매 끼니 1~2가지 섭취하여야 한다. 튀김은 위장에 음식물이 오래 머물러 호흡에 불편감을 초래할 수 있으므로 삶기, 찌기, 구이, 조림 등 방법을 이용하여 조리한다. 신선한 과일과 채소도 매 끼니 섭취한다.

숨이 차다고 운동하지 않으면 근력이 약해지므로 처음에는 힘들더라도 조금씩 운동량을 늘리는 호흡재활치료를 실시한다. 운동에 익숙해지면 매일 또는 이틀에 한 번 꾸준히 시행한다.

용어정리

가지돌기세포(dendritic cell)

수많은 분지상돌기와 불규칙한 형태를 가지고 있으며, 주로 T세포에 항원 제시 기능을 수행하는 대표적인 항원 제시 세포의 일종

감마델타T세포

대부분의 T세포는 알파베타T세포이지만 감마델타T세포는 감마와 델타 사슬로 구성된 독특한 T세포 수용체를 가짐. 조혈모세포에서 생성 후 흉선에서 성숙됨

글루코코티코이드(glucocorticoid)

부신피질에서 분비되어 대사, 염증, 면역 반응 등을 조절하는 스테로이드 호르몬

급성기 단백질(acutephase protein)

감염, 염증, 외상, 스트레스 등 수 시간 내 관찰되는 생체의 급성기 반응(acutephase reaction) 동안 합성과 분비가 증가 또는 감소하는 단백질

기회감염(opportunistic infection)

건강한 상태에서는 질병을 유발하지 못하던 병원체가 신체의 면역 기능이 저하될 때 감염을 유발한 상태

단핵구(monocyte)

단핵성 포식작용성 백혈구

당원생성(glycogenesis)

간이나 근육에서 포도당을 이용하여 당원을 형성하는 과정

대식세포(macrophage)

골수에서 형성된 단핵구가 폐, 간 등 조직으로 운반되어 발달한 단핵포식세포(mononuclear phagocyte). 포식세포 활성 및 용해소체(lysosome) 효소량이 증가된 상태

류코트라이엔(leukotriene)

지방산 유도 생리활성물질. 지질산소화효소(lipoxygenase) 반응을 통해 탄소수 20인 다가불포화지방산으로부터 생성되는 아이코사노이드의 일종

만성 기관지염(chronic bronchitis)

유해 물질에 기관지가 장기간 노출되어 지속적인 염증 상태에 놓인 질병. 임상적으로 2년 연속, 1년에 3개월 이상 가래가 동반되는 기침이 지속되는 질환

면역글로불린(immunoglobulin)

항체 기능이 있는 구조적으로 비슷한 당단백질의 총칭. 구조 및 생물학적 활성에 따라 IgM, IgG, IgA, IgD, IgE 등 5종으로 구분

반응산소종

이원자산소(O_2)로부터 형성된 반응성이 높은 화학 물질

보체단백질(complement protein)

면역학적 세포융해뿐 아니라 다른 생물학적 기능의 작동 물질로서, 적어도 20개의 서로 다른 혈청단백질로 구성

불내성(intolerance)

특정 소화효소의 선천적 부족 또는 결핍으로 인해 해당 음식물을 섭취하고 나타나는 복통, 설사 등 여러 비특이적인 반응

비만세포(mast cell)

히스타민과 헤파린 등을 함유한 과립백혈구의 일종

사이토카인(cytokine)

주로 백혈구에서 분비되는 단백질성 활성 물질로 면역 조절 인자

산화스트레스(oxidative stress)

단백질, 지질, DNA 등 세포 구성 요소를 손상시키는 과산화물이나 자유라디칼 생성의 증가. 각종 질병과 노화에 관련되어 있음

세포부착분자(cell adhesion molecule)

세포 간 또는 세포와 기질 간 접착에 관여하는 세포막의 당단백질성 물질. 조직 형태 형성, 유지, 재생 및 염증, 종양 전이 등에 관여

알레르겐(allergen)

알레르기의 원인이 되는 항원. 알레르기항원

약리작용(pharmacologic action)

카페인, 히스타민, 설파이트 등 약리 성분에 의해 발생하는 증상

오메가-3 지방산

다가불포화지방산의 일종으로 알파리놀렌산과 DHA, EPA가 대표적. 이 중 알파리놀렌산은 생체 기능 유지를 위해 반드시 필요한 필수지방산임. 다가불포화지방산은 화학구조에 따라 오메가-3, 오메가-6, 오메가-9 등으로 구분

유해반응(adverse reaction)

음식물을 섭취하여 생기는 비정상적인 반응. 흔히 부작용이라고 함

자연살해세포(natural killer cell)

림프구 전구세포로부터 분화되는 면역세포로 표적세포항원에 미리 감작되지 않고도 세포독성 작용을 매개할 수 있는 세포

중성구(neutrophil)

주로 골수에서 만들어지는 과립백혈구 중 가장 많은 수 차지. 중성색소로 쉽게 염색됨

케모카인(chemokine)

백혈구의 주화성 이동을 조절하는 사이토카인의 일종

특이체질(idiosyncrasy)

체질적으로 특정 음식물에 대한 감수성이 비정상적으로 항진되어 있는 상태. 음식물 알레르기와 임상 양상은 유사하나 면역 반응과는 관련 없음

폐기종(emphysema)

폐포의 벽이 파괴되어 비정상적이고 영구적으로 폐포 공간이 확장된 상태. 질병명이라기보다는 병리학적 용어이며 만성 폐쇄성폐질환의 주요한 원인

포도당신생성(gluconeogenesis)

탄수화물이 아닌 물질로부터 포도당을 생성하는 반응. 혈당이 소모된 때에 포도당에 대한 체내 요구를 만족시킴

프로스타글란딘(prostaglandin)

지방산 유도 생리활성물질. 고리산소화효소(cyclooxygenase) 반응을 통해 탄소수 20인 다가불포화지방산으로부터 생성되는 아이코사노이드의 일종

호산구(eosinophil)

주로 골수에서 만들어지는 과립백혈구의 일종. 과립 자체가 염기성이므로 산성 색소로 쉽게 염색됨

호염기구(basophil)

주로 골수에서 만들어지는 과립백혈구의 일종. 과립 자체가 산성이므로 염기성 색소로 쉽게 염색됨

단원정리

면역체계의 분류

- 선천면역체계는 즉각적 반응을 통해 감염을 통제하는 역할을 한다. 물리·화학적 장벽, 보체계, 대식세포 등 세포작용이 해당한다.
- 적응면역체계는 외부 물질이나 병원균에 대해 특이성을 가지고 있다. 흉선의 T세포에 의한 세포매개면역과 골수의 B세포에 의한 체액면역이 해당한다.

면역 기능과 관련된 영양소

- 면역 기능을 높일 수 있는 영양소에는 비타민 B_6, B_{12}, C, A, D, E, 엽산 등 비타민과 아연, 셀레늄, 철, 구리 등 무기질 및 필수아미노산, 필수지방산, 오메가-3 지방산 등이 보고되고 있다.

과민성의 분류

- 제1형 과민성은 IgE 항체에 의해 발생하며, 알레르기로 알려져 있다. 즉시형이라고도 한다.
- 제2형 과민성은 IgG 및 IgM 항체에 의해 발생한다.
- 제3형 과민성은 IgG 항체에 의해 발생한다.
- 제4형 과민성은 T세포에 의한 반응으로 항체와는 관련이 없다. 지연형이라고도 한다.

감염과 염증의 대사 변화와 영양관리

- 감염 시 내분비계 변화로 인해 근육 단백질이 분해되고 기초대사량이 증가하므로 적절한 에너지 섭취와 단백질 공급이 필요하다.
- 염증 시 면역 기능 유지를 통한 감염 예방과 조직 재생을 위해 충분한 에너지와 단백질, 수분, 무기질, 비타민 등의 공급이 필요하다.

폐결핵의 영양관리

- 결핵균 감염으로 인한 체중 감소와 체조직 소모를 방지하기 위해 에너지 섭취와 함께 양질의 단백질을 공급해야 한다.

만성 폐쇄성폐질환의 영양관리

- 에너지 대사 증가, 조기 포만감, 식사 중 호흡곤란 등의 증상이 나타나므로 체중 감소를 예방하고 근육량 유지를 위해 충분한 에너지 섭취와 양질의 단백질 공급이 이루어져야 한다.

CHAPTER 13

선천대사장애

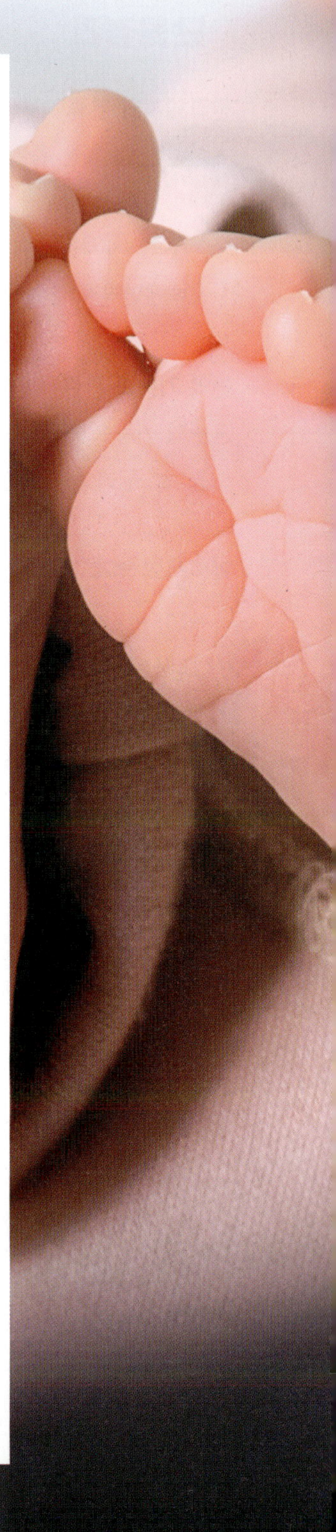

학습목표

1. 원인에 따라 선천대사장애를 분류할 수 있다.
2. 선천대사장애의 생화학적 대사 특성을 이해할 수 있다.
3. 각 선천대사장애의 영양관리를 설명할 수 있다.

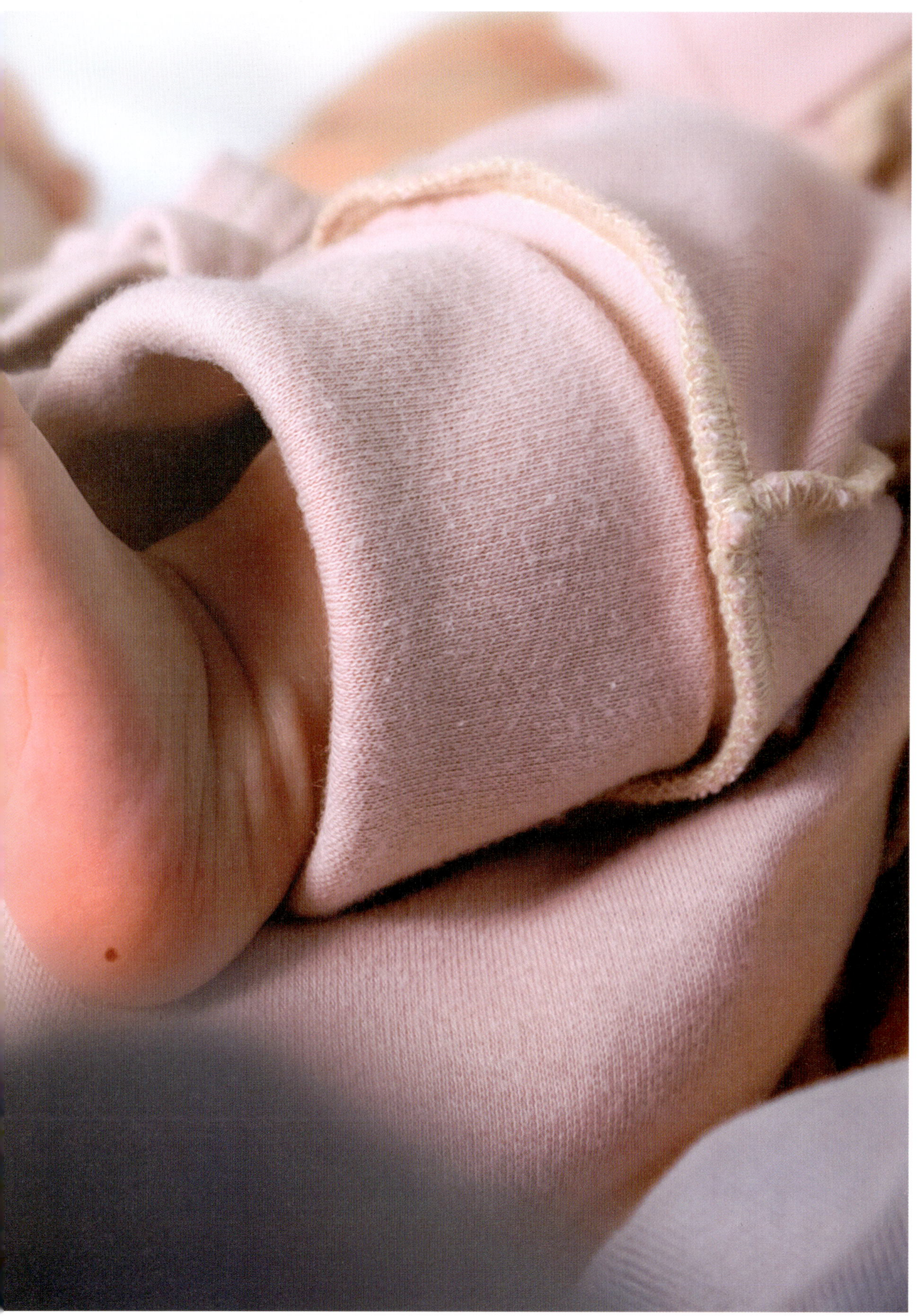

1. 선천대사장애 개요

아미노산, 탄수화물, 지방산, 무기질 등의 생화학적 대사 경로에 관여하는 특정 효소 또는 조효소에 유전적 결함이 생기면 전구물질과 중간대사물질이 축적되고 최종 생성 물질이 결여되면서 장애를 초래하게 된다. 이를 선천대사장애(inherited metabolic disorders)라고 하는데, 가장 쉽게 손상을 입는 기관은 뇌이며 간과 콩팥도 흔히 영향을 받는다.

현재까지 발견된 선천대사장애 질환의 종류는 1,450여 가지에 이르며 각 질환의 증상과 치료는 매우 특징적이다. 최근 제시된『선천대사장애의 국제 분류(An International Classification of Inherited Metabolic Disorders, ICIMD)』에서는 온톨로지(ontology) 시스템을 이용하여 선천대사장애를 기능적, 임상적, 진단적 특징에 따라 체계적으로 분류하였다(그림 13-1). 이 분류체계에서는 선천대사이상을 중간 대사(intermediary metabolism), 지질 대사와 수송(lipid metabolism and transport), 헤테로고리화합물 대사(metabolism of heterocyclic compounds), 복합분자와 세포소기관 대사(complex molecule and organelle metabolism), 보조인자와 무기질 대사(cofactor and mineral metabolism), 대사세포 신호전달(metabolic cell signaling) 등 6개 범주에서의 장애로 분류하고, 다시 하위 24개 및 세부 124개 범주로 분류하였다. 아미노산, 탄수화물, 지방산 등 영양소 및 에너지 대사와 관련된 장애는 중간 대사의 범주에 해당한다. 본 분류 체계의 이해를 돕기 위해 제시된 방사도표(sunburst chart)에서 각 부채꼴의 면적은 해당 그룹 선천대사장애 질환의 개수와 비례한다.

선천대사장애의 증상이 발현되었을 때는 이미 축적 또는 결여된 물질로 인해 기관 손상이 일어났을 가능성이 크다. 따라서 증상 발현 이전 조기 진단과 관리는 선천대사장애로 인한 영구적 장애를 막거나 늦출 수 있다는 점에서 매우 중요하다. 이러한 이유로 우리나라는 정부 차원에서 1985년 신생아 선별검사를 처음 도입했으며, 2018년부터는 페닐케톤뇨증(phenylketonuria), 단풍시럽뇨병(maple syrup urine disease), 호모시스틴뇨증(homocystinuria), 갈락토스혈증(galactosemia) 등 50여 종 질환의『광범위 신생아 선천성 대사이상 선별검사』에 국민건강보험을 적용해 오고 있다. 2019년부터 질병관리청은 선천대사장애를 포함한『희귀질환자 통계 연보』를 발간하고 있는데, 영양소 대사와 관련된 우리나라 선천대사장애의 통계는 표 13-1과 같다. 질병관리청 통계 및 기존에 임상에서 사용되던 선천대사장애 질병 분류는 본 단원에서 사용된 ICIMD 기준에 의한 분류와 정확하게 일치하지 않음을 밝힌다.

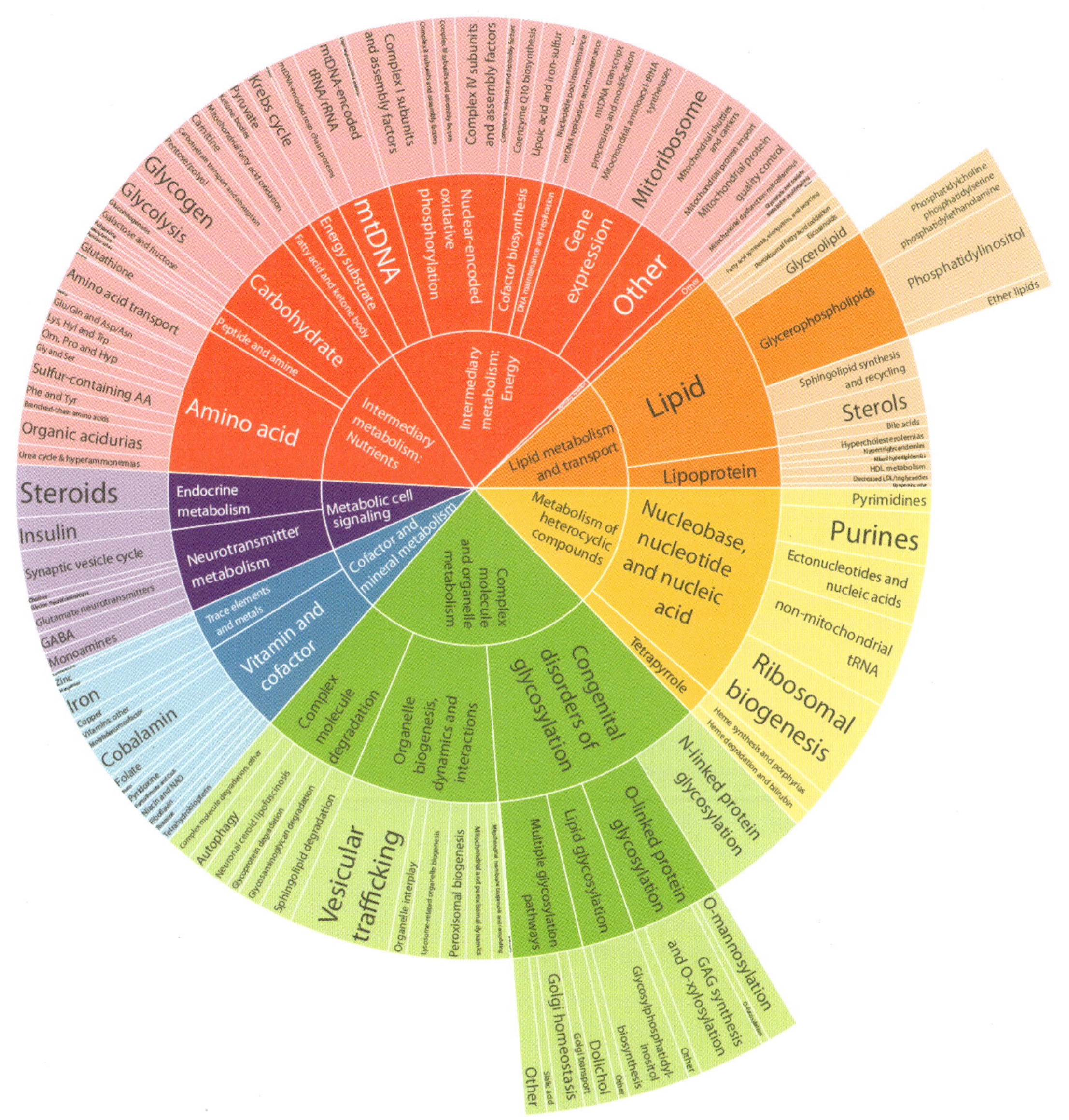

그림 **13-1** 방사도표에 의한 선천대사장애의 국제 분류

자료 : http://www.icimd.org/

Ferreira CR, Rahman S, Keller M, Zschocke J; ICIMD Advisory Group. An international classification of inherited metabolic disorders (ICIMD). J Inherit Metab Dis. 2021;44(1):164-177.

표 13-1 영양소 대사와 관련된 우리나라 선천대사장애 발생 통계

질환명	발생자 수		신생아 발생 빈도
	2019[1]	2020[2]	
고전페닐케톤뇨증(classical phenylketonuria)	3	2	1 / 43,114[3]
타이로신혈증(tyrosinemia)	2	4	-
호모시스틴뇨증(homocystinuria)	4	6	0 / 201,479[3]
단풍시럽뇨병(maple syrup urine disease)	3	1	1 / 238,075[3]
프로피온산혈증(propionic acidemia)	10	3	-
메틸말론산혈증(methylmalonic acidaemia)	12	5	-
시트룰린혈증(citrullinemia)	14	10	1 / 26,316[4]
오니틴카바모일기전달효소 결핍 (ornithine transcarbamylase deficiency)	-	1	-
당원축적병(glycogen storage disease)	7	8	-
갈락토스혈증(galactosemia)	6	2	1 / 39,314[3]
지방산 및 케톤체 대사장애 (disorders of fatty-acid metabolism)	16	19	1 / 15,873[4]
윌슨병(Wilson disease)	42	46	1 / 36,000[4]

자료 : [1] 질병관리청, 2019 희귀질환자 통계연보, 2020
[2] 질병관리청, 2020 희귀질환자 통계연보, 2022
[3] 최태윤·이동환, 한국에서의 15년간 신생아 선별검사 실적 및 환아 발생률, 대한유전성대사질환학회지, 2006
[4] 질병관리본부, 한국인 유전성대사질환 실태조사, 2006

2. 아미노산 대사장애

아미노산 대사장애(disorders of amino acid metabolism)가 있는 신생아는 출생 이후 단백질 섭취를 하면서 특징적인 급성 증상들이 나타나게 된다. 아미노산 분해 대사 과정의 특정 효소 결여 또는 수송 과정 장애가 원인이며, 독성 물질 축적으로 인해 주요 장기들이 손상을 입는다.

1) 페닐알라닌 및 타이로신 대사장애

아미노산인 페닐알라닌(phenylalanine)은 타이로신(tyrosine)으로 전환된 후 분해되므로 이들 두 아미노산은 체내 대사 과정에서 밀접하게 관련되어 있다. 따라서 ICIMD는 페닐알라닌과 타이로신의 대사장애를 하나의 하위 범주로 묶어 페닐알라닌 및 타이로신 대사장애(disorders of phenylalanine and tyrosine metabolism)로 분류하고 있다.

(1) 페닐케톤뇨증

① 원인 및 진단

페닐케톤뇨증(phenylketonuria, PKU)은 페닐알라닌이 타이로신으로 전환되는 과정에 관여하는 효소인 페닐알라닌수산화효소(phenylalanine hydroxylase) 또는 조효소의 결함으로 인하여 발생하는 질환이다.

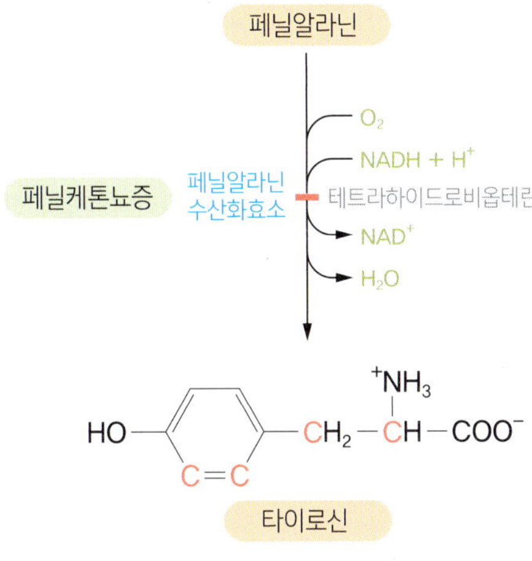

그림 **13-2** 페닐알라닌 분해 대사

유전적으로 페닐알라닌수산화효소의 활성이 저하하거나 기능이 결여되면 타이로신으로의 전환이 차단되어 페닐알라닌의 혈중 농도가 증가하게 된다. 혈중 페닐알라닌 수준이 4~20 mg/dL인 경우를 고페닐알라닌혈증(hyperphenylalaninemia)이라고 하며, 지속적으로 20 mg/dL 이상이어서 소변에서 그 대사물인 페닐피루브산(phenylpyruvate)이 검출되는 경우는 고전(classical) PKU로 분류한다. 한편, 매우 드물게 페닐알라닌수산화효소의 조효소인 테트라하이드로비옵테린(tetrahydrobiopterin) 결함으로 인하여 고페닐알라닌혈증이 유발되기도 하는데 이와 같은 경우는 비정형(atypical) PKU로 분류한다.

정상 산모가 출산한 페닐알라닌 수산화효소 결함 신생아는 출생 시 아무 증상이 없기 때문에 선별검사를 통해 진단하여 치료 시기를 놓치지 않도록 해야 한다.

② 증상

페닐알라닌수산화효소 결함이 있는 신생아는 모유 또는 조제유를 섭취하면서부터 점차로 다양한 증상을 보이게 된다. 초기에는 섭취 감소, 구토, 습진과 같은 경미한 증상을 보이다가 모발 색깔 변화, 특유의 소변 냄새, 신경 손상으로 인한 지적장애 등으로 발전하게 된다.

신경전달물질인 도파민(dopamine), 에피네프린(epinephrine), 노르에피네프린(nor-epinephrine)은 아미노산인 타이로신을 전구체로 하여 합성되는데, PKU 환자에서는 페닐알라닌에서 타이로신으로의 전환이 저해되어 이들 신경전달물질의 수준을 감소시킬 수 있다. 또한 높은 농도의 혈중 페닐알라닌은 혈액뇌장벽(blood-brain barrier, BBB)에서 신경전달물질 합성에 필요한 다른 아미노산의 수송을 경쟁적으로 억제하고, BBB를 통과하여 들어가 뇌 발달에 직접적으로 손상을 줄 수 있다. 그 결과 영유아기 신경 발달과 기능에 영향을 미칠 수 있으며, 정신 발달 지연, 인지적 문제, 행동 문제 등 지적장애를 유발할 수 있다.

③ 영양관리

신생아 선별검사에 의해 고페닐알라닌혈증 또는 고전 PKU로 진단되면 페닐알라닌 섭취를 제한해야 한다. 하지만 페닐알라닌은 필수아미노산이기 때문에 결핍되면 성장 지연, 면역력 저하 등 단백질 부족 증상이 나타나므로 혈중 페닐알라닌 농도는 3~8 mg/dL 수준이 유지되어야 한다.

적정한 페닐알라닌 농도를 유지하기 위해 영아기에는 페닐알라닌이 제거되고 타이로신이 강화된 특수 분유에 일반 분유를 혼합하여 섭취시키고, 4세 이후 유아기에는 특수 분유와 페닐알라닌 함량이 낮은 식품을 함께 섭취시킨다. 이때 하루 단위로 처방되는 분유는 정확히 계량하여야 한다. 6세 이후에는 식사 제한을 다소 완화할 수 있으나 혈중 페닐알라닌 수준은 평생 3~15 mg/dL로 유지하는 것이 바람직하다. 이를 위해서는 고단백 식품의 섭취를 제한하고 단백질 함량을 낮춘 저단백 쌀과 즉석밥, 특수 분유 등을 이용하는 저단백질 식사요법을 실시한다.

PKU 환자인 산모에서 페닐알라닌이 조절되지 않으면 태아의 혈중 페닐알라닌 수준이 높아져 저출생체중, 선천심장병(congenital heart disease), 성장 지연, 소두증(microcephaly), 지적장애 등의 문제와 유산 위험이 높아진다. 따라서 임신을 계획하는 PKU 여성은 임신 전부터 페닐알라닌 섭취를 제한하여 혈중 페닐알라닌 수준을 2~6 mg/dL로 유지해야 하고, 전체 임신기간 동안 10 mg/dL 이하로 유지해야 한다.

식품 중 잔멸치, 마른 문어, 마른오징어, 대구포, 노가리, 북어, 검정콩, 대두, 볶은 땅콩, 치즈, 닭가슴살, 견과류, 달걀흰자, 새우, 게 등은 페닐알라닌 함량이 높으므로 섭취를 제한해야 한다. 아스파탐은 페닐알라닌과 아스파르트산의 에스터 화합물이므로, 식품성분표 확인을 통해 아스파탐이 인공감미료로 이용된 식품의 섭취도 제한해야 한다.

(2) 타이로신혈증

① 원인 및 진단

타이로신혈증(tyrosinemia)은 방향족 아미노산의 일종인 타이로신이 효과적으로 분해되지 않아 발생하는 선천대사장애이다. 타이로신 대사에 관여하는 퓨마릴아세토아세트산가수분해효소(fumarylacetoacetate hydrolase)(제1형), 타이로신아미노기전달효소(tyrosine transaminase)(제2형), ρ-하이드록시페닐파이루브산이산소화효소(ρ-hydroxyphenylpyruvate dioxygenase)(제3형) 등의 결여로 인해 발생한다(그림 13-3).

② 증상

제1형 타이로신혈증은 퓨마릴아세토아세트산가수분해효소의 결여로 인해 타이로신과 그 대사 물질이 축적되면서 간과 콩팥에 기능적 문제가 나타난다. 제1형은 다시 급성형과 만성형으로 나뉘는데 급성형은 생후 수주 또는 수개월 이내에 발병하며, 식욕 감퇴, 구토, 설사 및 간부전(hepatic failure)으로 인한 황달(jaundice)과 복수(ascites)가 특징으로 생후 6~8개월경 사망률이 높다. 만성형은 간부전과 함께 신장기능 장애로 인한 판코니빈혈(Fanconi anemia)과 구루병 등 증상이 나타나며 10세경 사망률이 높다.

제2형은 타이로신아미노기전달효소 결여로 인해 축적된 타이로신이 결정화되어 손바닥, 발바닥 등 상피조직에 과다각화증을 일으키고 각막에 궤양을 유발한다. ρ-하이드록시페닐파이루브산이산소화효소 결여로 인한 제3형은 매우 드물게 발생한다. 제2형과 제3형 타이로신혈증에서는 지적장애가 특징적으로 나타난다.

③ 영양관리

다른 선천대사이상와 마찬가지로 타이로신혈증도 빠른 진단에 따른 치료 및 영양관리의 시작이 중요하다. 타이로신혈증 진단이 내려지면 약물치료와 함께 타이로신과 페닐

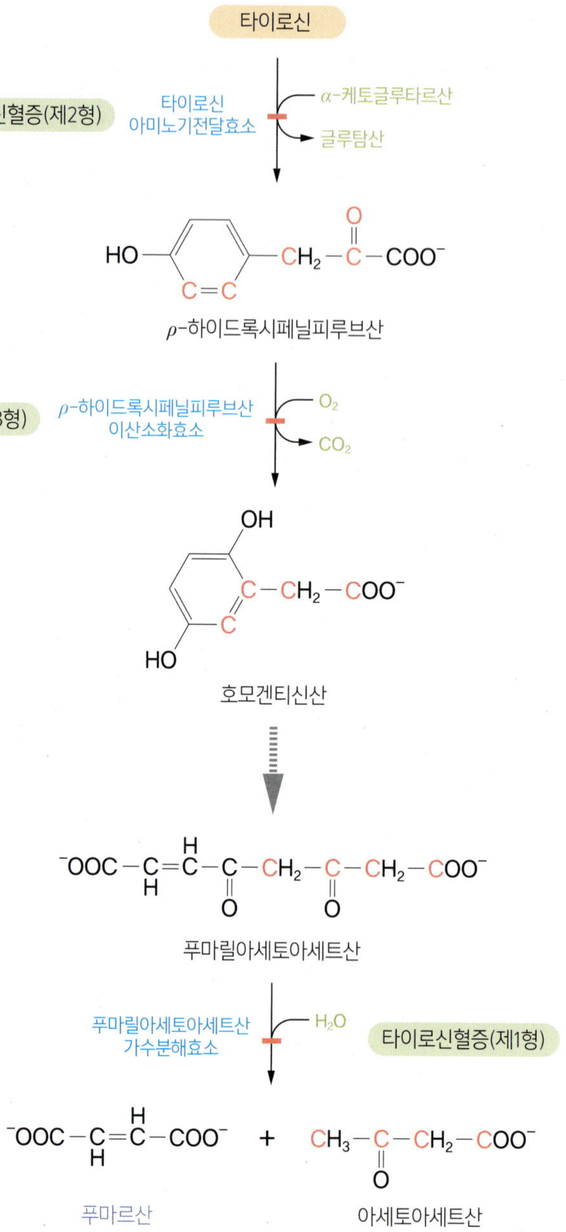

타이로신

타이로신혈증(제2형)
타이로신 아미노기전달효소
α-케토글루타르산
글루탐산

$HO-C_6H_4-CH_2-C(=O)-COO^-$

ρ-하이드록시페닐피루브산

타이로신혈증(제3형)
ρ-하이드록시페닐피루브산 이산소화효소
O_2
CO_2

$(HO)_2C_6H_3-CH_2-COO^-$

호모겐티신산

$^-OOC-CH=CH-C(=O)-CH_2-C(=O)-CH_2-COO^-$

푸마릴아세토아세트산

푸마릴아세토아세트산 가수분해효소
H_2O
타이로신혈증(제1형)

$^-OOC-CH=CH-COO^-$ + $CH_3-C(=O)-CH_2-COO^-$

푸마르산
아세토아세트산

그림 **13-3** 타이로신 분해 대사와 제1~3형 타이로신혈증

알라닌을 제한하는 채식 위주의 저단백질 식사요법을 실시한다. 혈장 타이로신 농도는 300~500 μmol/L 범위에서 유지하도록 식사요법을 실시한다. 혈장 페닐알라닌 농도는 20~80 μmol/L로 유지하는 것을 목표로 하는데, 만일 농도가 20 μmol/L 미만으로 떨

어지면 우유 등 단백질 식품을 추가하여 적절한 수준을 유지한다.

2) 함황아미노산 대사장애

함황아미노산 대사장애(disorders of the metabolism of sulfur-containing amino acids)는 황을 함유한 아미노산인 메티오닌(methionine), 시스테인(cysteine) 등 필수 또는 조건적 필수아미노산 및 호모시스테인(homocysteine)의 대사 과정에 관여하는 효소의 결함으로 인하여 발생하는 아미노산 대사장애의 하위 범주이다.

(1) 호모시스틴뇨증

① 원인 및 진단

호모시스틴뇨증(homocystinuria)은 시스타티오닌β-합성효소(cystathionine β-synthase, CBS)의 유전적 결함으로 인해 혈액과 소변 중 호모시스테인과 그 유도체인 호모시스틴(homocystine), 호모시스테인-시스테인 복합체 농도가 상승하는 질환이다(그림 13-4). 비타민 B_6를 조효소로 하는 CBS는 필수아미노산인 메티오닌으로부터 형성된 호모시스테인을 시스타티오닌(cystathionine)으로 전환하는 역할을 한다. CBS 결함은 유전자 돌연변이 확인을 통해 진단할 수 있다.

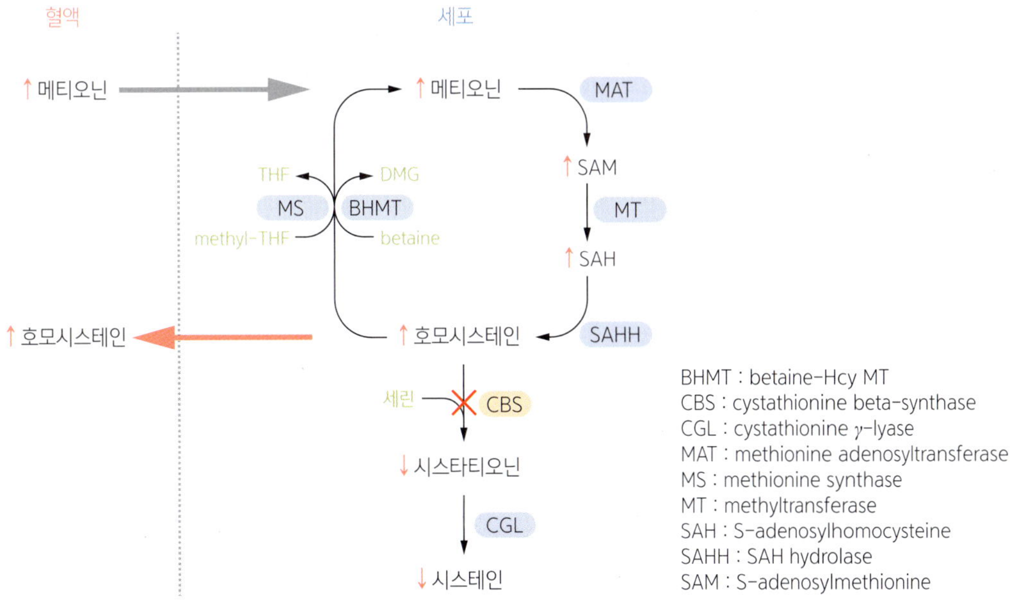

그림 **13-4** 호모시스테인뇨증의 메커니즘

한편, 비타민 B_{12}와 엽산, 비타민 B_6, 베타인 결핍도 호모시스틴뇨증의 원인이 될 수 있기 때문에 CBS의 유전적 결함에 의한 호모시스틴뇨증과 구분되어야 한다. 또한 피브릴린(fibrillin)-1 단백질의 유전자 변이로 인한 마르팡증후군(Marfan syndrome)의 증상이 호모시스틴뇨증과 유사하므로 진단에 주의가 필요하다.

② 증상

높은 수준의 혈중 호모시스테인과 그 유도체들에 의한 단계적 시력 저하, 근시, 수정체 탈구, 녹내장, 망막박리, 시신경 위축 등 안과 질환과 함께 혈전색전증(thromboembolism), 지적장애, 자폐증, 행동장애 및 거미가락증(arachnodactyly), 관절이완(arthrochalasis), 척추측만증, 골감소증 등 증상이 발생하게 된다.

③ 영양관리

호모시스틴뇨증으로 진단되면 고용량의 비타민 B_6와 함께 베타인(betaine), 비타민 B_{12}, 엽산을 투여하면서 혈중 호모시스테인 농도를 정상 수준까지 감소하는 것을 목표로 한다. 전체 호모시스틴뇨증 환자의 약 50% 정도가 이와 같은 치료 방식에 반응한다. 하지만 비타민 B_6 보충에 반응하지 않는 경우 베타인, 비타민 B_{12}, 엽산 투여와 함께 혈중 메티오닌을 모니터하면서 철저한 메티오닌 제한 식사를 실시하도록 한다. 영유아기에는 메티오닌 제거 및 시스틴 배합 특수 분유와 일반 분유를 정확히 혼합하여 투여한다.

3) 가지사슬아미노산 대사장애

가지사슬아미노산 대사장애(disorders of branched-chain amino acid metabolism)는 가지사슬아미노산(branched-chain amino acid, BCAA)의 대사 과정에 관여하는 효소 결함으로 인하여 발생하는 아미노산 대사장애의 하위 범주이다.

가지사슬아미노산의 종류

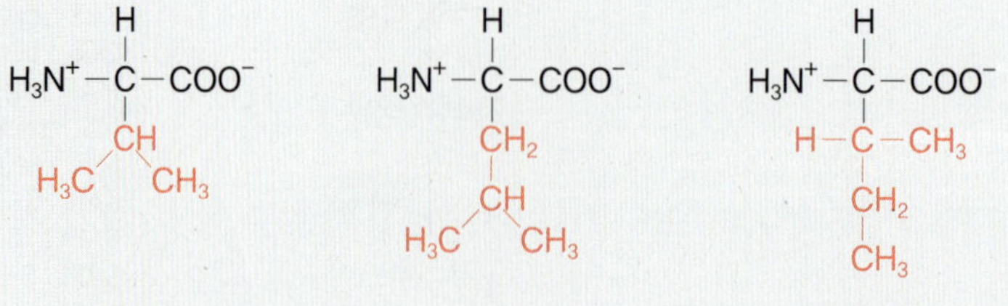

발린	류신	아이소류신
$H_3N^+-CH(COO^-)-CH(CH_3)_2$	$H_3N^+-CH(COO^-)-CH_2-CH(CH_3)_2$	$H_3N^+-CH(COO^-)-CH(CH_3)-CH_2-CH_3$

(1) 단풍시럽뇨병

① 원인 및 진단

단풍시럽뇨병(maple syrup urine disease, MSUD)은 소변에서 단풍시럽 냄새가 난다고 하여 이름 붙여진 유전 질환이다.

BCAA는 체내 분해 대사 과정에서 가지사슬α-케토산(branched-chain α-keto acid)으로 전환된 후 가지사슬α-케토산탈수소효소(branched-chain α-keto acid dehydrogenase, BCKDH) 복합체에 의해 카복실기가 제거된다. 유전적 결함으로 인해 BCKDH 복합체 활성이 저하되거나 기능이 결여되면 혈중 BCAA와 가지사슬α-케토산 농도가 상승하고 소변에서도 검출된다. 특히 뇌척수액에서는 아이소류신 농도가 크게 증가한다(그림 13-5).

신생아 선별검사에서 혈액과 소변 중 BCAA 및 알로아이소류신(alloisoleucine) 검출 시 MSUD로 진단한다. MSUD는 BCKDH 복합체 활성 정도에 따라 전형적(classic), 중간적(intermediate), 간헐적(intermittent), 티아민반응성(thiamin-response) 등 4가지 스펙트럼으로 분류된다.

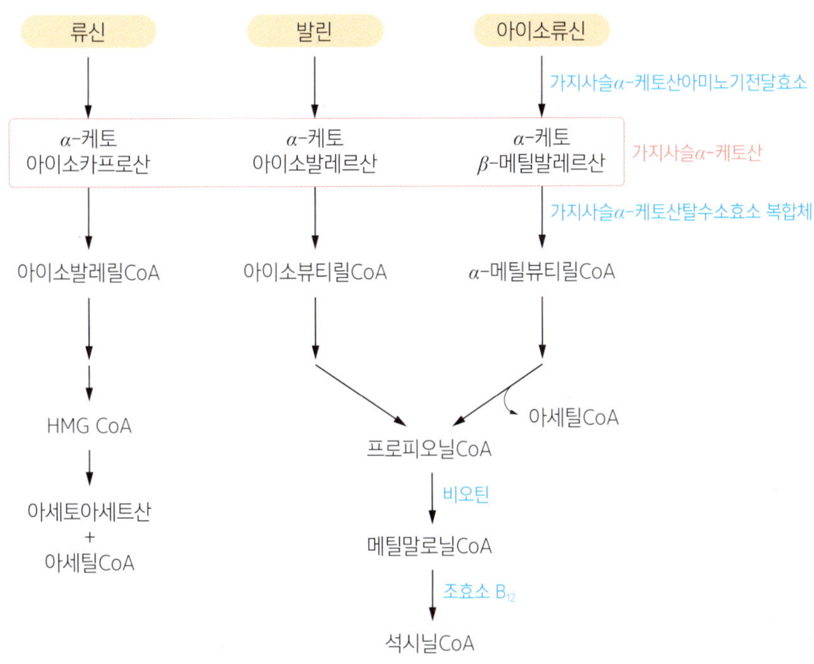

그림 13-5 가지사슬아미노산의 분해 대사

② 증상

증가된 혈중 BCAA와 가지사슬α-케토산은 특유의 달콤한 향취가 나는 소톨론(sotolon, 3-hydroxy-4,5-dimethyl-2(5H)-furanone)이라는 물질로 전환되어 소변을 통해 배설되며 땀과 귀지에서도 검출된다. MSUD라는 병명은 이러한 현상에서 유래하였다.

높은 수준의 혈중 가지사슬α-케토산은 대사산증(metabolic acidosis)을 유발하기 때문에 신경 손상 위험을 높인다. 또한 높은 수준의 혈중 BCAA 및 가지사슬α-케토산은 뇌의 글루탐산 항상성을 깨뜨려 신경학적 문제를 유발한다. 특히 류신은 뇌 피질하회색질(subcortical gray matter) 내 수분 항상성에 영향을 미쳐 뇌부종을 초래할 수 있다.

MSUD는 BCKDH 복합체의 활성에 따라 출생 이후 증상 발현까지의 시기가 매우 다양하다. 생후 48시간 내 수유에 어려움이 발생하는 중증의 전형적 MSUD는 BCKDH 복합체의 기능이 정상인의 2% 미만에 불과하다. 이후 구토, 체중 저하, 불규칙한 호흡, 기면(lethargy), 발작성 경련 등 증상이 이어지며, 빠른 진단과 치료가 이루어지지 않으면 생후 4개월 이내 경련, 혼수, 사망을 초래하게 된다. 중간적 MSUD는 전형적 MSUD에 비해 BCKDH 복합체 활성이 높아 증상 발현이 5개월에서 7세 사이에 일어난다. 간헐적 MSUD는 정상적인 성장과 지적 발달을 보이며 특별한 경우에만 임상 증상이 있다. 티아민반응성 MSUD는 중간적 MSUD와 유사하게 신생아 시기에는 임상 증상이 거의 나타나지 않으며, 고용량 티아민 투여 시 BCKDH 복합체 활성이 증가한다.

③ 영양관리

중증의 전형적 MSUD에서는 적절한 혈중 BCAA 수준 유지 및 가지사슬α-케토산 농도 저하를 위해 엄격한 식사요법과 함께 지속적인 혈중 BCAA 농도의 모니터가 이루어져야 한다. 때에 따라서는 교환수혈(exchange transfusion)이나 복막투석(peritoneal dialysis)이 필요할 수도 있다.

영유아기에는 BCAA 제거 특수 분유와 일반 분유를 정확히 혼합하여 투여하고, 그 이후에는 특수 분유 투여와 함께 식사요법을 실시한다. BCAA 함량이 높은 유제품, 육류, 생선, 콩, 달걀, 견과류, 통곡물 등 고단백질 식품은 제한해야 하며, 특히 뇌부종과 관련성이 높은 류신은 철저히 관리되어야 한다. 아이소류신, 발린은 처방에 따라 섭취하고, 에너지 및 BCAA 제외 필수아미노산과 필수지방산, 미량영양소는 결핍 예방을 위한 적절한 섭취가 필요하다.

한편, 에너지 섭취의 부족은 근육 단백질 이화작용으로 인한 대사 위기를 유발할 수 있으므로 충분한 에너지 섭취가 이루어질 수 있도록 주의한다. 만일 대사 위기가 발생한 경우에는 포도당 등의 정맥 투여를 실시함으로써 영양 보충과 동시에 인슐린 분비를 자극하여 분해 대사를 억제하고 합성 대사를 촉진할 수 있다.

4) 유기산뇨증

유기산뇨증(organic aciduria) 또는 유기산혈증(organic acidemia)은 아미노산 대사장애의 하위 분류 중 하나로, 대사되지 못하고 비정상적으로 축적된 아미노산의 독성 유기산 산물이 혈액에서 검출될 뿐 아니라 소변을 통해서도 배설되는 특징이 나타난다. 특히 BCAA 대사 과정의 결함으로 인한 프로피온산혈증(propionic acidemia), 메틸말론산혈증(methylmalonic acidemia), 아이소발레르산혈증(isovaleric acidemia) 등이 대표적이다. MSUD에서도 유기산 산물이 검출되므로 기존의 선천대사장애 분류에서는 MSUD를 유기산뇨증의 범주에 넣기도 하였다.

(1) 프로피온산혈증

① 원인 및 진단

프로피온산혈증(propionic acidemia)은 프로피오닐CoA카복실화효소(propionyl-CoA carboxylase)의 유전적 결함으로 인해 홀수지방산, 콜레스테롤, 메티오닌, 트레오닌(threonine), 아이소류신, 발린의 대사 과정에서 프로피오닐CoA(propionyl-CoA)가 메틸말로닐CoA(methylmalonyl-CoA)로 전환되지 못하여 발생하는 질환이다(그림 13-6).

축적된 프로피오닐CoA는 프로피온산(propionic acid)으로 전환된 후 대사되어 3-하이드록시프로피온산염(3-hydroxypropionate)이 되므로 소변 중에 농도가 증가하고 2-메틸시트르산염(2-methylcitrate), 티글릴글라이신(tiglylglycine), 프로피오닐글라이신(propionylglycine) 등이 소변에서 검출된다.

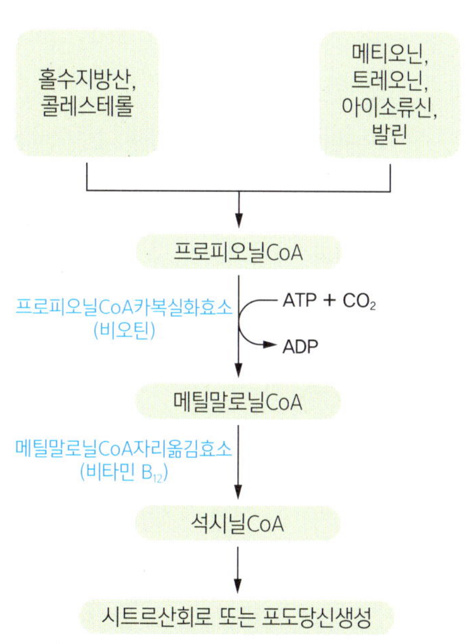

그림 **13-6** 프로피오닐CoA와 메틸말로닐CoA 대사 과정

또한 혈장 글라이신(glycine)의 농도가 상승한다. 프로피온산혈증은 산전에 유전자 돌연변이검사를 통해 진단할 수 있다.

② 증상

프로피온산혈증은 신생아 발병형에서부터 후기 발병형에 이르기까지 스펙트럼이 넓다. 가장 흔한 형태인 신생아 발병형 프로피온산혈증은 출생 수일 내 수유에 어려움과 각성(arousal) 저하 현상이 나타나고, 뒤이어 기면, 발작(seizure), 혼수(coma) 등 진행성 뇌병증으로 발생한다. 따라서 사망 예방을 위해서는 신속한 진단과 관리가 이루어져야 한다. 대사산증, 젖산산증(lactic acidosis), 케톤뇨증(ketonuria), 저혈당증(hypoglycemia), 고암모니아혈증(hyperammonemia), 혈구감소증(cytopenias) 등의 증상이 동반되며 심근병증(cardiomyopathy)은 흔한 합병증이다.

③ 영양관리

프로피온산의 농도를 감소시키기 위해 영아기에는 처방에 따라 메티오닌과 발린은 제거되고 아이소류신, 트레오닌, 글라이신은 소량만을 함유한 특수 분유와 일반 분유를 혼합하여 섭취시킨다. 4세 이후 유아기부터는 특수 분유와 함께 저단백질 식품을 섭취하도록 한다. 장내세균에 의해서도 프로피온산이 생성되므로 항생제의 경구 투여도 필요하다.

또한 프로피온산의 생성을 유발할 수 있는 전구체 아미노산 섭취를 제한해야 한다. 이를 위해서는 일반적으로 단백질 급원식품의 섭취를 줄여야 하지만, 그럼에도 불구하고 대사 위기의 예방을 위한 충분한 에너지의 섭취가 필요하다. MSUD에서와 마찬가지로 대사 위기가 발생한 경우에는 포도당 등을 정맥으로 투여하여 영양 보충과 동시에 인슐린 분비를 자극함으로써 분해 대사를 억제하고 합성 대사를 촉진할 수 있다.

(2) 메틸말론산뇨증

① 원인 및 진단

일반적으로 메틸말론산뇨증(methylmalonic aciduria)은 메틸말로닐CoA가 석시닐CoA(succinyl-CoA)로 전환되는 과정에 관여하는 메틸말로닐CoA자리옮김효소(methylmalonyl-CoA mutase) 등의 효소 또는 보조인자의 유전적 결함이 원인인 단독(isolated) 질환을 일컫는다(그림 13-6). 이 경우 축적된 메틸말로닐CoA로부터 전환된 메틸말론산(methylmalonic acid)의 혈중 농도가 상승하고 소변으로도 배출된다. 또한 소변 중 3-하이드록시프로피온산염(3-hydroxypropionate)이 농도가 증가하고 2-메틸시트르산염, 티글릴글라이신, 프로피오닐글라이신 등이 검출된다. 산전에 유전자 돌연변이검사를 통해 메틸말론산혈증을 진단할 수 있다.

② 증상

가장 흔한 형태인 비타민 B_{12} 비반응성 메틸말론산혈증은 출생 후 단백질 섭취가 이루어지는 영아기에 일찍 발생하는데 기면, 빈호흡(tachypnea), 저체온(hypothermia), 구토(vomiting), 탈수(dehydration) 등이 주요 증상이다. 적절한 치료가 시행되지 않으면 고암모니아혈증에 의한 뇌병증으로 급속히 발전하여 혼수에 이를 수 있다. 대사산증, 케톤혈증(ketonemia), 케톤뇨증(ketonuria)이 동반되며 고암모니아혈증 및 고글라이신혈증(hyperglycinemia)이 나타나기도 한다.

③ 영양관리

프로피오닐CoA의 전구체가 될 수 있는 모든 아미노산의 섭취를 제한해야 하지만 대사위기 예방을 위해 고에너지를 섭취해야 한다. 또한 금식 시간이 길지 않도록 밤늦은 시간과 이른 아침 시간에 식사를 하는 것이 좋다.

5) 요소회로장애 및 유전성 고암모니아혈증

요소회로장애 및 유전성 고암모니아혈증(urea cycle disorders and inherited hyper-ammonemias)은 요소회로(urea cycle)의 각 단계 또는 요소회로에 기질을 제공하는 대사과정에 유전적 결함이 발생하여 생기는 질환으로 아미노산 대사장애의 하위 분류 중 하나이다.

(1) 아르지니노석신산염합성효소 결핍

① 원인 및 진단

아르지니노석신산염합성효소(argininosuccinate synthetase deficiency, ASS) 결핍은 ASS의 유전적 결함으로 인해 발생한다. ASS는 요소회로에서 시트룰린(citrulline)과 아스파트산염(aspartate)을 축합하여 아르지니노석신산염(argininosuccinate)의 합성을 촉매하는 효소이다(그림 13-7).

ASS 결핍 시 요소회로 장애로 인하여 고암모니아혈증과 함께 시트룰린 축적으로 인한

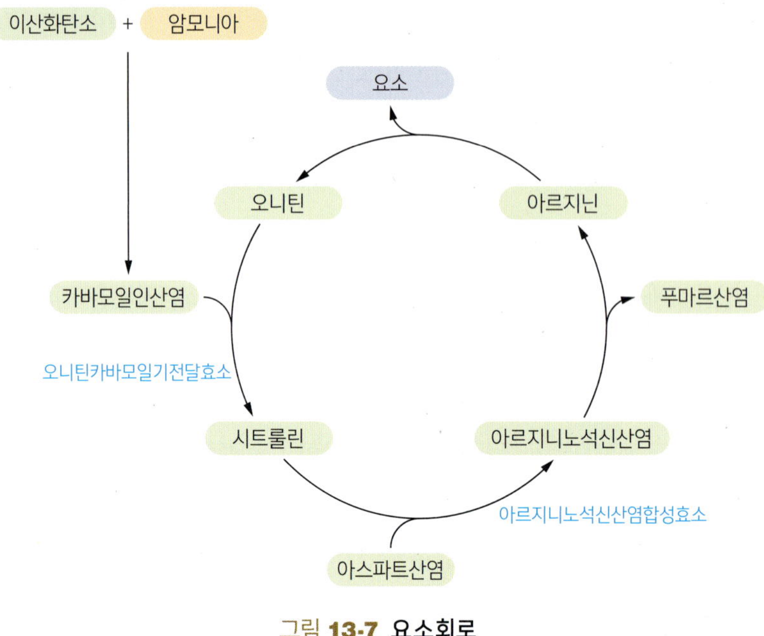

그림 **13-7** **요소회로**

시트룰린혈증(citrullinemia)이 발생한다. 고암모니아혈증과 시트룰린혈증이 동시에 관찰되는 경우 유전자검사를 통해 ASS 결핍을 확정 진단하게 된다.

② 증상

ASS 결핍 시 단백질 분해대사로 형성된 암모니아는 요소회로에서 처리되지 못하고 혈중에 축적된다. 대부분의 ASS 결핍은 신생아발병형(neonatal-onset)으로, 출생 직후 수유를 시작하면서 형성된 암모니아가 수일 이내 흥분성(irritability), 기면, 구토, 발작, 저체온증(hypothermia), 혼미(stupor) 등의 증상을 일으킨다. 또한 뇌부종(cerebral edema)이 발생하기도 하는데 고암모니아혈증으로 인한 별아교세포(astrocyte) 내 글루타민(glutamine) 축적에 기인하는 것으로 추정되고 있다. 적절히 치료받지 않은 ASS 결핍은 뇌병증(encephalopathy), 호흡정지(respiratory arrest), 혼수 및 사망까지 초래할 수 있다. ASS의 기질인 시트룰린 축적으로 인해 시트룰린혈증이 발생하는 데 반해, 조건적 필수아미노산인 아르지닌(arginine) 수준은 낮거나 정상 범주에 있다. 후기발병형(late-onset) ASS 결핍은 신생아발병형보다 발생 빈도가 낮고 증세 또한 경미한 경우가 대부분이다.

③ 영양관리

ASS 결핍에서 고암모니아혈증과 시트룰린혈증이 관찰된 경우에는 신속한 치료와 함께 영양관리가 이루어져야 한다. 안식향산나트륨(sodium benzoate) 투여를 통한 아미노산 배설 촉진과 엄격한 단백질 제한 식사요법을 실시하는데, 특히 급성 증상이 있는 ASS 결핍에서는 혈액 또는 복막 투석도 함께 실시한다. 만일 조건적 필수아미노산인 아르지닌 결핍이 발생한 경우에는 별도의 아르지닌 보충이 필요하며, 안식향산나트륨 투여로 인한 이차성(secondary) 카니틴(carnitine) 결핍증에서는 카니틴을 보충한다.

신생아~3세 시기에는 처방에 따라 요소회로장애 환자용 아미노산 제한 특수 분유와 일반 분유를 정확히 혼합하여 투여하며, 그 이후에는 특수 분유와 함께 충분한 에너지 섭취가 이루어질 수 있는 단백질 제한 식사요법을 실시한다.

(2) 오니틴카바모일기전달효소 결핍

① 원인 및 진단

오니틴카바모일기전달효소(ornithine transcarbamylasey, OTC) 결핍은 OTC의 유전자 결손으로 인해 발생한다. OTC는 요소회로에서 카바모일인산염(carbamoyl phosphate)으로부터 카바모일기(carbamoyl)를 오니틴(ornithine)에 전달하여 시트룰린을 형성하는 과정의 촉매 효소이다(그림 13-7). OTC 결핍은 X연관열성유전(x-linked recessive inheritance)이므로 주로 남자에서 출생 직후 심각한 증상으로 발현한다.

OTC 결핍은 특징적 임상 증상과 함께 정상 범위를 벗어난 혈중 암모니아와 아미노산, 소변 유기산 수준을 통해 진단될 수 있다. 요소회로 이상으로 인해 혈중 암모니아 농도가 상승하고, 혈중 시트룰린 및 아르지닌 농도가 저하한다. 특히 OTC의 기질인 카바모일인산이 축적되어 높은 혈중 농도를 보이며 이로부터 전환된 오로트산(orotic acid)의 혈중 농도 역시 증가하는 현상이 나타난다. OTC 결핍의 확정적 진단은 유전자검사를 통해 이루어질 수 있다.

② 증상

OTC 결핍이 있는 신생아는 출생 후 수유가 시작되면서 혈중 암모니아 수준이 급격히 증가하여 경련, 의식장애 등 다양한 임상 증상이 발생한다. 고암모니아혈증에 의한 심한 뇌 손상 및 혼수는 OTC 결핍 신생아의 사망 위험을 높인다.

OTC 결핍은 발병 시기와 중증도에 근거하여 신생아발병형(neonatal-onset)과 후기발병형(late-onset)으로 분류하는데, 신생아발병형은 수유 시작 2~3일경부터 증상이 시작되어 출생 첫 주에 고암모니아혈증으로 인한 혼수와 사망에 이를 정도로 증세가 심각하다. 후기발병형은 신생아발병형보다 증세가 경미할 수 있으나 역시 고암모니아혈증의 위험이 있다. 또한 두통, 메스꺼움, 구토, 성장 지연과 함께 혼동(confusion), 섬망(delirium), 공격(aggression), 자해 등 정신과적 증상이 발생할 수 있으며, 고단백질 식품 혐오와 거부 등 다양한 증상이 나타난다.

③ 영양관리

OTC 결핍의 영양관리 목표는 혈중 암모니아 수치를 낮추는 것이다. 이를 위해서는 안식향산나트륨 투여를 통한 아미노산 배설 촉진과 함께 단백질을 엄격하게 제한하는 식사요법을 실시하여야 한다. 만일 안식향산나트륨 투여로 인한 이차성 카니틴 결핍증에서는 카니틴을 보충하여야 한다. 신생아~3세 시기에는 처방에 따라 요소회로장애 환자용 아미노산 제한 특수 분유와 일반 분유를 정확히 혼합하여 투여하며, 그 이후에는 특수 분유와 함께 식사요법을 실시한다. 또한 조건적 필수아미노산인 아르지닌 결핍이 발생하지 않도록 보충해야 하며 충분한 에너지 섭취가 이루어질 수 있도록 관리하여야 한다.

급성 증상이 있는 OTC 결핍에서는 혈액 또는 복막 투석과 함께 안식향산나트륨, 아세트산페닐(phenylacetate), 아르지닌을 정맥으로 투여하여 혈중 암모니아 수치를 낮추는 동시에 고탄수화물, 고지방 및 충분한 에너지를 공급하는 식사요법을 실시한다.

3. 탄수화물 대사장애

탄수화물 대사장애(disorders of carbohydrate metabolism)는 탄수화물의 대사에 유전적 결함이 발생한 질환이다. 당원, 포도당, 과당, 갈락토스, 오탄당 등 다양한 탄수화물의 분해 대사 또는 합성 대사에 문제가 발생하거나 탄수화물의 수송과 흡수 과정에 이상이 나타나게 된다.

1) 당원 대사장애

당원 대사장애(disorders of glycogen metabolism)는 당원축적병(glycogen storage disease)으로 불리어 왔다. 간과 근육에 저장된 당원(glycogen)은 필요시 신속하게 분해되어 혈당 유지를 위해 사용되거나 근육에 에너지를 제공하는 역할을 한다. 당원의 저장과 사용을 위해서는 당원합성효소(glycogen synthase), 당원가인산분해효소(glycogen phosphorylase) 등 합성과 분해를 촉매하는 여러 다양한 효소가 필요한데 이들 효소에 유전적 결함이 있거나 당원의 세포막 수송체에 결함이 있는 경우 당원 대사장애가 발생하게 된다. 현재까지 밝혀진 당원축적병에는 0~XV형이 있으며, 북미에서 가장 흔한 형태는 폼페병(Pompe disease)이라고도 불리는 II형의 아형(subtype) IIa형이다. 우리나라는 아직까지 당원 대사장애의 형태별 발생 통계가 없다.

(1) 당원축적병 Ia형

① 원인 및 진단

유전적 결함으로 인해 발생하는 포도당6-인산염분해효소(glucose 6-phosphatase) 결핍은 당원축적병(glycogen storage disease, GSD) Ia형으로 불려 왔다. 포도당6-인산염분해효소는 간의 당원 분해대사 가장 마지막 단계에서 포도당6-인산염(glucose 6-phosphate)을 가수분해하여 유리 포도당의 생성을 촉매하는 효소이다. 생성된 포도당은 혈액으로 이동되어 혈당원으로의 역할을 하므로, 포도당6-인산염분해효소 결핍 시에는 혈당 조절에 문제가 발생한다.

당원 및 지질 축적에 의한 간세포의 팽창 소견이 있는 경우 유전자검사를 통해 확진하게 된다.

② 증상

GSD Ia 영아는 출생 후 2~4개월 후 간 내 당원의 과도한 축적 및 지방간이 유발되며, 그 결과 간비대(hepatomegaly) 증상이 나타난다. 일부 신생아에서 심각한 저혈당 증상이 나타날 수 있는데 저혈당은 뇌 손상과 사망 위험을 높인다. 또한 적절한 치료가 이루어지지 않으면 생후 고요산혈증(hyperuricemia) 및 젖산혈증(lactic acidemia) 등도 관찰된다.

유아기에는 외형적으로 젖살이 많은 인형 같은 얼굴(doll-like face), 거미가락증(arachnodactyly), 작은 키, 융기된 복부(protuberant abdomen), 황색종(xanthoma), 골다공증 등 증상이 나타난다.

③ 영양관리

영양관리의 목표는 규칙적으로 포도당의 급원을 공급함으로써 정상 혈당을 유지하고 이차적인 대사장애를 예방하는 것이다. 이를 위해 깨어 있는 동안 3~6시간마다 전분이나 통곡물 등 소화 시간이 긴 복합탄수화물 식품을 적절한 양으로 섭취하고, 수면 중에는 경관급식을 통해 혈당 급원을 공급한다. 과량의 탄수화물 섭취는 간에서 당원 합성을 촉진하므로 섭취량에도 주의가 필요하다. 설탕, 젖당(lactose) 등을 함유한 식품은 철저하게 제한해야 하는데 과당과 갈락토스는 대사 과정에서 포도당6-인산염으로 전환되기 때문이다.

2) 갈락토스 및 과당 대사장애

갈락토스 및 과당 대사장애(disorders of galactose and fructose metabolism)는 체내 갈락토스와 과당 대사 과정에 관여하는 효소의 유전적 결함으로 인해 발생하는 질환의 분류이다.

(1) 갈락토스혈증

① 원인 및 진단

갈락토스혈증(galactosemia)은 갈락토스를 포도당으로 전환하는 과정에 관여하는 효소 결함으로 인하여 혈중 갈락토스 농도가 상승하는 질환이다. 갈락토스는 포도당1-인산염(glucose 1-phosphate)으로 전환된 뒤 포도당 대사경로로 합류하여 분해되므로 여기에 관여하는 효소가 유전적 결함으로 결핍되면 갈락토스와 그 대사산물이 축적된다(그림 13-8).

갈락토스혈증을 일으키는 갈락토스 대사장애에는 갈락토스1-인산염우리딜기전달효소(galactose-1-phosphate uridyltransferase), 갈락토스인산화효소(galactokinase), UDP-갈락

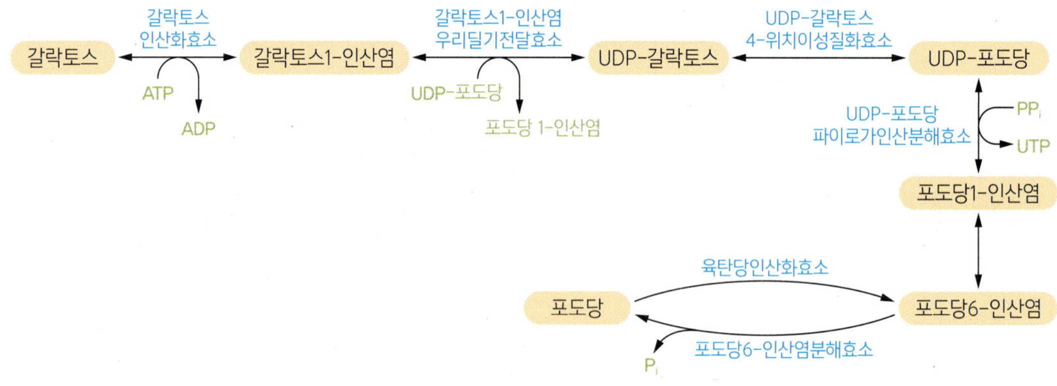

그림 **13-8** 갈락토스 대사

토스4-위치이성질화효소(UDP-galactose 4-epimerase, GALE=UDP-glucose 4-epimerase) 등 결핍 효소의 종류에 따라 세 가지 유형으로 분류된다.

표 13-2 갈락토스혈증의 분류

분류	결핍 효소	관용명
유형 1	갈락토스1-인산염우리딜기전달효소 (galactose-1-phosphate uridyltransferase)	전형적 갈락토스혈증(classic galactosemia)
유형 2	갈락토스인산화효소(galactokinase)	-
유형 3	UDP-갈락토스4-위치이성질화효소 (UDP-galactose 4-epimerase)	-

세 가지 형태의 갈락토스 대사장애 모두 혈중 갈락토스 축적으로 인한 갈락토스혈증이 나타나며, 갈락토스가 당알코올(sugar alcohol)로 전환되어 형성된 갈락티톨(galactitol)이 소변에서 검출된다. 최종 진단은 유전자검사 또는 Beutler 검사를 통해 결함 효소를 확인한다.

② 증상

모유나 분유에는 젖당이 함유되어 있으므로 갈락토스 대사 효소 결함이 있는 신생아는 며칠 이내 수유에 어려움, 기면, 구토, 설사, 성장장애, 간세포 손상, 황달 등 생명을 위협하는 증상이 발생한다. 갈락토스 제한 없이 계속해서 일반 수유를 하게 되면 간경변, 백내장 및 부분적 실명, 뇌 손상, 패혈증 등의 위험이 있다.

③ 영양관리

우유 및 유제품에 함유된 젖당은 갈락토스의 주요 급원이다. 갈락토스혈증에서는 전 생애에 걸쳐서 갈락토스와 젖당을 철저하게 제한하여야 한다. 영유아기에는 젖당이 제거된 분유 또는 우유가 아닌 대두를 원료로 한 분유를 섭취하고, 그 이후에는 우유 및 유제품 또는 이들이 사용된 식품 등 젖당이 포함된 모든 음식을 엄격히 제한한다. 또한 우유 및 유제품 이외에도 갈락토스가 함유된 식품을 주의하여야 하며, 가공식품이나 의약품 등에 첨가된 젖당이나 갈락토스 성분을 확인하여야 한다.

4. 지방산 및 케톤체 대사장애

단식을 하게 되면 저장 중성지방(triglyceride)이 분해되면서 간에서 케톤체가 생성되어 근육과 뇌의 에너지원으로 사용되는데, 이 과정에 관여하는 효소가 결핍되어 있는 경우 지방산 및 케톤체 대사장애(disorders of fatty acid and ketone body metabolism)가 나타나게 된다. ICIMD는 지방산 및 케톤체 대사장애를 미토콘드리아 지방산 산화장애(disorders of mitochondrial fatty acid oxidation), 카니틴 대사장애(disorders of carnitine metabolism), 케톤체 대사장애(disorders of ketone body metabolism) 등 하위 범주로 분류하고 있다.

지방산 및 케톤체 대사장애의 일반적인 식사요법은 지질이 에너지원으로 분해되는 것을 방지하기 위해 일정 간격으로 저지방, 고탄수화물을 섭취함으로써 혈당 수치를 정상으로 유지하는 것이다.

5. 지질 대사장애

지질 대사장애(disorders of lipid metabolism)는 지방산과 각종 복합지질(complex lipid)의 생합성과 분해 등의 대사에 관여하는 효소의 결함으로 발생하는 대사장애이다. ICIMD는 지질 대사장애를 다음과 같은 하위 범주로 분류하고 있다; 지방산아실 합성, 연장 및 재활용 장애(disorders of fatty acyl synthesis, elongation, and recycling), 과산화소체 지방산 산화장애(disorders of peroxisomal fatty acid oxidation), 아이코사노이드 대사장애(disorders of eicosanoid metabolism), 글리세로리피드 대사장애(disorders of glycerolipid metabolism), 포스파티딜콜린, 포스파티딜세린, 포스파티딜에탄올라민 대사장 애(disorders of phosphatidylcholine, phosphatidylserine and phosphatidylethanolamine metabolism), 포스파티딜이노시톨 대사장애(disorders of phosphatidylinositol metabolism), 에터지질대사장애(disorders of ether lipid metabolism), 스핑고리피드 생합성 및 재활용장애(disorders of sphingolipid synthesis and recycling), 스테롤 생합성장애(disorders of sterol biosynthesis), 담즙산 대사장애(disorders of bile acid metabolism), 혼합 고지질혈증(mixed hyperlipidemias), 기타 지질당화장애(other disorders of lipid glycosylation), 스핑고리피드 분해장애(disorders of sphingolipid degradation).

관련된 효소와 발생 메커니즘의 특성으로 인하여 질환별 식사요법 등 치료 및 관리 방법은 다양하다.

6. 미량원소 및 금속 대사장애

미량원소 및 금속 대사장애(disorders of trace element and metal metabolism)는 구리, 철, 망간, 아연 등 원소의 수송 과정에 관여하는 효소의 결함으로 인해 주로 발생한다.

1) 구리 대사장애 : 윌슨병

① 원인 및 진단

구리 대사장애(disorders of copper metabolism)의 대표 질환은 윌슨병(Wilson disease)으로 잘 알려져 있는 구리수송ATP분해효소-β(copper-transporting ATPase-β) 결핍이다. 이 질환은 ATP7B 유전자 결함으로 인해 발생한다. 이와 구분되는 구리 대사장애 질환에는 ATP7A 유전자 결함으로 인한 구리수송ATP분해효소-α(copper-transporting ATPase-α) 결핍이 있는데 멘케스병(Menkes disease)으로 잘 알려져 있다. 이 질환은 소장에서 구리가 잘 흡수되지 않고 여러 조직세포 내 구리 농도 유지에 문제가 발생하여 구리가 결핍되는 것이 특징이다.

간과 뇌에 주로 존재하는 구리수송ATP분해효소-β는 ATP 가수분해를 통해 에너지를 발생시킴으로써 담즙을 통해 간세포 내 구리를 체외로 배출하는 과정에 관여하므로, 구리수송ATP분해효소-β 결핍, 즉 윌슨병에서는 구리의 체외 배출이 원활히 일어나지 못하고 체내 축적된다. 또한 구리수송ATP분해효소-β는 세룰로플라스민(ceruloplasmin)에 구리를 전달하고 그 형성에도 관여하므로 구리수송ATP분해효소-β 결핍 시에는 세룰로플라스민이 비정상적으로 낮아진다.

젊은 연령에서 간염, 간경변증 및 용혈빈혈(hemolytic anemia), 신경학적 증세 등 임상 소견이 있는 경우 혈청과 소변의 구리 농도 및 혈중 세룰로플라스민 농도, 간조직 내 구리 함량 등을 측정하고 ATP7B 유전자를 검사함으로써 구리수송ATP분해효소-β 결핍을 진단할 수 있다.

② 증상

구리수송ATP분해효소-β 결핍으로 인해 간세포 내 구리가 침착되고 축적 한계에 도달하면 세포 괴사가 유발되어 구리가 혈중으로 누출된다. 그 결과 혈중에 과도하게 증가된 구리는 다른 조직에까지 구리가 침착되는 원인이 된다.

간에 많은 양의 구리가 침착되면 초기에는 간기능검사 결과 경미한 이상소견이 발견되는데, 이와 같은 간과 관련된 증상이 나타나는 연령은 주로 8~20세이다. 급성 간염도 흔히 관찰되며 이로 인한 용혈빈혈이 일어나기도 한다. 시간이 흐르면서 만성 간염, 간경변증, 전격성 간염 등으로 발전한다.

신경학적 증상은 대개 간 증상보다 늦은 청소년기 이후에 나타난다. 처음에는 활동떨림(action tremor) 양상이 나타나며, 점차 진행하면 보행장애(dysbasia) 등 신경장애와 정신이상 및 정서장애도 나타날 수 있다.

이 밖에도 각막, 신장, 적혈구에 구리가 축적되어 기능장애를 가져올 수 있으며, 각막에 구리가 침착되면 카이저-플라이셔 고리(Kayser-Fleischer ring)라고 불리는 각막 주변 고리형 병변이 나타난다.

③ 영양관리

구리는 거의 모든 음식에 포함되어 있으므로 정상 식사를 하는 경우 일반적으로 체내 요구량보다 더 많은 양의 구리를 섭취한다. 건강한 사람은 필요량보다 많은 구리를 섭취하더라도 체외로 배출함으로써 구리 항상성을 유지할 수 있지만, 구리수송ATP분해효소-β 결핍에서는 원활한 구리 배출이 일어나지 않는다. 따라서 약물치료와 함께, 구리를 다량 함유한 동물의 간이나 굴, 게, 낙지, 새우, 오징어, 고사리, 보리, 대두, 두유, 두부, 현미, 감자, 견과류, 건조한 과일, 초콜릿 등의 식품 섭취를 반드시 삼가야 한다.

용어정리

가지사슬아미노산(branched-chain amino acid, BCAA)

가지 친 지방족 사슬 구조를 갖는 필수아미노산으로서 류신(leucine), 아이소류신(isoleucine), 발린(valine) 등 세 종류가 있음

거미가락증(arachnodactyly)

손가락과 발가락이 비정상적으로 길고 가느다란 특징인 상태

교환수혈(exchange transfusion)

피를 뽑아낸 후 새로운 피를 수혈하여, 혈액 내의 유독한 성분을 제거하는 시술

기면(lethargy)

무기력감, 회의감, 피로감, 의욕 저하 등 일련의 증상

뇌부종(cerebral edema)

뇌의 세포 내 또는 세포 외 공간에 수분이 과도하게 축적되어 뇌조직의 용적이 증가한 상태

대사산증(metabolic acidosis)

대사와 관련된 어떤 원인에 의해 산성 물질의 증가로 수소 이온이 증가하고 중탄산 이온이 감소하는 현상

마르팡증후군(Marfan syndrome)

선천성 발육 이상의 일종으로 심혈관계, 눈, 골격계의 이상을 유발하는 유전 질환. 피브릴린(fibrillin)-1 단백질 유전자 돌연변이로 인하여 결체조직이 정상적으로 형성되지 않음

별아교세포(astrocyte)

중추신경계의 신경 교세포(neuroglia)의 일종으로 신경 교세포 중 가장 크기가 큼. 뇌와 척수에서 다량으로 존재하며, 별(star) 모양의 형태를 가짐. 혈액뇌장벽(blood-brain barrier)을 구성하고 있는 내피세포(endothelial cell)의 생화학적 특성을 조절하며, 신경조직에 영양분을 공급하고, 손상된 뇌와 척수조직의 재생 등 중요한 역할을 수행함

복막투석(peritoneal dialysis)

신장기능 저하 시 몸 안의 노폐물과 수분을 제거하기 위해 뱃속으로 통하는 관을 삽입하여 투석액을 교환하는 시술

신경전달물질(neurotransmitter)

신경근접합부(neuromuscular junction)와 같은 화학적 시냅스(chemical synapse)에서 한 신경세포로부터 다른 표적 세포로 신호를 전달하는 내재성 화합물(endogeneous chemical)

세룰로플라스민(ceruloplasmin)

구리를 함유한 혈장 α-글로불린으로서 구리 수송과 조직 내 농도를 조절함. 사람의 혈장 속의 구리는 대부분 세룰로플라스민 형태로 존재함

시트룰린혈증(citrullinemia)

전통적인 선천대사이상 분류 방법에 따르면 시트룰린혈증은 고암모니아혈증을 특징으로 하는 요소회로 대사장애로서 변이 유전자 종류에 따라 두 가지 형태로 나눔. 제1형 시트룰린혈증은 고전(classical) 시트룰린혈증이라고도 하며, ASS 결핍을 말하며 주로 소아기에 발병함. 제2형 시트룰린혈증은 미토콘드리아 막의 운반체 단백질인 시트린(citrin)의 유전적 결함에 의해 시트린 결핍이 유발되는데 주로 청소년기 이후에 발생하고, 대부분의 경우는 성인기에 발병함

심근병증(cardiomyopathy)

다른 심장 질환 없이, 심장 근육에 이상이 발생하는 여러 질환군을 통칭한다. 호흡곤란, 흉통, 두근거림 등이 대표적인 증상

아스파탐(aspartame)

설탕의 200배의 단맛을 가진 인공감미료. 아스파트산(aspartic acid)과 페닐알라닌(phenylalanine) 등 2가지 아미노산이 연결된 다이펩타이드(dipeptide)

용혈빈혈(hemolytic anemia)

혈액 내에서 적혈구가 과도하게 파괴되어 발생하는 빈혈

판코니빈혈(Fanconi anemia)

판코니증후군(Fanconi's syndrome)이라고도 하며, 범혈구감소증(pancytopenia), 골수형성부전, 멜라닌 침착에 의한 피부의 갈색색소반, 근골격계와 비뇨생식계의 각종 선천성 이상을 특징으로 하는 유전성 질환

혈액투석(hemodialysis)

인공 신장기를 이용하여 혈액 속 노폐물 제거, 신체 내 전해질 균형 유지, 과잉 수분 제거하는 시술

홀수지방산(odd-chain fatty acid)

탄소수가 홀수인 지방산. 일반적으로 포유동물에서 발견되는 지방산의 탄소수는 짝수임

황색종(xanthoma)

콜레스테롤 등 지질이 피부에 침착하여 생기는 황색 종양

단원정리

선천대사장애란?

- 아미노산, 탄수화물, 지방산, 무기질 등의 생화학적 대사경로에 관여하는 특정 효소 또는 조효소에 유전적 결함으로 인하여 전구물질과 중간대사물질이 축적되고 최종 생성 물질이 결여되면서 초래되는 장애를 말한다.

선천대사장애의 분류

- 영양소 대사와 관련된 선천대사장애는 중간대사장애이다.
- 중간대사장애는 아미노산 대사장애, 탄수화물 대사장애, 지방산 및 케톤체 대사장애, 지질 대사장애, 미량원소 및 무기질 대사장애로 분류할 수 있다.

페닐케톤뇨증 영양관리의 목표

- 적정한 수준의 혈중 페닐알라닌을 유지한다.
- 잔멸치, 마른 문어, 마른오징어, 대구포, 노가리, 북어, 검정콩, 대두, 볶은 땅콩, 치즈, 닭가슴살, 견과류, 달걀흰자, 새우, 랍스터 등 식품 및 아스파탐은 페닐알라닌의 급원이므로 섭취를 제한한다.

타이로신혈증 영양관리의 목표

- 적정한 수준의 혈중 타이로신과 페닐알라닌을 유지한다.
- 페닐알라닌 함량이 높은 식품을 제한하고, 채식 위주의 저단백질 식사요법을 실시한다.

호모시스틴뇨증 영양관리의 목표

- 비타민 B_6, 베타인, 비타민 B_{12}, 엽산을 투여하여 혈중 호모시스테인 농도를 정상 수준까지 감소시킨다.
- 메티오닌 제한 식사를 실시한다.

단풍시럽뇨증 영양관리의 목표

- BCAA, 특히 류신 함량이 높은 유제품, 육류, 생선, 콩, 달걀, 견과류, 통곡물 등 고단백질 식품은 제한한다.
- 대사 위기의 예방을 위한 충분한 에너지 섭취가 필요하다.

프로피온산혈증 영양관리의 목표

- 프로피온산의 전구체 아미노산 섭취를 제한하기 위해 단백질 급원식품의 섭취를 줄인다.
- 대사 위기의 예방을 위한 충분한 에너지의 섭취가 필요하다.

OTC 결핍 영양관리의 목표

- 아미노산 배설 촉진 약물 투여와 함께 엄격한 단백질 제한 식사요법을 실시한다.

당원축적병 영양관리의 목표

- 규칙적 포도당 공급을 통해 정상 혈당을 유지하고 이차적인 대사장애를 예방한다.

갈락토스혈증 영양관리의 목표

- 젖당의 급원이 되는 우유 및 유제품의 섭취를 철저하게 제한한다.

윌슨병 영양관리의 목표

- 구리 함량이 높은 동물의 간, 굴, 게, 낙지, 새우, 오징어, 고사리, 보리, 대두, 두유, 두부, 현미, 감자, 견과류, 건조한 과일, 초콜릿 등 식품의 섭취를 제한한다.

CLINICAL
NUTRITION

CHAPTER 14

수술과 화상

학습목표

1. 수술로 인한 스트레스 반응과 대사 및 면역체계의 변화에 대해 이해한다.
2. 수술 예후 향상을 위한 영양관리에 대해 설명할 수 있다.
3. 화상의 원인을 알고 임상적으로 분류할 수 있다.
4. 중등도 이상의 화상 치료의 일부로서 영양지원에 대해 설명할 수 있다.

1. 수술

수술은 치료를 목적으로 피부, 점막, 기타 조직을 의료 기계를 사용하여 자르거나 째거나 조작을 가하는 처치이다. 수술의 성공은 단순히 기술적 처치에만 달려 있지 않다. 환자의 대사적 변화를 고려한 수술 전후 관리는 수술 결과에 영향을 미치는데, 적절한 영양지원은 수술 예후를 향상시킬 수 있는 중요한 관리 요소 중 하나이다.

1) 수술과 스트레스 반응

수술을 앞둔 환자는 심리적 스트레스 반응(stress response)이 나타나며, 수술 후에는 생리적 스트레스 반응 등 여러 가지 신체 변화가 나타난다. 생리적 스트레스 반응은 스트레스 인자(stressor)에 대항해 신체의 항상성을 유지하기 위해서 자율신경계와 내분비계가 일으키는 다양한 변화로서, 침습 정도에 따라 수 시간에서 길게는 수 주간 지속되기도 한다. 스트레스 인자에는 수술 외에도 외상, 화상, 심한 감염, 격렬한 운동 등 다양한 외부적 자극이 있다.

수술 후 자율신경계의 교감신경계 및 내분비계의 시상하부-뇌하수체 체계(hypothalamic pituitary system)가 활성화되면 에피네프린, 노르에피네프린 등 카테콜아민(catecholamine)과 프로락틴, 바소프레신, 글루코코티코이드, 레닌 등 다양한 물질의 분비가 변화한다(표 14-1). 그 결과 동공확대(mydriasis), 호흡과 심박수 증가, 혈관 수축, 혈압

표 14-1 수술에 의한 내분비계 변화

	시상하부	부신	췌장	기타
분비 증가	성장호르몬(growth hormone) 부신피질자극호르몬(adrenocorticotrophic hormone) 엔도핀(endorphin) 프로락틴(prolactin) 바소프레신(vasopressin)	카테콜아민(catecholamine) 글루코코티코이드(glucocorticoid)	글루카곤(glucagon)	레닌(renin)
분비 감소			인슐린(insulin)	테스토스테론(testosterone) 에스트로젠(estrogen) 트라이아이오도타이로닌(triiodothyronine, T3)

자료 : Burton, Deborah, Grainne Nicholson, and George Hall. Endocrine and metabolic response to surgery. Continuing Education in Anaesthesia, Critical Care & Pain 4.5: 144-147. 2004

상승, 기관지 확장, 발한, 소화계 운동성 감소 등의 신체 반응과 대사 활성화와 같은 스트레스 반응 현상이 나타나게 된다. 큰수술(major surgery) 이후 나타날 수 있는 분해 대사(catabolism)와 대사과다증(hypermetabolism)도 생리적 스트레스 반응의 결과이다.

2) 수술 후 대사 및 면역체계 변화

수술은 대사 및 면역체계에도 변화를 가져온다. 글루코코티코이드의 일종인 코티솔은 이와 같은 수술 후 변화를 일으키는 주요 호르몬으로서 포도당신생성(gluconeogenesis)을 촉진하고 말초조직 인슐린 저항성을 유발하여 수술 환자에서 혈당 상승을 가져오는 요인이다. 높은 코티솔 농도가 지속되면 포도당신생성 기질 제공을 위해 근단백질이 분해되는데, 주로 골격근 손실이 일어나며 일부 내장근도 손실된다. 코티솔은 단기적으로 지방분해(lipolysis)도 활성화하는 것으로 알려져 있다. 코티솔의 혈중 정상 기준값은 약 400 nmol/L인데 큰 수술 후 4~6시간 이내에 > 1500 nmo/L까지 상승한다. 이 밖에도 수술 후 증가한 글루카곤과 카테콜아민도 당원분해(glycogenolysis)를 촉진하여 혈당 상승에 기여한다.

치유 및 면역체계 작동을 위해 단백질로부터 아미노산이 유출되는 현상 역시 근육 손실의 원인이 된다. 수술 후에는 열, 통증, 발적, 부기, 기능상실 등 전형적인 염증 반응이 일어나는데, 증가된 코티솔은 음성되먹임(negative feedback)에 의해 염증 유발 기질의 방출을 억제함으로써 염증 반응의 과잉 활성화를 방지하고 면역체계의 활성을 적절한 수준으로 조절하는 기능을 수행한다. 그럼에도 불구하고 수술은 전신염증반응증후군(systemic inflammatory response syndrome, SIRS)의 발생 가능성을 높이는데, SIRS는 매우 높은 혈중 사이토카인(cytokine) 농도를 특징으로 하는 전신성 증상이다. SIRS에서는 당원, 지방, 단백질의 분해 대사가 증가되어 혈중 포도당, 유리지방산, 아미노산 농도가 상승하며 이들 물질 대부분은 활성화된 면역체계 반응에 이용된다. 증가된 사이토카인은 특히 단백질 분해 대사를 촉진하므로 SIRS에서는 근육 유지를 위해 단백질 보충이 필수적이다.

3) 수술 스트레스 경감을 위한 영양관리

수술 전 영양 상태가 정상이었던 환자들도 수술 후에는 영양 부족에 빠지기 쉽다. 이와 같은 위험은 노인일수록 더 높다. 실제로 수술 환자의 24~65%가 영양실조 상태이거나 영양실조 위험이 있다는 보고가 있다. 영양실조 환자는 수술 후 입원 기간이 길고, 재입원율이 높으며, 합병증과 이로 인한 사망 위험이 높다. 따라서 좋은 수술 결과를 위해서는 최적의 영양지원이 반드시 필요하다.

수술 예후 개선을 위해서 수술 전후 처치에 관한 여러 프로그램이 발전되어 왔다. 1990년대 말부터는 환자의 빠른 일상생활 복귀를 목적으로 근거 기반의 표준화된 『수술 후 회복 증진(enhanced recovery after surgery, ERAS)』 프로그램이 다양한 수술 분야에서 구축되기 시작하였다. 이 프로토콜은 실제 수술 관련 처치에 철저하게 근거를 기반으로 한 요소들을 적용하고 불필요한 요소들을 배제함으로써 수술 후 생리적 기능 유지 및 회복 촉진에 목표를 둔다. 생리적 스트레스 반응 정도와 기간이 최소화되고 면역체계 기능이 유지되므로 합병증 감소, 재원 기간 단축, 의료 비용 절감 등 부가적 효과도 기대할 수 있다.

ERAS의 중심 구성 요소인 영양관리 역시 검증되지 않은 원칙들은 배제하고 근거 중심의 요소들로 구성되어 있다. 그 핵심 내용은 다음과 같다.

① 영양관리는 전체 ERAS 관리의 한 부분이어야 한다.

② 수술 전 영양평가를 실시하여 영양 위험이 있다면 조속히 영양지원을 실시해야 한다. 영양불량이 확인된 환자에서는 수술 전 7~10일부터 경구영양보충을 실시하고 필요한 경우 정맥영양보충을 실시할 수 있다.

③ 수술 전 장기간 단식은 지양해야 한다. 미국마취과학회(American Society of Anesthesiologists)는 수술 전 튀김이나 기름진 음식은 8시간, 가벼운 식사는 6시간, 맑은 유동식은 2시간 전까지 섭취를 허락하고 있다. 수술 약 2시간 전 탄수화물 음료 섭취는 수술 전 환자의 심리적 불안을 해소하고 수술 후 인슐린 저항성 등 억제 효과가 있어 도움이 될 수 있다(그림 14-1). 그러나 작은수술(minor surgery)이나 당뇨 등 질환이 있는 경우에서 탄수화물 음료 사용의 효과에 대해서는 근거가 충분하지 않다.

④ 수술 후에는 조속히 경구섭취(oral feeding)를 재개해야 한다. 대장 이외 위, 소장은 수술 후 24시간 이내에 운동성이 돌아오기 때문에 연하곤란, 의식 저하 등 문제가 없다면 모든 종류의 수술에서 수술 후 24~48시간 이내 경구섭취가 권장된다. 정맥영양 공급(intravenous feeding)은 경구섭취가 불가능한 경우이거나 영양평가 결과 반드시 필요한 경우에만 제한적으로 시행한다. 일반적으로 수술로 인한 체액 손실, 조직손상, 생리적 스트레스 반응에 의한 대사 활성화 및 단백질 손실 보충을 위해서

그림 **14-1** 수술 전후 시간에 따른 영양관리

자료 : Hirsch, K. R., Wolfe, R. R., & Ferrando, A. A. Pre-and post-surgical nutrition for preservation of muscle mass, strength, and functionality following orthopedic surgery. Nutrients, 13(5), p.1675. 2021. 부분 수정

는 평소보다 에너지는 10~25%, 단백질은 150 g를 추가하며, 비타민과 무기질은 권장섭취량의 2~3배를 섭취한다.

⑤ 혈당 등 대사관리가 이루어져야 한다. 특히 고혈당은 상처 회복을 늦추고 감염률을 높이며, 신경계와 순환기계 손상 위험을 증가시킨다. 따라서 수술에 의한 손상이 크지 않고 패혈증이나 장기 부전 등 중환자적 요소가 없는 경우 혈당은 110~140 mg/dL 사이에서 조절되어야 한다.

⑥ 스트레스 반응에 의해 분해 대사를 촉진하거나 소화기 기능을 저해하는 요인들은 제거되어야 한다. 조기 신체 움직임은 단백질 합성과 근육 기능을 촉진하고 인슐린 저항성 완화에 도움이 될 수 있다.

⑦ 수술 후반 기계적 환기를 위해 사용하는 근육마비제(paralytic agent)의 양은 최소화

되어야 한다. 수술 직후 발생하는 오심이나 구토의 원인이 되어 영양 보충에 어려움을 초래할 수 있기 때문이다.

⑧ 수술 직후 투여하는 저농도의 포도당 및 아미노산 수액은 근단백질 이화를 억제하는 동시에 수분과 전해질을 공급할 수 있다.

2. 화상

화상은 열 등에 의해 피부와 연부조직(soft tissue)이 손상을 입은 상태를 말한다. 심각한 화상은 면역 및 염증 반응, 대사 변화, 쇼크(shock) 등이 동시에 발생할 수 있고, 여러 기관의 기능부전으로 이어질 수 있기 때문에 집중적인 관리가 필요하다.

1) 화상의 원인

열, 전기, 방사능, 화학 물질, 마찰, 햇빛 등으로 인한 조직의 손상을 화상이라고 한다. 손상을 입은 피부조직은 방어체계로서의 생리적 기능을 상실하므로 화상 시 인체는 감염에 취약해진다. 또한 화상을 입은 조직은 열(calor), 통증(dolor), 발적(rubor), 부기(tumor), 기능상실(functio laesa) 등 염증 반응을 일으키게 된다.

열, 화학 물질, 마찰, 햇빛에 의한 화상은 대부분의 손상이 피부조직에 국한되지만 전기, 방사능에 의한 화상은 심부조직까지 손상되는 경우가 많다. 특히 전기 화상은 눈에 보이는 피부 손상보다 심부조직의 손상이 더 클 가능성이 높으며 부정맥이 동반될 수 있다.

2) 화상의 국소적 단계 및 임상 분류

화상의 정도는 국소적 손상 깊이에 따라 1~4도로 구분할 수 있다(그림 14-2). 1도 화상은 표면 화상이라고도 하며 피부 최상층(표피층)이 손상된 경우이고, 2도 화상은 부분층 화상이라고도 하며 피부 중간층(진피층)까지 손상이 확장된 경우이다. 진피의 손상 정도에 따라 2도 화상은 다시 진피층 일부만 손상된 표재 2도 화상과 진피층 대부분이 손상된 심부 2도 화상으로 분류할 수 있다. 3도 화상은 전층 화상이라고도 하는데 표피층, 진피층, 피하지방층 등 피부의 3개 층 모두가 손상을 입은 경우이다. 심부 2도 화상과 3도 화상은 구분에 어려움이 있으므로 화상 전문의의 진단이 필요하다. 3도 화상은 손상이 진피층까지 미치기 때문에 땀샘, 모낭 및 신경 종말점까지 파괴된다. 피부의 전층과 함께 근육, 신경, 뼈조직까지 손상된 상태를 4도 화상으로 분류하기도 한다. 3도와 4도 화상은 수술이 필요하며 신경 손상으로 인하여 일반적으로 통증을 거의 느끼지 못한다.

치유 예측과 합병증 발생 가능성 등 치료 계획을 수립하기 위해서는 화상의 심각도를 경도, 중등도, 중증도로 나눈다(표 14-2). 분류 기준은 심부 2도 이상의 화상이 체표면적에서 차지하는 비율, 특정 해부학적 부위의 손상 여부, 화상의 원인, 다른 질병이나 부상 여부 등을 연령에 따라 종합적으로 판단한다. 경도 화상은 일반적으로 합병증을 유발하지 않지만, 일부 중등도 및 중증도 화상은 심한 체액 손실과 함께 조직 손상에 의한 심각한 합병증 발생 위험이 높으므로 입원 및 집중 치료의 필요성이 있다.

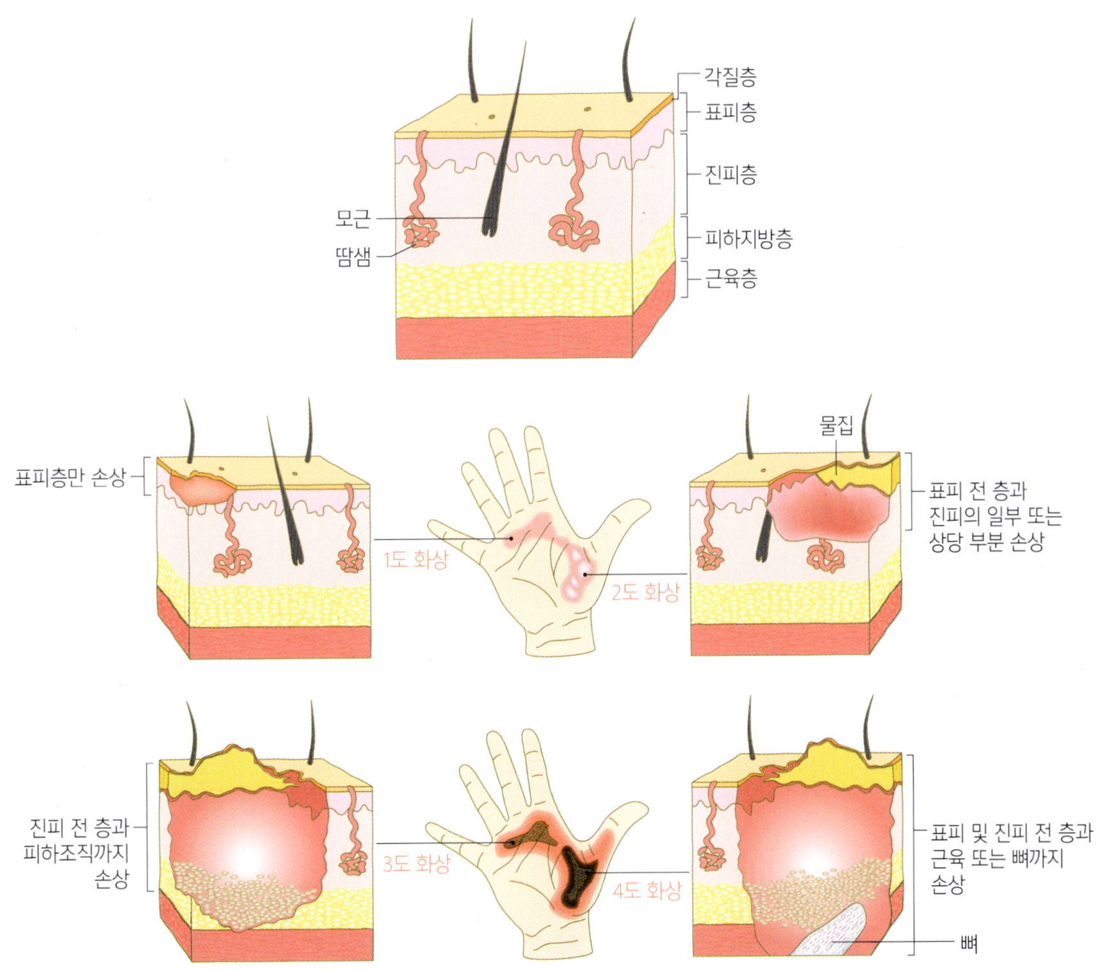

그림 **14-2** 국소적 손상 깊이에 따른 화상의 분류

표 14-2 화상 심각도의 임상적 분류

화상 정도	기준	치료 방침
경도(minor)	체표면적의 10% 미만의 2도 화상(성인)	외래 치료
	체표면적의 5% 미만의 2도 화상(어린이, 노인)	
	체표면적의 2% 미만의 3도 화상	
중등도(moderate)	체표면적의 10~20% 2도 화상(성인)	입원 치료
	체표면적의 5~10% 2도 화상(어린이, 노인)	
	체표면적의 2~5%인 3도 화상	
	고압손상	
	흡인성 손상이 의심	
	몸이나 팔다리 전체를 둘러싸는 화상	
	감염에 걸리기 쉬운 동반질환이 있을 때(당뇨 등)	
중증도(major)	체표면적의 20% 이상의 2도 화상(성인)	화상센터로 이송
	체표면적의 10% 이상의 2도 화상(어린이, 노인)	
	체표면적의 5% 이상인 3도 화상	
	고압전기 화상	
	흡인성 손상이 있는 화상	
	얼굴, 눈, 귀, 성기, 관절 부위 화상	
	골절과 같은 주요 손상이 동반될 경우	

*어린이 : 10세 미만, 성인 : 10~50세, 노인 : 50세 이상
자료 : 미국화상협회(American Burn Association)

3) 화상 시 대사 변화

화상은 스트레스 반응에 의해 자율신경계와 내분비계에 변화를 일으키고, 염증 반응과 면역체계에도 영향을 준다. 일반적으로 화상 직후 나타나는 염증 반응은 치유 과정을 촉진하지만, 중증도 화상에서 관찰되는 광범위하고 통제되지 않는 염증 반응은 전신 분해 대사(systemic catabolism)와 대사과다증(hypermetabolism)과 관련되어 있다. 중증도 화상의 대사과다증은 수개월 이상에 걸쳐 일어나는데 기간이 길어질수록 영양실조, 근육 감소, 면역 기능 저하 등을 유발하고 치유를 지연시키는 요인으로 작용하게 된다.

신체 표면적의 10~30% 화상의 경우 에피네프린과 노르에피네프린 등 카테콜아민은 평상시 40배까지 증가한다. 증가된 카테콜아민과 코티솔도 화상 시 대사과다증을 유발

하는 중요 요인으로, 에너지 소모량 증가, 혈액순환 증가, 산소 소모와 이산화탄소 생성 증가 등과 관련되어 있다.

중증도 화상에서는 대량의 모세혈관 누출로 인한 저혈량쇼크(hypovolemic shock) 위험이 높아 초기 24~48시간 동안 적절한 수준의 수액소생술(fluid resuscitation)이 필요하다. 한편, 중등도 이상의 화상에서는 분포쇼크(distributive shock)와 다발장기기능장애증후군(multiple organ dysfunction syndrome) 위험도 높은 것으로 알려져 있다.

4) 화상의 영양지원

중등도 이상의 화상 환자에서 영양지원은 기본 치료의 하나로서 사망률과 합병증을 감소시키고 상처 재생을 돕는 수단이다. 또한 흡입 손상 환자, 체중이 유지되지 않는 환자, 화상으로 인한 손상이 크지 않으나 영양결핍 위험이 있는 환자에서 영양지원은 필요하다. 영양지원이 제대로 이뤄지지 않는다면 상처 재생 지연, 세포 기능 장애, 감염에 대한 저항력 감소 등으로 이어져 환자 상태를 악화시킬 수 있다.

화상 환자의 영양관리는 다른 중증 질환에서와 비슷하다. 대사과다증 등 다양하고 큰 변화로 인한 단백질과 에너지 부족의 위험을 방지하기 위해 변화된 요구량의 충족을 목표로 한다. 일반적으로 에너지 요구량은 화상 손상의 심각도와 화상 손상 부위가 체표면적에서 차지하는 비율에 비례하며, 시간 경과에 따라 감소하지만 가변적이다. 하지만 중등도 이상의 화상에서는 대사과다증의 중증도(severity), 크기(magnitude), 기간(duration)에 따라 에너지 요구량이 다른 중증 질환에 비해 훨씬 크게 증가한다.

화상 치료의 발전은 화상에 의한 대사과다증의 기간과 정도를 현저하게 감소시켜 왔다. 과거에는 정상 수준의 160%~200%로 측정되던 중증도 화상 환자의 대사 증가량은, 최근 120%~150%폭까지 감소되었다. 따라서 에너지 섭취량은 발전된 화상 치료법에 따른 대사량 조절 수준에 따라 적절하게 고려되어야 한다. 특히 중증도 화상에서는 과도한 영양 섭취로 인해 이산화탄소 생성 증가, 호흡 실패, 고혈당, 간기능 장애 등이 유발될 수 있으므로 에너지 공급의 정확성은 무엇보다 중요하다.

정확한 에너지 요구량 산정을 위한 표준 방법으로는 간접열량측정법(indirect calorimetry)이 있지만, 임상에서 사용 또는 적용하기에는 실제적인 어려움이 있다. 따라서 임상에서 화상 환자의 에너지소비량 산정에는 Curreri, Harris-Benedict, Milner,

Thumb 등 다양한 방법들이 활용되어 왔다. 하지만 가장 널리 사용되는 Curreri 방법은 에너지 요구량이 과대평가될 우려가 있고, 다른 방법들도 정확성에 의문이 제기되어 왔다. 최근에는 간접열량측정법의 대안으로서 성인에서는 Toronto 방법, 어린이에서는 Schofield 방법이 권고되고 있다(표 14-3).

표 14-3 임상에서 흔히 사용되는 에너지 요구량 추정 방법

명칭	산출방정식	
Toronto	성인 REE = - 4343 + (10.5 × TBSA) + (0.23 × CI) + (0.84 × HBE) + (114 × T) - (4.5 × PBD)	
Schofield	3~10세	남자 (19.6 × WT) + (1.033 × HT) + 414.9 여자 (16.97 × WT) + (1.618 × HT) + 371.2
	10~18세	여자 (8.365 × WT) + (4.65 × HT) + 200 남자 (16.25 × WT) + (1.372 × HT) + 515.5
Curreri	REE = (25 × WT) + (40 × TBSA)	
Harrise-Benedict	남자 BEE = [66 + (13.7 × WT) + (5 × HT) - (6.8 × Age)] 여자 BEE = [655 + (9.6 × WT) + (1.8 × HT) - (4.7 × Age)]	
Milner	REE = [BMR × (0.274 + 0.0079 × TBSA burned - 0.004 × PBD) + BMR] × BSA × 24 × AF	
Thumb	TEE = 25 kcal/kg	

자료 : AF, activity factor; BEE, basal energy expenditure; BMR, basal metabolic rate; BSA, body surface area; HBE, Harrise-Benedict equation; HT, height (cm); PBD, postburn day; REE, resting energy expenditure; TBSA, total body surface area; TEE, total energy expenditure; WT, weight (kg)

에너지 보충 이외에도 중증도 화상 환자에게는 다음 사항을 고려하여 영양지원을 실시하여야 한다.

① Society of Critical Care Medicine (SCCM)과 American Society for Parenteral and Enteral Nutrition (ASPEN)은 중증도의 화상에서 대사과다증 방지를 위해 화상 손상 후 4~6시간 이내에 조기 경장영양(enteral feeding)을 실시하도록 하고 있으며, European Society for Clinical Nutrition and Metabolism (ESPEN)는 6~12시간 이내에 경장영양을 실시하도록 권장하고 있다(그림 14-3). 경장영양이 불가능하거나 경장영양 단독으로는 시간 내 영양 목표를 달성할 수 없는 경우에만 정맥영양(parenteral nutrition)을 실시할 수 있다.

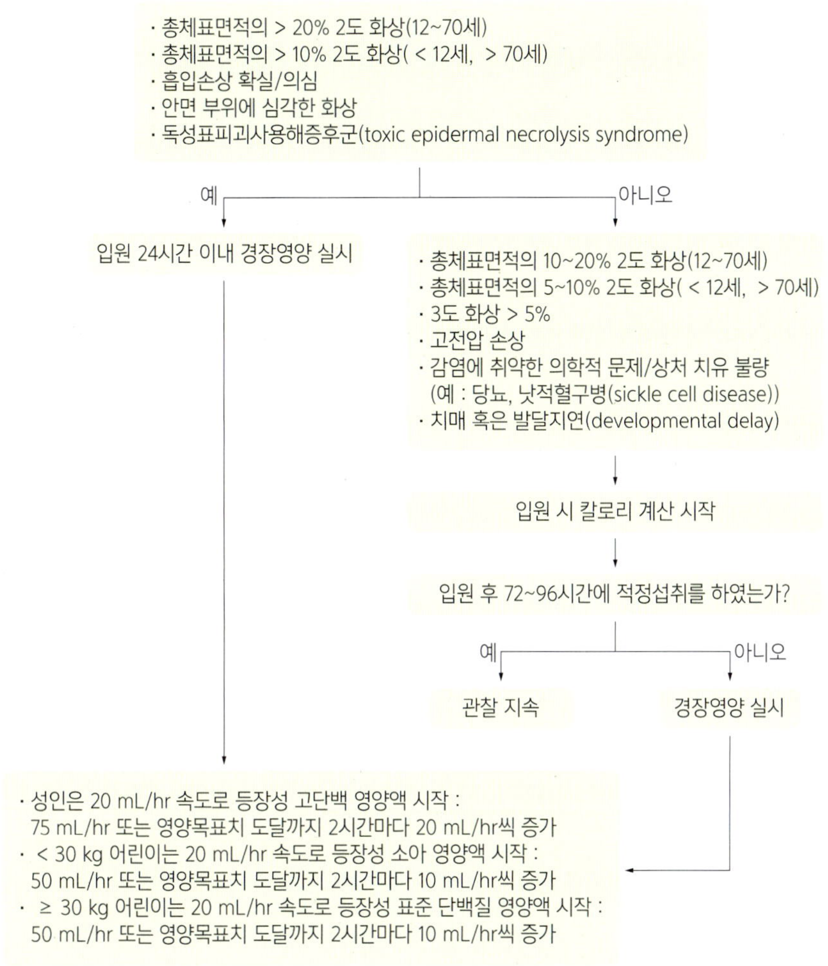

- 총체표면적의 > 20% 2도 화상(12~70세)
- 총체표면적의 > 10% 2도 화상(< 12세, > 70세)
- 흡입손상 확실/의심
- 안면 부위에 심각한 화상
- 독성표피괴사용해증후군(toxic epidermal necrolysis syndrome)

예 → 입원 24시간 이내 경장영양 실시

아니오 →

- 총체표면적의 10~20% 2도 화상(12~70세)
- 총체표면적의 5~10% 2도 화상(< 12세, > 70세)
- 3도 화상 > 5%
- 고전압 손상
- 감염에 취약한 의학적 문제/상처 치유 불량 (예 : 당뇨, 낫적혈구병(sickle cell disease))
- 치매 혹은 발달지연(developmental delay)

↓

입원 시 칼로리 계산 시작

↓

입원 후 72~96시간에 적정섭취를 하였는가?

예 → 관찰 지속

아니오 → 경장영양 실시

- 성인은 20 mL/hr 속도로 등장성 고단백 영양액 시작 : 75 mL/hr 또는 영양목표치 도달까지 2시간마다 20 mL/hr씩 증가
- < 30 kg 어린이는 20 mL/hr 속도로 등장성 소아 영양액 시작 : 50 mL/hr 또는 영양목표치 도달까지 2시간마다 10 mL/hr씩 증가
- ≥ 30 kg 어린이는 20 mL/hr 속도로 등장성 표준 단백질 영양액 시작 : 50 mL/hr 또는 영양목표치 도달까지 2시간마다 10 mL/hr씩 증가

그림 **14-3** 화상에서 영양지원 프로토콜

자료 : Compher C, Bingham AL, McCall M, Patel J, Rice TW, Braunschweig C, McKeever L. Guidelines for the provision of nutrition support therapy in the adult critically ill patient: The American Society for Parenteral and Enteral Nutrition. JPEN J Parenter Enteral Nutr. 2022 Jan;46(1):12-41. doi: 10.1002/jpen.2267. Epub 2022 Jan 3. Erratum in: JPEN J Parenter Enteral Nutr. 2022 Aug;46(6):1458-1459. PMID: 34784064.

② 증가된 요구량을 고려하여 성인 1.5~2 g/kg, 어린이 3 g/kg 수준의 충분한 단백질을 보충한다.

③ 탄수화물로 총에너지의 55~60%를 제공하며 5 mg/kg/h 속도로 지속 주입하여 혈당을 100~150 mg/dL 수준으로 유지하는 것을 목표로 한다.

④ 중증도 화상에서는 대사과다증, 상처 치유, 피부 삼출 손실로 인하여 미량영양소의

요구량이 증가한다. 또한 강력한 산화 스트레스와 염증 반응도 미량영양소의 고갈을 촉진한다. 따라서 미량무기질과 비타민의 조기 보충이 필요하다.

⑤ 과도한 지질 섭취는 고지혈증, 저산소혈증, 지방간 침윤, 감염 발생률 증가, 수술 후 사망률 증가 등 위험을 높일 수 있으므로 지질은 총에너지의 30% 미만으로 투여한다.

사례 연구

임상 정보

남성인 A씨의 나이는 만 72세이고 고혈압 전단계로 정형외과에서 좌측 무릎 인공관절 수술을 받았다. 수술 시간은 200분, 수술로 인한 출혈량은 239 mL였다.

수술 전 영양 상태 평가

수술 전 3개월간 체중 변화, 지난 1주일간 식사섭취량 변화 등을 평가한 결과 문제가 없었으며 생화학적 검사 결과에서도 영양불량의 문제는 발견되지 않았다.

수술 전후 영양관리

특별한 영양불량의 문제가 발견되지 않았으므로 수술 전 적극적인 영양지원을 하지 않았다.

수술 하루 전 입원하였으며, 오후 6시경 저녁 식사를 하고 오후 10시경 유동식 형태의 영양 보충 음료를 섭취하였다.

수술 당일은 금식하였으며, 오전 8시 반경 전신마취 후 수술을 받았다.

오후 5시경 물을 마시도록 하였으며, 오심 증상이 있고 식욕을 회복하지 못하다가 저녁 7시경 밥 대신 죽으로 구성된 일반식을 섭취하였다.

용어정리

간접열량측정법(indirect calorimetry)

호흡계를 통한 산소소모량과 이산화탄소 생성량을 측정함으로써 에너지소비량을 측정하는 방법

기초대사량(basal energy expenditure, BEE)

인체의 기본적인 생리 기능을 유지하는 데 소비되는 최소한의 에너지. 식사와 활동이 거의 없는 상태(식사 후 약 12~14시간)에서 소비되는 에너지량이므로 이른 아침 기상 직후 바로 측정함. 하루 총에너지소비량(TEE)의 60~75%를 차지함

기초대사율(basal metabolic rate, BMR)

인체의 기본적인 생리 기능을 유지하는 데 소비되는 최소한의 에너지를 단위 시간당으로 나타낸 것

다발장기기능장애증후군(multiple organ dysfunction syndrome)

항상성이 유지되지 않는 급성질환자에서 둘 이상의 장기 기능이 변화된 상태. 임상에서 주요한 원인은 통제되지 않는 염증 반응으로, 패혈증이 가장 흔한 원인

대사과다증(hypermetabolism)

생체에 의한 물질의 이용이 비정상적으로 항진되어 있는 상태

분해 대사(catabolism)

생물이 체내에서 고분자 유기 물질을 좀 더 간단한 저분자 유기 물질이나 무기 물질로 분해하는 과정. 반대 개념은 합성 대사(anabolism)

쇼크(shock)

심각한 순환장애로 인해 조직으로 전달되는 산소량이 감소하여 발생하는 세포 및 조직의 산소 부족 상태. 일반적으로 쇼크는 이와 같은 순환쇼크(circulatory shock)를 일컬음. 쇼크는 원인에 따라 출혈, 탈수 등에 기인하는 저혈량 쇼크(hypovolemic shock), 심근경색증 등에 기인하는 심장성 쇼크(cardiogenic shock), 폐색전증, 심낭압전, 긴장성 기흉 등에 기인하는 폐쇄쇼크(obstructive shock), 패혈증, 부신기능부전, 아나필락시스 등에 기인하는 분포쇼크(distributive shock)로 분류할 수 있음

음성되먹임(negative feedback)

최종 생성 물질이 생산계의 속도결정단계(rate-determining step)를 억제하는 시스템. 대부분의 호르몬은 음성되먹임(negative feedback)으로 조절됨

총에너지 소비량(total energy expenditure, TEE)

인체가 하루 중 필요로 하는 에너지의 총량. 기초대사량, 신체활동대사량(활동에너지 소비량, physical activity energy expenditure, PAEE), 식사성 발열 효과(식품 이용을 위한 에너지 소비량, thermic effect of food, TEF)로 구성되며, 추가적으로 적응대사량이 더해지기도 함

휴식대사량(resting energy expenditure, REE)

휴식 시 인체의 생리 기능을 유지하는 데 소비되는 최소한의 에너지. 식후 4~6시간이 지난 후 휴식을 취하고 있는 상태에서 측정하므로 기초대사량(BEE)보다 10% 정도 큼

단원정리

수술로 인한 생리적 스트레스 반응

- 수술 후 교감신경계 및 시상하부-뇌하수체 체계가 활성화되면서 동공 확대, 호흡과 심박수 증가, 혈관 수축, 혈압 상승, 기관지 확장, 발한, 소화계 운동성 감소 등 신체 반응과 분해 대사가 증가하게 된다.
- 생리적 스트레스 반응은 수술의 침습 정도에 따라 수 시간에서 길게는 수 주간 지속되기도 한다.

수술 후 회복을 위한 영양관리

- 근거 기반의 수술 후 회복 증진(ERAS) 프로그램에서는 영양 위험을 감소시키기 위한 적극적인 영양지원, 수술 전 적절한 영양 보충, 수술 후 조속한 경구영양 섭취 등을 권장함으로써 생리적 기능 유지 및 회복 촉진을 목표로 한다.

화상의 분류

- 화상은 국소적 손상 깊이에 따라 1~4도로 구분할 수 있으며, 치료 계획의 수립을 위해 임상적으로 경도, 중등도, 중증도로 분류한다.

화상 시 대사 변화

- 화상에서는 스트레스 반응과 염증 반응이 특징적으로 발생하며, 중증도 화상에서는 전신 분해대사와 대사과다증의 위험이 높다.
- 중증도 화상의 대사과다증은 영양실조, 근육 감소, 면역 기능 저하 등을 유발하고 치유를 지연시키는 요인으로 작용한다.

화상의 영양지원

- 중등도 이상의 화상에서는 단백질과 에너지 부족 위험을 방지하기 위해 변화된 요구량을 충족시킬 수 있는 적절한 수준의 영양지원을 목표로 한다.
- 중증도 화상에서는 화상 입원 후 24시간 이내 경장영양을 실시한다.

부록

1. 영양진단 표준 용어 및 정의

섭취 영역

영양진단 표준용어	정의
에너지 평형	에너지 섭취량 관련 진단 영역
에너비 소비 증가	안정 시 대사율이 체구성, 약물, 전신체계, 환경적 또는 유전적 변화 때문에 예측된 요구량보다 증가된 상태
에너지 섭취 부족	에너지 소모량, 참고 표준치 또는 생리적 필요량에 근거한 권장량보다 에너지 섭취가 부족함
에너지 섭취 과다	에너지 소모량, 참고 표준치 또는 생리적 필요량에 근거한 권장량보다 에너지 섭취가 과다함
경구 또는 영양집중지원 섭취	경구 섭취 또는 영양집중지원을 통한 식품과 음료의 섭취와 관련된 진단 영역
경구 식품/음료 섭취 부족	참고 표준치 또는 생리적 필요량에 근거한 권장량보다 경구로 섭취한 식품/음료의 양이 부족함
경구 섭취 과다	추정된 에너지 필요량, 참고 표준치 또는 생리적 필요량에 근거한 권장량보다 경구로 섭취한 식품/음료의 양이 많음
장관/정맥영양 공급 부족	참고 표준치 또는 생리적 필요량에 근거한 권장량보다 장관/정맥영양으로 공급한 에너지나 영양소가 부족함
장관/정맥영양 공급 과다	참고 표준치 또는 생리적 필요량에 근거한 권장량보다 장관/정맥영양으로 공급한 에너지나 영양소 공급량이 많음
장관/정맥영양 주입 부적절	장관/정맥영양으로 공급한 에너지와 영양소가 적거나 많을 때, 영양소 조성이나 형태가 잘못 되었을 때 또는 장으로 공급이 가능한 데도 정맥영양을 하거나 패혈증 또는 다른 합병증의 위험으로 인해 정맥영양이 안전하지 않을 때
수분 섭취 상태	수분섭취량과 관련된 진단 영역
수분 섭취 부족	참고 표준치 또는 생리적 필요량에 근거한 권장량보다 수분을 함유한 식품이나 물질의 섭취가 적음
수분 섭취 과다	참고 표준치 또는 생리적 필요량에 근거한 권장량보다 수분 섭취가 많음
생리활성물질	기능성 식품 성분, 영양 성분, 식이보충제, 알코올 등 생리활성물질의 섭취와 관련된 진단 영역
생리활성물질 섭취 부족	참고 표준치 또는 생리적 필요량에 근거한 권장량보다 생리활성물질 섭취가 적음
생리활성물질 섭취 과다	참고 표준치 또는 생리적 필요량에 근거한 권장량보다 생리활성물질 섭취가 많음
알코올 섭취 과다	알코올 섭취가 권고수준보다 많음
영양소	특정 영양소군 또는 단일 영양소의 섭취량과 관련된 진단 영역
영양소 필요량 증가 (구체적으로 명기)	참고 표준치 또는 생리적 필요량에 근거한 권장량보다 특정 영양소의 요구량이 증가함

영양불량	장기간 단백질 그리고/또는 에너지 섭취 부족으로 유발된 체지방 저장량 손실 그리고/또는 근육 소모
단백질-에너지 섭취 부족	참고 표준치 또는 치료의 생리적 필요량에 근거한 권장량에 비해 단기간의 단백질 그리고/또 는 에너지 섭취가 적음
영양소 필요량 감소 (구체적으로 명기)	참고 표준치 또는 생리적 필요량에 근거한 권장량보다 특정 영양소 필요량이 감소함
영양소 불균형	한 영양소의 양이 다른 영양소의 흡수·이용을 변화시키거나 방해할 정도의 바람직하지 않은 영양소의 조합
지방 섭취 부족	참고 표준치 또는 생리적 필요량에 근거한 권장량보다 지방 섭취가 적음
지방 섭취 과다	참고 표준치 또는 생리적 필요량에 근거한 권장량보다 지방 섭취가 많음
부적절한 지방 섭취	참고 표준치 또는 생리적 필요량에 근거한 권장량에 비해 섭취하는 지방의 종류와 질이 부적절함
단백질 섭취 부족	참고 표준치 또는 생리적 필요량에 근거한 권장량보다 단백질 섭취가 적음
단백질 섭취 과다	참고 표준치 또는 생리적 필요량에 근거한 권장량보다 단백질 섭취가 많음
부적절한 아미노산 섭취	참고 표준치 또는 생리적 필요량에 근거한 권장량과 비교 시 아미노산 섭취량이나 섭취 종류 가 부적절함
당질 섭취 부족	참고 표준치 또는 생리적 필요량에 근거한 권장량보다 당질 섭취가 부족
당질 섭취 과다	참고 표준치 또는 생리적 필요량에 근거한 권장량보다 당질 섭취가 많음
부적절한 당질 종류의 섭취	참고 표준치 또는 생리적 필요량에 근거한 권장량에 비해 섭취하는 당질의 양 또는 종류가 부적절
불규칙한 당질의 섭취	하루 동안 혹은 매일 당질 섭취시간이 일정하지 않거나, 당질 섭취 유형이 생리적 필요량 또는 투여하는 약물에 근거한 권장패턴과 일치하지 않음
식이섬유 섭취 부족	참고 표준치 또는 생리적 필요량에 근거한 권장량보다 식이섬유 섭취가 부족
식이섬유 섭취 과다	환자의 상태에 근거한 권장량보다 식이섬유 섭취가 많음
비타민 섭취 부족	참고 표준치 또는 생리적 필요량에 근거한 권장량에 비해 한 가지 혹은 그 이상의 비타민 섭 취가 적음
비타민 섭취 과다	참고 표준치 또는 생리적 필요량에 근거한 권장량에 비해 한 가지 혹은 그 이상의 비타민 섭 취가 많음
무기질 섭취 부족	참고 표준치 또는 생리적 필요량에 근거한 권장량에 비해 한 가지 혹은 그 이상의 무기질 섭 취가 부족
무기질 섭취 과다	참고 표준치 또는 생리적 필요량에 근거한 권장량에 비해 한 가지 혹은 그 이상의 무기질 섭취가 많음

임상 영역

영양진단 표준용어	정의
기능적	바람직한 영양상태 결과를 저해하는 신체적 혹은 기능적 변화와 관련된 진단 영역
삼킴(연하)장애	구강에서 위까지 고형 및 액상 음식의 이동이 손상되거나 어려운 상태
씹기(저작) 곤란	음식물을 베어 물거나 씹는 능력의 손상
모유수유 곤란	모유수유로는 유아의 영양 유지가 불가능한 경우
위장관 기능 변화	영양소를 소화하고 흡수하는 능력의 변화
생화학적	약물이나 수술로 인한 혹은 혈액검사 결과에 나타나는 영양소 대사 변화와 관련된 진단 영역
영양소 이용률 저하	영양소 및 생리활성물질의 흡수나 대사 능력의 변화
영양 관련 검사 결과 변화	체구성 성분, 약물, 전신체계 또는 유전적 요인에 의한 변화 혹은 음식물의 소화와 대사과정 에서 생기는 대사산물을 제거시키는 능력의 변화
음식-약물의 상호작용	일반의약품 처방약물, 허브, 약용식물 그리고/또는 식이보충제와 식품 간의 바람직하지 않거 나 해로운 상호작용
체중	체중 관련 진단 영역
저체중	참고 표준치 또는 권장수준에 비해 낮은 체중
비의도적 체중 감소	계획하지 않았거나 원하지 않은 체중 감소
과체중/비만	참고 표준치 또는 권장수준에 비해 높은 과체중 혹은 비만 정도로 체지방 증가
비의도적 체중 증가	계획했거나 원하는 것 이상의 체중 증가

행동-환경 영역

영양진단 표준용어	정의
지식과 신념	지식이나 신념과 관련된 진단 영역
식품 및 영양 관련 지식 부족	식품과 영양 혹은 영양 관련 지식 및 정보에 대한 불완전하거나 부정확한 지식
식품 및 영양 관련 사항에 대한 유해한 신념/태도	올바른 영양원칙, 영양관리, 질병/건강 상태와 상충되는 식품 및 영양 관련 주제에 대한 신념/태도 및 습관
식사/생활 양식 변화에 대한 준비 부족	변화를 위한 노력이나 수고에 비해 영양 관련 행동 변화의 가치가 충분하지 못하다고 생각
자기 모니터링 부족	개인의 진행 상태를 관찰하는 데 필요한 기록 부족
잘못된 식사패턴	전형적인 섭식장애뿐 아니라 심각하지는 않지만 건강에 부정적인 영향을 주는 유사한 상황을 포함해서 식품, 식사 섭취, 체중관리와 관련된 신념, 태도, 생각, 행동
영양 관련 권장사항에 대한 순응도 부족	고객의 동의를 얻은 영양 관련 중재활동에 대한 변화 부족

바람직하지 못한 식품 선택	한국인 영양소 섭취기준, 식사지침, 식품구성자전거 및 영양처방에서 제시한 사항에 적합하지 않은 식품, 음료 선택
신체활동과 기능	실제 신체활동, 자기 관리, 삶의 질과 관련된 진단 영역
신체활동 부족	에너지 소비를 줄이고 건강에 영향을 주는 정도의 낮은 수준의 활동 혹은 앉거나 누워 있는 정도의 활동
신체활동 과다	에너지 필요량 및 성장을 방해하거나 최적의 건강상태 유지에 필요한 정도를 초과하는 비자발적이거나 자발적인 신체활동 또는 운동
자기관리의욕 부족 및 능력 부족	건강에 좋은 식품이나 영양과 관련된 행동을 유지하는 능력이 부족하거나 원하지 않음
식품/식사 준비 능력 손상	식품/식사를 준비할 수 없을 정도의 인지적 혹은 신체적 장애
영양과 관련된 삶의 질 저하	영양 관련 문제 및 권장사항 준수와 관련된 삶의 질 저하
자가 섭취 곤란	식품과 음료를 입에 넣는 행동에 장애가 있음
식품안전과 이용	식품 이용과 식품안전과 관련된 문제 진단 영역
안전하지 않은 식품 섭취	독소, 유해한 물질, 감염원, 미생물, 첨가물, 알레르겐(알레르기 유발 물질) 등에 의도적이거나 비의도적으로 감염된 식품과 음료의 섭취
식품 이용의 제한	건강에 좋은 충분한 양의 다양한 식품을 얻기 위한 능력 부족, 체중이나 노화에 대한 걱정으로 인한 식품 이용의 제한

2. 영양진단 영역별 영양진단문(PES문)의 예

의학적 진단	영양진단(영양문제, P)*	병인(E)	징후/증상(S)
비만	비만	에너지 섭취량이 필요추정량보다 많고 신체활동이 적음	현 체중 : 적정체중의 175%
	에너지 섭취 과다	에너지필요추정량보다 많은 에너지 섭취	에너지필요량의 약 150% 섭취
	육체적 활동 부족	운동시간 부족	운동을 전혀 하지 않음(환자 보고)
비의도적인 체중 감소	의도하지 않은 체중 감소	항암요법 후 메스꺼움	지난 달 평소 체중의 10% 이상 감소
	경구 식품/음료 섭취 부족	저작 곤란	대부분 식사를 약 25% 섭취함
새롭게 진단된 2형 당뇨병	식품/영양소 관련 지식 부족	2형당뇨병에 대한 영양관리 교육을 받은 적 없음	건강검진에서 당뇨병으로 처음으로 진단 받음(환자 보고)
중증외상, 합병증이 있는 위장관 수술	경구 식품/음료 섭취 부족	수술 후 기관 내 삽관	48시간 금식
신경성 식욕부진	에너지 섭취 부족	식사를 대부분 거름(환자 보고)	입원 전 7일 이상 에너지 필요추정량의 25% 미만 섭취
울혈성 심부전	수분 섭취 과다	심한 갈증(환자 보고)	의사가 처방한 수분 제한량의 150% 섭취
	수분 섭취 과다	종일 '갈증'이 있음(환자 보고)	최근 2달간 체내 수분 축적으로 3회 입원
연하곤란	경구 식품/음료 섭취 부족	삼킴장애	병원식사의 대부분을 섭취하지 못함
	삼킴장애	뇌졸중	농후제를 첨가한 액상식품만 섭취
사회적 서비스 필요	식품 이용의 제한	재정적 제약	영양플러스사업 대상자 자격을 상실하였음(환자 보고)

* 각 환자는 영양진단을 1개 이상 가질 수 있음

자료 : 대한영양사협회, 임상영양관리지침서 제4판 1권, p.7
Mahan LK, Raymond JL. Krause's Food & the Nutrition Care process. 14th ed. p.166, 2017

3. 영양관리일지 서식의 예

이름:	(병록번호 : 0000000)	성별/나이:

1차 방문일:

영양판정	
환자 과거력	주진단 및 주증상: 병력: 약품처방: 기타 특이사항:
신체계측	Ht ________cm, Wt ________kg, IBW ________kg, PIBW ________% BMI ________kg/m^2, Usual Wt ________kg
생화학적 자료, 의학적 검사와 처치	Labs: (일시)
영양 관련 신체검사 자료	소화기 관련 증상: 활력 증후: 기타:
식품/영양소와 관련된 식사력	식사처방 및 식사 관련 경험 및 환경 식품 및 수분/음료 섭취 에너지 및 영양소 섭취량 에너지 ________kcal, C:P:F ratio = ________ 단백질 ________g, 탄수화물 ________g, 지방 ________ 지식/신념/태도: 약물과 약용 식물 보충제, 생리활성물질: 알코올 섭취 및 흡연: 신체적 활동 및 기능:
영양필요량	에너지 ________kcal (기준체중 ________, 산출근거 ________) 단백질 ________g (기준체중 ________, 산출근거 ________)
영양상태평가	영양상태: 평가근거:

영양진단		
문제	병인	징후/증상

영양중재			
영양처방			
영양중재	□ 식품/영양소 제공 □ 영양교육 □ 영양상담 □ 다분야 협의		
	영양진단문제(진단)	중재내용	목표/기대효과
제공 교육자료			
Follow up 일정			

2차 방문일:

영양판정	
생화학적 자료, 의학적 검사와 처치	Labs: (일시)
영양 관련 신체검사 자료	소화기 관련 증상: 활력 증후: 기타:
식품/영양소와 관련된 식사력	식사처방 및 식사 관련 경험 및 환경 식품 및 수분/음료 섭취 에너지 및 영양소 섭취량 에너지 ________kcal, C:P:F ratio = ________ 단백질 ________g, 탄수화물 ________g, 지방 ________ 지식/신념/태도: 약물과 약용 식물 보충제, 생리활성물질: 알코올 섭취 및 흡연: 신체적 활동 및 기능:
영양필요량	에너지 ________kcal (기준체중 ________, 산출근거 ________) 단백질 ________g (기준체중 ________, 산출근거 ________)
영양상태평가	영양상태: 평가근거:

영양 모니터링 및 평가		
모니터링 목표	결과(목표 달성의 장애 요인)	목표 달성 여부

영양진단		
문제	병인	징후/증상

영양중재			
영양처방			
영양중재	□ 식품/영양소 제공 □ 영양교육 □ 영양상담 □ 다분야 협의		
	영양진단문제(진단)	중재내용	목표/기대효과
제공 교육자료			
Follow up 일정			

자료 : 대한영양사협회, 임상영양관리지침서 제4판 1권, pp.10~11

4. 자몽주스와 함께 복용 시 흡수율이 증가되는 약물의 종류

Albendazole[a,b,c]
Amiodarone[d]
Artemether[e]
Atorvastatin[f]
Buspirone[g,h]
Carbamazepine[i]
Carvedilol[e,j]
Cyclosporine[c,k,l,m]
Diazepam[i]
Ethinylestradiol
Erythromycin[b,g,n]
Felodipine[j]
Midazolam[i,o]
Nifedipine[j,p]
Nimodipine[j]
Nicardipine[j]
Nislodipine[j]
Nitrendipine[j]
Praziquantel[b,c]
Saquinavir[b]
Scopolamine[i]
Sertraline[i]
Sildenafil[b,j,p,q]
Simvastatin[f]
Tacrolimus[g,k]
Triazolam[c,i]
Verapamil[d,e,g]

[a] 간수치상승, [b] 소화기장애, [c] 중추신경계 증상, [d] 심장자극전도장애, [e] 서맥
[f] 횡문근융해증, [g] 심혈관 증상, [h] 근긴장, [i] 의식저하 및 회복지연, [j] 저혈압, [k] 급성신손상
[l] 두통, [m] 발작, [n] 부정맥, [o] 호흡기능저하, [p] 심근경색, [q] 음경강직

5. 의약품과 식품 상호 간 요약서

질환군	의약품군	의약품 예	상호작용		
			피해야 할 음식	알코올	기타
알레르기	항히스타민제※	브롬페니라민 클로르페니라민 세티리진 등	과일주스	중추신경 억제, 졸음 배가	
천식	기관지확장제	알부테롤 밤부테롤 테오필린 등	고지방,고탄수화물 식이, 카페인 함유 식품	부작용 증강	세인튼존스워트 병용 금기
관절염, 통증 및 발열	해열진통제	아세트아미노펜			
	비스테로이드성 진통제	아스피린 아세클로페낙 이부프로펜 등	우유와 복용 권장 카페인 함유 식품	위출혈, 간 손상	
	마약성 진통제※	코데인 히드로코돈 옥시코돈 등		부작용 증강 혼수·사망	
통풍	소염·요산 배설촉진제	콜키신 알로푸리놀 프로베네시드 등	퓨린 함유 식품, 과당 첨가 식품		다량의 물로 복용, 알칼리성식품 권장
골다공증	비스포스포네이트	알렌드로네이트 이반드로네이트 등	카페인 함유 식품 탄산음료, 고지방 식이	칼슘 배설 촉진	
심혈관계 질환	앤지오텐신전환 효소저해제	캅토프릴 모엑시프릴 라미프릴 등	매실, 바나나, 오렌지, 녹황색채소, 저염소금(칼륨 함유 식염 대용물)	기립성 저혈압	고칼륨혈증 초래
	앤지오텐신II 수용체길항제	칸데사르탄 에프로사르탄 등			
	베타차단제※	아테놀올 나도롤 메토프로롤 등		혈압 강하, 이상 반응	
	알파차단제※	독사조신 페콕시벤자민 라조신 등	음식과 함께 복용		
	칼슘채널차단제	암로디핀 니페디핀 니카르디핀 등	자몽주스 (포멜로 포함)	저혈압	
	이뇨제	고리(loop)계 : 부메타니드, 푸로세미드 등	알로에(저칼륨증)	기립성 저혈압	과일, 채소식이 권장 (칼륨 보충)
		치아지드계 : 히드로클로로치아지드 등	알로에, 조미료(MSG)		
		칼륨보존성 : 아밀로라이드, 트리암테렌 등	매실, 바나나, 토마토, 오렌지, 녹황색채소, 저염소금 (칼륨함유 식염 대용물)		

질환군	의약품군	의약품 예	상호작용		
			피해야 할 음식	알코올	기타
심혈관계 질환	강심배당체	디곡신	식이섬유가 많은 식품		센나엽, 세인트존스워트, 감초 금기
	콜레스테롤 저하제	로바스타틴 프라바스타틴 심바스타틴 등	자몽주스 (포멜로 포함)	간 손상	
	혈관확장제	이소소르비드 니트로글리세린 등		위험한 저혈압	
	비타민 K 길항제	와파린	비타민 K 함유 식품, 크렌베리 주스, 비타민 E(400 IU 이상)	용량에 따라 영향, 출혈 초래	
위식도 역류 질환	히스타민 길항제	시메티딘 파모티딘 니자티딘 등	카페인 함유 식품	위염 악화	
	프로톤펌프 억제제	덱스란소프라졸 에스오메프라졸			
	프로스타글란딘 제제	미소프로스톨 레바미피드 등	카페인 함유식품 자극적인 음식	위염 악화	위염 악화
	제산제	알마게이트 보에마이트 디오마그나이트 등	과일주스 (오렌지주스 등) 콜라		알루미늄(Al)
갑상샘 기능 저하	갑상샘치료제	레보티로신	콩식품 목화씨가루 호두 및 식이섬유 자몽주스 커피		칼슘, 철 보충제 금기
감염증	항균제 퀴놀론계	오플록사신 시프로폴록사신 레보플록사신 에녹사신 목시플록사신 등	유제품(우유, 요구르트) 무기질 강화 음료		카페인 배설 억제
	테트라사이클린계	독시사이클린 미노사이클린 등	유제품 제산제	약효 소실	철 함유 비타민 금기
	옥사졸리디논계	리네졸리드	티아민 다량 함유식품	혈압 상승	
	메트로니다졸계	메트로니다졸		디설피람 마지막 복용 후 3일간 금주	
	항진균제	플루코나졸 케토코나졸 그리세오플빈 등	유제품 케토코나졸 자몽주스		세인트존스워트 병용 금기

질환군	의약품군	의약품 예	상호작용		
			피해야 할 음식	알코올	기타
	항결핵제	에탐부톨 이소나이지드 리팜핀 등	티라민 함유식품 히스타민 함유식품	간독성	
	항원충제	메트로니다졸 티니다졸 등		복용 후 3일까지 금주	
정신질환	벤조디아제핀계※	알프라졸람 클로나제팜 로라제팜 등	자몽주스 카페인	과도한 약효	
	세로토닌 재흡수억제제	시탈로프람 트라조돈 벤라팍신 등		부작용 증강	세인트존스워트 병용 금기
	모노아민산화효소 억제제	모클로베미드	티라민 함유식품	혈압상승 등 부작용 악화	세인트존스워트 병용 금기
	항정신병약	아리피프라졸 클로자핀 지프라시돈 등	카페인	부작용 악화	
	진정, 수면제※	디아제팜 페노바르비탈 졸피뎀 등		부작용 증가	
	조울증치료제※	카르바마제핀 디발프로엑스 리튬 등	자몽주스	부작용 증가	세인트존스워트 병용 금기
변비	완하제	비사코딜	우유(장용피손상)		

※ 의약품에 작용으로 운전이나 섬세한 기계 조작과 같은 작업은 삼가는 것이 좋습니다.

자료 : 식품의약품안전평가원. 2016. 약과 음식 상호작용을 피하는 복약안내서

6. 2023 당뇨병 진료지침

인슐린 종류와 작용시간

인슐린 종류(제품명)	작용시작시간	최고작용시간	작용지속시간
기저인슐린			
중기작용 인슐린			
NPH인슐린(Humulin N®)	1~3시간	5~8시간	18시간까지
장기작용 인슐린			
인슐린 디터머(Levemir®)	3~4시간	6~8시간	24시간까지
인슐린 글라진(Lantus®)	1.5시간	없음	24시간까지
인슐린 데글루덱(Tresiba®)	1시간		42시간 이상
인슐린 글라진 U-300(Toujeo®)	6시간		24~36시간

인슐린 치료 시작과 용량 조절

	시작 용량	용량 조절	저혈당 발생
기저인슐린	10단위/day 또는 0.1~0.2 단위/kg/day	목표 공복혈당을 기준으로 3일 간격으로 2단위씩 증량(입증된 다른 조절 방법 사용 가능)	원인을 분석하고 특별한 원인이 없으면 10~20% 감량
식사인슐린	4단위/day 또는 기저인슐린의 10%로 시작하고 당화혈색소 < 8%일 경우 기저인슐린을 4단위/day 또는 10% 감량 고려	주 2회 1~2단위 또는 10~15% 증량	원인을 분석하고 특별한 원인이 없으면 10~20% 감량
혼합인슐린	인슐린 치료인 경우 10~12 단위/day 또는 0.3단위/kg/day	주 1~2회 1~2단위 또는 10~15% 증량	원인을 분석하고 특별한 원인이 없으면 2~4단위 또는 10~20% 감량
	기저인슐린용량의 2/3를 오전, 1/3을 오후에 또는 1/2을 오전, 1/2을 오후에 분할 투여		

자료 : American Diabetes Association. Standards of Medical Care in Diabetes, Wu T, et al. Diabetes Ther 2015;6:273-287; 대한당뇨병학회, 2023 당뇨병 진료지침 제8판, 2023

7. 경구용 혈당강하제

종류	작용기전 및 복용법	영양관련 부작용과 주의점
설폰효소제 Gliclazide Glipizide Glimepiride Glibenclamide	• 췌장베타세포에서 인슐린 분비 증가 • 식전복용	저혈당 위험이 높은 환자는 주의해서 사용
치아졸리딘디온제 pioglitazone Lobeglitazone	• 근육 등의 말초조직의 인슐린 감수성 개선, 간에서의 당 생성 감소 • 1일 1회 식사에 관계없이 복용	부종, 골절위험 증가
알파글루코시다아제 억제제 Acarbose Voglibose	• 상부위장관에서 다당류 흡수억제 • 식후혈당 개선 • 하루 3회 식사 직전 복용	소화장애 (복부팽만감, 묽은변, 배변횟수 증가, 가스 발생 등)
메글리티나이트제 Repaglinide Nateglinide Mitiglinide	• 췌장베타세포에서 인슐린 분비 증가 • 식후혈당 개선 • 하루 2-4회, 식사 직전 복용	겜피브로질과 병용 투여금지
비구아나이드제 Metformin	• 간에서 당 신생성 감소 • 저용량으로 시작하여 점차 증량 • 식사와 함께 투약	유산산증, 소화장애(설사,구역,구토, 복부팽만,식욕부진, 소화불량, 변비, 복통) 비타민 B_{12} 결핍
SGLT2 억제제 Dapagliflozin Ipragliflozin Empagliflozin	• 신장에서의 포도당 재흡수 억제 • 식사에 관계없이 복용	케토산증, 체액량 감소, 투석시금기
GLP-1 수용체 작용제 Exenatide Liraglutide Dulaglutide Semaglutide Lixisenatide	• 포도당의존 인슐린분비 증가 • 식후 글루카곤 분비 감소 • 위 배출 억제 • 식후 혈당 개선 • 식사와 관계없이 피하주사(일1-2회 또는 주1회)	췌장염, 신장장애나 손상, 위장관 질환, 담낭질환
DPP-4 억제제 Sitagliptin Vidagliptin Saxagliptin Linagliptin Gemigliptin Alogliptin, Evogliptin	• 인크레틴(GLT-1,GIP) 증가, • 포도당 의존인슐린 분비 증가 • 식후 글루카곤 분비 감소 • 식사에 관계없이 복용	췌장염, 관절통

자료 : 당뇨병진료지침 제8판, 2023

8. 국내 비만 치료제로 승인된 약제

구분	올리스타트	펜터민	디에틸프로피온	펜디메트라진	마진돌
작용기전	지방 흡수 억제	식욕 억제	식욕 억제	식욕 억제	식욕 억제
사용량	• 매 식전 120 mg 복용 • 식사를 거르거나 식사에 지방질이 함유되지 않은 경우 복용하지 않음	• 1일 1회 아침 식전 또는 식후 1~2시간 후 복용 • 1회 복용량은 18.75 mg에서 37.5 mg까지 증량 • 1일 2회분 복용 가능 • 늦은 밤 복용은 피할 것 • 서방형(30 mg)은 1일 1회 복용	• 1일 3회 식사 1시간 전 복용 • 1회 용량은 최소량부터 25 mg까지 증량(1일 총량 75 mg)	• 1일 2회 또는 3회 식사 1시간 전에 복용 • 1회용량은 7.5 mg부터 35 mg, 최고 70 mg까지 증량 가능	• 1일 1 mg 3회 식사 1시간 전 복용 또는 1일 1~2 mg 식사 1시간 전 복용
최소유효용량 결정		남용 가능성을 최소화하기 위하여 초기(2주 이내) 투여량은 가능한 최소량을 처방하거나 조제하되 적절한 반응을 얻을 수 있도록 개인별로 조정 필요			치료 시작은 1일 1회 1 mg으로 시작하여 조정
금기증	만성 흡수장애 증후군, 담즙 정체	MAOI복용자, 폐동맥고혈압, 약물남용의 병력, 진행된 동맥경화증, 심혈관계 질환, 중증도 이상의 고혈압, 갑상샘항진증, 녹내장, 중증의 췌장장애 및 중증도 신장애, 간장애환자(마진돌 금기)			
모니터링	지용성 비타민 결핍 증상	혈압, 심박수			

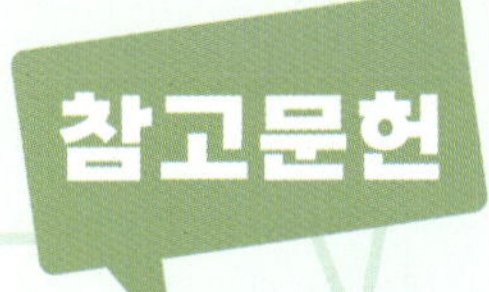

대한가정의학회 비만대사증후군연구회. 알아두면 쓸모 있는 비만치료. 2021

대한간학회. 간질환백서. 2021

대한고혈압학회. 2022 고혈압 진료지침. 2022

대한고혈압학회. 2023 고혈압 팩트시트. 2023

대한당뇨병학회. 2023 당뇨병 진료지침 제8판. 2023

대한비만학회. 비만진료지침 제8판. 2022

대한영양사협회. 임상영양관리지침서 제4판. 2022

대한의학회·질병관리청. 일차 의료용 근거기반 만성콩팥병 임상진료지침. 2022

보건복지부. 2020 한국인 영양소 섭취기준. 2020

심장대사증후군학회. 대사증후군 진료지침. 2021

이명숙 외. 임상영양학(임상영양사를 위한 영양치료). 양서원. 2012

이우주. 이우주 의학사전. 2012

이종호 외. 임상영양치료를 위한 병태생리학. 교문사. 2013

주남석. 기능의학적 시각으로 비만관리 시작하기. 도서출판 대한의학. 2022

한국지질·동맥경화학회. 이상지질혈증 진료지침 제5판. 2022

Eric Widmaier 외. Vander 인체생리학 16판. 교문사. 2023

A. Catharine Ross et al. ***Modern nutrition in health and disease*** 11th ed. Lippincott Williams & Wilkins, a Wolters Kluwer business Dieter Genser. 2014

Am Diet Assoc, 2. Classification and diagnosis of diabetes: Standards of medical care in diabetes-2022. ***Diabetes Care***. 2022;45 suppl 1:S17-S38.

Berger MM, Pantet O. Nutrition in burn injury: any recent changes? ***Curr Opin Crit Care***. 2016 Aug;22(4):285-91. doi: 10.1097/MCC.0000000000000323. PMID: 27314258.

Bharadwaj A, Wahi N, Saxena A. Occurrence of Inborn Errors of Metabolism in Newborns, Diagnosis and Prophylaxis. ***Endocr Metab Immune Disord Drug Targets***. 2021;21(4):592-616. doi: 10.2174/1871530321666201223110918. PMID: 33357204.

Clark JL, Steiner DF. Insulin biosynthesis in the rat: demonstration of two proinsulins. ***Proc Natl Acad Sci***. 1969 Jan;62(1):278-85.

Ezgu F. Inborn Errors of Metabolism. ***Adv Clin Chem***. 2016;73:195-250. doi: 10.1016/bs.acc.2015.12.001. Epub 2016 Jan 23. PMID: 26975974.

Ferreira CR, Rahman S, Keller M, Zschocke J; ICIMD Advisory Group. An international classification of inherited metabolic disorders (ICIMD). ***J Inherit Metab Dis***. 2021 Jan;44(1):164-177. doi: 10.1002/jimd.12348. PMID: 33340416; PMCID: PMC9021760.

Ferreira CR, van Karnebeek CDM. Inborn errors of metabolism. ***Handb Clin Neurol***. 2019;162:449-481. doi: 10.1016/B978-0-444-64029-1.00022-9. PMID: 31324325.

Food and Drug Interaction: Consequences for the Nutrition/Health Status. ***Ann Nut Metab***. 2008:52 suppl 1:29-32.

Geurden B, Franck E, Weyler J, Ysebaert D. The Risk of Malnutrition in Community-Living Elderly on Admission to Hospital for Major Surgery. ***Acta Chir Belg***. 2015 Sep-Oct;115(5):341-7. doi: 10.1080/00015458.2015.11681126. PMID: 26560000.

Greenhalgh DG. Management of Burns. ***N Engl J Med***. 2019 Jun 13;380(24):2349-2359. doi: 10.1056/NEJMra1807442. PMID: 31189038.

Hirsch KR, Wolfe RR, Ferrando AA. Pre- and Post-Surgical Nutrition for Preservation of

Muscle Mass, Strength, and Functionality Following Orthopedic Surgery. *Nutrients*. 2021 May 15;13(5):1675. doi: 10.3390/nu13051675. PMID: 34063333; PMCID: PMC8156786.

Jeon J, Kym D, Cho YS, Kim Y, Yoon J, Yim H, Hur J, Chun W. Reliability of resting energy expenditure in major burns: Comparison between measured and predictive equations. *Clin Nutr*. 2019 Dec;38(6):2763-2769. doi: 10.1016/j.clnu.2018.12.003. Epub 2018 Dec 8. PMID: 30579670.

Jeschke MG, van Baar ME, Choudhry MA, Chung KK, Gibran NS, Logsetty S. Burn injury. *Nat Rev Dis Primers*. 2020 Feb 13;6(1):11. doi: 10.1038/s41572-020-0145-5. PMID: 32054846; PMCID: PMC7224101.

Khan I, Chong M, Le A et al. Surrogate adiposity markers and mortality, *JAMA*. 2023; 6(9):e2334836.

Khardori R, Adamski A, Khardori N. Infection, immunity, and hormones/endocrine interactions. *Infect Dis Clin North Am*. 2007 Sep;21(3):601-15, vii. doi: 10.1016/j.idc.2007.06.002. PMID: 17826614.

Kiess W, Kirstein A, Beblo S. Inborn errors of metabolism. *J Pediatr Endocrinol Metab*. 2020 Jan 28;33(1):1-3. doi: 10.1515/jpem-2019-0582. PMID: 31922958.

Mahan LK, Raymond JL, *Krause's Food & the Nutrition Care Process* 14th ed. 2017

Manna PR, Gray ZC, Reddy PH. Healthy Immunity on Preventive Medicine for Combating COVID-19. *Nutrients*. 2022 Feb;27;14(5):1004. doi: 10.3390/nu14051004. PMID: 35267980; PMCID: PMC8912522.

Matarese ML, Gottschilich MM(eds), *Contemporary Nutrition Support Practice*. Cleveland Clinic Foundation, Cleveland, Ohio, USA. p.86, 1998

National cholesterol education program (NCEP) expert panel on detection, evaluation, and treatment of high blood cholesterol in adults (adult treatment panel III), Third report of the national cholesterol education program (NCEP) expert panel on detection, evaluation, and treatment of high blood cholesterol in adults (adult treatment panel III) final report, *Circulation*. 2002;106(25):3143-421.

National Institute of Mental Health, Eating disorders. (https://www.nimh.nih.gov/health/topics/eating-disorders)

Nelms M, Sucher KP. *Nutrition therapy and pathophysiology* 4th ed. Cengage Learning, 2019

Pavlou V, Cienfuegos S, Lin S et al. Effect of time-restricted eating on weight loss in adults with type 2 diabetes: A randomized clinical trial. *JAMA*. 2023;6(10):e2339337.

Rousseau AF, Losser MR, Ichai C, Berger MM. ESPEN endorsed recommendations: nutritional therapy in major burns. Clin Nutr. 2013 Aug;32(4):497-502. doi: 10.1016/j.clnu.2013.02.012. Epub 2013 Mar 14. *Erratum in: Clin Nutr.* 2013 Dec;32(6):1083. PMID: 23582468.

Rousseau AF, Pantet O, Heyland DK. Nutrition after severe burn injury. *Curr Opin Clin Nutr Metab Care*. 2023 Mar 1;26(2):99-104. doi: 10.1097/MCO.0000000000000904. Epub 2023 Jan 20. PMID: 36892959.

Smith-Ryan AE, Hirsch KR, Saylor HE, Gould LM, Blue MNM. Nutritional Considerations and Strategies to Facilitate Injury Recovery and Rehabilitation. *J Athl Train*. 2020 Sep 1;55(9):918-930. doi: 10.4085/1062-6050-550-19. PMID: 32991705; PMCID: PMC7534941.

Thomas MN, Kufeldt J, Kisser U, Hornung HM, Hoffmann J, Andraschko M, Werner J, Rittler P. Effects of malnutrition on complication rates, length of hospital stay, and revenue in elective surgical patients in the G-DRG-system. *Nutrition*. 2016 Feb;32(2):249-54. doi: 10.1016/j.nut.2015.08.021. Epub 2015 Sep 25. PMID: 26688128.

Wischmeyer PE, Carli F, Evans DC, Guilbert S, Kozar R, Pryor A, Thiele RH, Everett S, Grocott M, Gan TJ, Shaw AD, Thacker JKM, Miller TE, Hedrick TL, McEvoy MD, Mythen MG, Bergamaschi R, Gupta R, Holubar SD, Senagore AJ, Abola RE, Bennett-Guerrero E, Kent ML, Feldman LS, Fiore JF Jr; Perioperative Quality Initiative (POQI) 2 Workgroup. American Society for Enhanced Recovery and Perioperative Quality Initiative Joint Consensus Statement on Nutrition Screening and Therapy Within a Surgical Enhanced Recovery Pathway. Anesth Analg. 2018 Jun;126(6):1883-1895. doi: 10.1213/ANE.0000000000002743. Erratum in: Anesth Analg. 2018 Nov;127(5):e95. PMID: 29369092.

Zhang Y, Tan S, Wu G. ESPEN practical guideline: Clinical nutrition in surgery. *Clin Nutr*. 2021 Sep;40(9):5071. doi: 10.1016/j.clnu.2021.07.012. Epub 2021 Jul 10. PMID: 34455265.

찾아보기

ㅇ

영문 색인

저자 소개

김오연
연세대학교 이학박사
현재 동아대학교 식품영양학과 교수

박유경
미국 일리노이주립대학교 이학박사
현재 경희대학교 의학영양학과 교수

박은주
오스트리아 비엔나대학교 이학박사
현재 경남대학교 식품영양학과 교수

심유진
연세대학교 이학박사
현재 숭의여자대학교 식품영양학과 조교수

연제옥
건국대학교 박사수료
현재 충청북도충주의료원 영양실장
건국대학교 의료생명대학 식품영양학과 겸임교수

염경진
연세대학교 이학박사
현재 건국대학교 식품영양학과 교수

실무를 위한 임상영양학

인지 생략

2024년 8월 20일 초 판 1쇄 인쇄
2024년 8월 25일 초 판 1쇄 발행

지은이 김오연 · 박유경 · 박은주 · 심유진 · 연제옥 · 염경진
발행인 이 영 호
발행처 **수 학 사**
10881 경기도 파주시 회동길 56 기한재 1층
출판등록 1953년 7월 23일 제2020-000143호
전화번호 031) 946-4642(代) 팩스 031) 944-1457
http://www.soohaksa.co.kr
디자인 명연

정가 28,000원

ISBN 978-89-7140-239-9 93590